新疆维吾尔自治区2016年国家高层次人才特殊支持计划后备培养人选（新人社函〔2016〕727号）
国家重点研发计划（2021YFC2902005）
资助

新疆准东煤田聚煤规律及煤质特征

XINJIANG ZHUNDONG MEITIAN JUMEI GUILÜ JI MEIZHI TEZHENG

主　编◎周继兵　李宝庆　葛栋锋
副主编◎庄新国　赵　莉　李　晶

图书在版编目(CIP)数据

新疆准东煤田聚煤规律及煤质特征 / 周继兵,李宝庆,葛栋锋主编. — 武汉 : 中国地质大学出版社,2025. 6. —ISBN 978-7-5625-6211-5

Ⅰ. P618.110.1;TD82

中国国家版本馆 CIP 数据核字第 2025L27R06 号

新疆准东煤田聚煤规律及煤质特征

周继兵 李宝庆 葛栋锋 **主 编**
庄新国 赵 莉 李 晶 **副主编**

责任编辑:韦有福　　选题策划:毕克成 段 勇　　责任校对:何澍语

出版发行:中国地质大学出版社(武汉市洪山区鲁磨路 388 号)　　邮编:430074
电 话:(027)67883511　　传 真:(027)67883580　　E-mail:cbb@cug.edu.cn
经 销:全国新华书店　　https://cugp.cug.edu.cn

开本:880mm×1230mm 1/16　　字数:340 千字　　印张:10.75
版次:2025 年 6 月第 1 版　　印次:2025 年 6 月第 1 次印刷
印刷:湖北睿智印务有限公司

ISBN 978-7-5625-6211-5　　定价:168.00 元

《新疆准东煤田聚煤规律及煤质特征》
编委会

主　　编：周继兵　李宝庆　葛栋锋

副 主 编：庄新国　赵　莉　李　晶

参编人员：马小平　阿米娜·吾买尔　李　斌　雷国明
杨　森　何　波　陈　立　樊　涛　吴　超
焦　博　依力哈木江·吐尼亚孜　范旭东
郑　曦　张　慧　李　钰　上官云飞
徐仕琪　赵仕华　李绍虎

前言

PREFACE

能源安全是国家安全的基石，我国“富煤、少气、贫油”的资源禀赋特征决定了煤炭是国家能源安全的“压舱石”，煤炭在很长一段时间内作为主体能源的地位不会改变，将长期担负着兜底保障国家能源安全和经济高质量发展的重任。随着我国经济的持续增长以及部分省（自治区、直辖市）煤炭资源的逐渐枯竭和资源赋存条件变差等原因，中国煤炭生产布局深度调整，西部地区原煤产量逐年增加，中部地区稳定不变，东部地区逐年减少。煤炭生产重心加快向晋、陕、蒙、新等资源禀赋好的地区转移，新疆将成为我国重要的能源接替区和战略能源储备区，在保障国家能源安全战略中发挥重要作用。

新疆煤炭资源丰富，煤种较齐全，预测资源量约占全国总量的40%，在全国能源安全战略中具有特殊的重要地位，是新疆资源优势中的优势。新疆煤炭资源主要分布于北疆，现已逐步形成吐哈、准噶尔、伊犁、库拜四大煤炭生产基地。准东煤田位于准噶尔盆地东部，是国家确定的第十四个大型煤炭基地的重要组成部分。截至2013年底准东煤田查明的资源储量为2456亿t，是目前我国发现的最大的整装煤田。煤炭资源品质优良，主体为长焰煤、不黏煤和弱黏煤，具有低灰、低硫的特点，平均热值达到27.03MJ/kg，是良好的动力和化工用煤。

自2005年至2022年，准东煤田开展了大规模的勘查工作，新疆维吾尔自治区地质矿产勘查开发局第九地质大队（简称：新疆地矿局第九地质大队）作为主要的地质勘查队伍将准东煤田作为一个整体，合理运用地质测量、二维地震、钻探、物探测井、样品测试等方法部署勘查工作，在煤田勘探的同时，与中国地质大学（武汉）开展深度合作，应用层序地层学方法和手段对准东煤田煤的聚集规律和煤质特征进行了系统的研究工作，取得了丰硕的成果。

本书是在上述研究成果基础上撰写而成。全书共分六章。第一章论述了新疆煤炭资源的开发利用现状，包括准东煤炭勘探开发历程和煤炭资源储量；第二章论述了区域地质背景，主要包括煤田分布、区域构造特征、准东煤田构造特征和含煤地层发育特征；第三章论述了含煤岩系层序地层，主要包括层序界面的识别、层序地层划分方案、单井层序地层分析、巨厚煤层的层序地层分析和层序地层格架；第四章论述了准东煤田含煤岩系沉积体系，主要包括岩石相、沉积体系类型和沉积体系的空间配置；第五章论述了准东煤田煤的聚集规律，主要包括含煤性特征、煤层对比、层序格架下的聚煤特征和聚煤控制因素；第六章论述了准东煤田的煤质特征，主要包括煤岩学、煤化学、煤工艺性特征、煤矿物学和地球化学以及煤相等。本书可供政府部门对准东煤田进一步勘探开发、煤炭清洁高效利用规划提供参考，也可作为与煤地质及相关专业的科技工作者和大专院校的参考书。

本书是新疆地矿局第九地质大队和中国地质大学（武汉）长期密切合作、产教融合背景下集体智慧的结晶。全书整体框架设计由周继兵、李宝庆、庄新国完成。全书共分为六章，其中第一章由周继兵、葛栋锋、阿米娜·吾买尔、上官云飞撰写；第二章由马小平、赵莉、阿米娜·吾买尔、李斌、雷国明、葛栋锋、徐仕琪撰写；第三章由李宝庆、庄新国、葛栋锋、李斌、马小平、雷国明、李晶撰写；第四章由周继兵、李宝庆、葛栋锋、李斌、上官云飞撰写；第五章由李宝庆、李斌、上官云飞、庄新国、李晶撰写；第六章由李宝庆、上官云飞、李晶、赵仕华、庄新国、李绍虎撰写。张东亮、陈静静、张永超、杨少青、黄国成、秦伟颖、李鑫、何云龙、张宇航、艾比拜尔和毛婉惠硕士生参加了该项目早期的野外和研究工作。全书最后由周继兵、李宝庆、庄新国进行统稿。

本书的出版得益于新疆维吾尔自治区2016年国家高层次人才特殊支持计划后备培养人选（新人社函〔2016〕727号，周继兵）以及国家重点研发计划（2021YFC2902005）的支持。

本书在编写过程中，中国地质大学（武汉）资源学院盆地矿产系的研究生郭雅杰、曹佳亮、史禹韬、甘润坤、张岩、王张平、张焱基、张琪、孙仁宇、黄金锦、魏晓等在资料准备、图件清绘、文图编排、文字校对及出版过程中的图文编辑等方面付出了辛勤的劳动和汗水。在此，本书的著者向他们一并表示衷心的谢意！

撰写和出版过程中由于著者的研究水平和工作经验有限，书中内容和编排难免有不足之处，恳请读者批评指正。最后，期待我们的工作能够为您的研究工作、学术探索和业务实践带来一些启发或者帮助。

著 者

2025年4月

目录

CONTENTS

第一章 绪 论

第一节 新疆煤炭资源的开发利用现状

能源安全是国家安全的基石，我国“富煤、少气、贫油”的资源禀赋特征决定了以煤为主的基本国情，煤炭是国家能源安全的“压舱石”，煤炭在很长一段时间内作为主体能源的地位不会改变，将长期担负着兜底保障国家能源安全和经济高质量发展的重任。2023 年 5 月 11 日，习近平总书记在黄骅港煤炭港区考察时指出“中国具有丰富的煤炭资源，煤炭也是我国当前不可替代的主要能源。”2023 年 10 月 12 日，习近平总书记在进一步推动长江经济带高质量发展座谈会上指出“加强煤炭等化石能源兜底保障能力，抓好煤炭清洁高效利用”。“十四五”以来，全国原煤产量持续增高，2023 年中国原煤产量达到 47.1 亿 t，是 2000 年原煤产量的3.4 倍(图 1-1-1)，能源安全保障的基础更加坚实，有力地支撑了我国经济社会平稳健康发展。

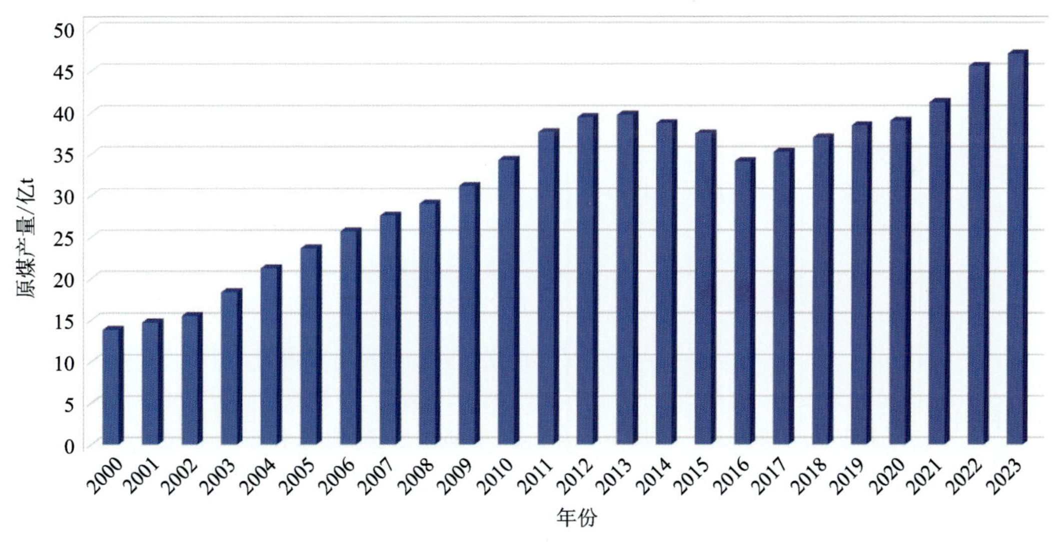

图 1-1-1 中国 2000—2023 年原煤产量

据中国煤炭工业协会《2022 年煤炭行业发展年度报告》《2023 年煤炭行业发展年度报告》，随着我国经济的持续增长以及部分省(市、区)煤炭资源的逐渐枯竭和资源赋存条件变差等原因，中国煤炭生产布局深度调整，西部地区原煤产量逐年增加，中部地区稳定不变，东部地区逐年减少。煤炭生产重心加快向晋、陕、蒙、新等资源禀赋好的地区转移，2023 年山西、陕西、内蒙古、新疆等地原煤产量占全国的比重达 81.3%。随着我国东部煤炭产量衰减以及中部煤炭开发潜力逐渐降低，新疆已成为我国重要的煤炭资源接替区和战略性储备区，将在国家能源安全战略中占据更加重要的地位。

新疆煤炭预测储量 2.19 万亿 t，约占全国的 40%，是我国重要的煤炭资源接替区和战略性储备区，煤炭资源丰富且分布范围广，且大多是整装待开发煤田，其储量大、埋藏浅、开采条件好、煤炭种类齐全。

新疆煤炭呈“北富南贫”不均衡分布，但主要集中在吐哈、准噶尔、伊犁、库拜四大煤炭基地(表1-1-1)。自“十三五”“十四五”规划以来，新疆优质煤炭资源开发提速，从2018年的1.9亿t增长至2023年的4.57亿t，2024年突破4.7亿t。

表1-1-1 新疆主要煤炭基地情况(据姜云辉等，2007；李虎威等，2017)

序号	煤炭基地	功能定位	预测储量(亿t)	煤质	主要矿区
1	吐哈基地	以开发煤电、煤化工等示范性项目为主，承担疆煤外运和疆电外送任务	5700	吐哈盆地中部八道湾组和西山窑组以长焰煤为主，弱黏煤次之，局部地段存在褐煤。盆地西端的艾维尔沟和东端的野马泉地区分布气煤、肥煤、焦煤和瘦煤	包括大南湖、淖毛湖、黑山、克布尔碱、三道岭、巴里坤、沙尔湖、三塘湖、艾丁湖9个矿区
2	准噶尔基地	当前主要集中在准东基地开发，以开发煤电、煤化工等示范性项目为主，同时参与疆煤外运和疆电外送项目	7328	准东煤田西山窑组煤以长焰煤和不黏煤为主。准南煤田八道湾组以长焰煤为主，西山窑组以弱黏煤为主。和什托洛盖煤田以长焰煤为主，准西北煤田以长焰煤和不黏煤为主	包括五彩湾、大井、西黑山、硫磺沟、塔城白杨河、和什托洛盖、阜康、艾维尔沟、四棵树、沙湾、玛纳斯塔西河、将军庙、老君庙、喀木斯特、水溪沟等17个矿区
3	伊犁基地	以开发煤化工示范项目、煤电为主，实施煤炭就地转化	3000	伊宁煤田以长焰煤和不黏煤为主。尼勒克煤田西部以长焰煤为主，东部塘坝—沙特布拉克一带以气煤为主。可尔克煤产地以气煤和气肥煤为主	包括伊宁、尼勒克、昭苏3个矿区，重点开发伊宁矿区
4	库拜基地	以满足当地发电、城市供热、工业生产用煤和居民生活用煤为主	1370	煤的变质程度由东向西增高：东部主要为不黏煤、弱黏煤，少量气煤；中部以气煤、肥煤和焦煤为主，并有少量焦瘦煤；西部为无烟煤和贫煤	包括俄霍布拉克、阿艾、拜城、塔什店、布雅、阳霞、喀拉吐孜7个矿区

注：疆煤全称为新疆煤炭；疆电全称为新疆电力。

准噶尔基地主要包括准东煤田、准南煤田、和什托洛盖煤田和准西北煤田。准东煤田作为新疆乃至全国非常重要的煤炭资源基地，主要由五彩湾、西黑山、大井、将军庙、老君庙等矿区和梧桐窝子勘查区组成。煤炭资源具有储量大、煤质优良等特点，以长焰煤、不黏煤和弱黏煤为主。预测煤炭资源储量3900亿t，占全疆储量(2.19万亿t)的17.8%，全国煤炭储量(5.56万亿t)的7%。准东煤田已探明煤炭资源储量2456亿t，单层煤层最厚可达80m，可采煤层平均厚度43m，煤层丰厚的地方煤炭储量达5000万t/km^2。它是中国乃至世界上最大的整装煤田，也是全国14个煤炭基地的重要组成部分。

根据《新疆维吾尔自治区国民经济和社会发展第十四个五年规划和2035年远景目标纲要》，新疆以准东、吐哈、伊犁、库拜为重点推进大型煤炭基地建设，实施“疆电外送”“疆煤外运”“现代煤化工”等重大工程；依托准东、哈密等大型煤炭基地一体化建设，稳妥推进煤制油气战略基地建设；围绕准东建设国家大型煤炭煤电煤化工基地的目标，既要持续推动煤炭产量持续稳定增长，提升安全稳定供应能力，也要强化煤炭就地深度加工转化，提升清洁高效利用水平。目前准东已经形成了煤炭、煤电、现代煤化工、煤电冶、新材料、新能源六大支柱产业体系。例如，煤电产业已建成世界上电源容量最大、输电距离最远、电压等级最高、技术水平最先进的±1100kV 特高压直流输电工程，配套建设的 1188×10^7 W“疆电外送”电源项目，均采用国际领先的超临界发电机组，各项能耗和排放指标均达到国际领先标准。目前，新疆地区每年可向华东地区输送清洁能源 600 亿 kW·h，相当于送煤 3000 万 t，为 5000 万户家庭，2 亿人提供用电保障，也已建成 750kV 环北疆电网工程，为电化新疆提供稳定、清洁的电源。

笔者系统归纳总结准东煤田聚煤规律和煤质特征，一方面为准东煤电煤化工基地的建设提供充足的资源保障，同时也可查明准东煤炭资源的煤类、煤质特征和工艺性质，确定煤炭资源的最佳利用途径，为准东煤炭资源的清洁高效利用提供重要的科学依据。

第二节 准东煤田勘探开发历程

20 世纪 80 年代，新疆地矿局第九地质大队在准东煤田开展了煤炭资源远景调查工作，在五彩湾和大井矿区进行了稀疏的钻探工程控制，提交了《准东煤田煤炭资源远景调查报告》，认为准东地区成煤地质条件优越，是新疆的主要赋煤区之一，为后期预查、普查立项及各大企业集团首次进驻准东风险勘查奠定了坚实基础。大规模的地质勘查工作是在 2005 年以后，国家及企业在该地区均投入了大量地质勘查工作，从而更准确地圈定了准东煤田的边界，确定了区内构造格架和含煤岩系分布范围，查明了煤层和煤质特征，提交了丰富的煤炭资源储量。

一、国家出资项目

新疆维吾尔自治区国土资源厅(2018 年更名为新疆维吾尔自治区自然资源厅)先后在准东煤田设立 4 个项目，其中 2006 年“新疆准东煤田三台—梧桐窝子一带煤炭资源预查”、2009 年“新疆准噶尔东部(矿权空白区)煤炭资源远景调查”这两个项目基本确定了准东煤田西部和南部边界，并大致圈定了准东煤田东部梧桐窝子一带为新的煤矿勘查基地。2011 年设立“新疆准东煤田木垒县梧桐窝子煤矿区普查”项目，2012 年设立“新疆准东煤田木垒县梧桐窝子煤矿区详查”项目，进一步准确圈定了准东煤田东南部边界。这些项目的具体信息如下。

(1)“新疆准东煤田三台—梧桐窝子一带煤炭资源预查”项目，实施时间为 2006—2008 年，区内共完成 1∶5万遥感测图 5394km^2；1∶5000 剖面测量 187.06km；机械岩心钻探 4 孔，累计长度4 197.39m；地球物理测井 4 孔，累计长度 3872m；二维地震测线 187.06km，物理点 5285 个；采集各类样品 147 件。勘查费用 460 万元。

(2)“新疆准噶尔东部(矿权空白区)煤炭资源远景调查”项目，实施时间为 2009—2011 年，区内共完成 1∶25 万地质图汇编 42 067km^2；1∶5万优选区地质简测 1259km^2；机械岩心钻探 21 孔，累计长度 16 114.58m；地球物理测井 21 孔，累计长度 15 987.90m；二维地震测线 902.59km，物理点 5285 个；采集各类样品 212 件。勘查费用 1264 万元。

(3)“新疆准东煤田木垒县梧桐窝子煤矿区普查”项目，实施时间为 2011 年 3 月—2012 年 6 月，区内共完成 1∶2.5 万地形测量 1 321.36km^2；机械岩心钻探 144 孔，累计长度 64 152.79m；地球物理测井 144 孔，累计长度 63 322.45m；二维地震测线 811.94km，物理点 40 888 个；采集各类样品 1014 件。勘查费用 9548 万元。

(4)“新疆准东煤田木垒县梧桐窝子煤矿区详查”项目，实施时间为 2011 年 9 月—2012 年 12 月，区内共完成 1∶5000 勘探线剖面测量 288.67km；机械岩心钻探 198 孔，累计长度 94 492.11m；地球物理测井 198 孔，累计长度 93 204.00m；二维地震测线 399.3km，物理点 20 130 个；采集各类样品 1596 件。勘查费用 12 230 万元。

二、社会出资项目

自 2005 年神华集团（全称为神华集团有限责任公司，于 2017 年与中国国电集团公司合并重组为国家能源投资集团有限责任公司）进入准东后，鲁能（鲁能集团有限公司）、中国华能（中国华能集团有限公司）、中国华电（中国华电集团有限公司）、国电（中国国电集团有限公司）、中电投（中国电投资集团公司，于 2015 年与国家核电技术有限公司重组，改为国家电力投资集团有限公司）、中石化（中国石油化工集团有限公司）、紫金矿业（紫金矿业集团股份有限公司）等一大批大型企业（央企）先后在准东煤田取得 40 个煤矿探矿权，规划了 5 个矿区，分别是五彩湾矿区、大井矿区、将军庙矿区、西黑山矿区和老君庙矿区，并划定了一个梧桐窝子勘查区（图 1-2-1，表 1-2-1）。

1. 五彩湾矿区

五彩湾矿区内共 7 家企业，探矿权人分别是新疆神华矿业有限责任公司、兖矿新疆能化有限公司、新疆宜化矿业有限公司、神东天隆集团有限责任公司、神华新疆能源有限责任公司、新疆国泰新华矿业股份有限公司和新疆吉木萨尔大成能源科技开发有限公司。

2005 年至今，新疆地矿局第九地质大队在区内开展了煤矿勘探工作，各勘查区均完成了露天勘探工作。五彩湾矿区面积 597.05km^2，各勘查区内共完成钻孔 695 个，累计长度 239 345.86m；地球物理测井 695 孔，累计长度 235 754.95m；二维地震测线 148.30km；物理点 15 707 个；三维地震探测面积 20.50km^2，采集各类样品 12 900 件。各勘查区探矿权人总勘查投入 2.333 3 亿元。

2. 大井矿区

大井矿区内共 7 家企业，探矿权人分别是新疆阜康能源开发有限公司、新疆天池能源有限责任公司、新疆潞安能源化工有限公司、中国石油化工有限责任公司、华能新疆能源开发有限公司、中联润世（北京）投资有限责任公司和中国国电新疆电力有限公司。

2005 年至今，新疆地矿局第九地质大队在区内开展了煤矿勘探工作，各勘查区均完成了露天勘探工作。大井矿区面积 1 422.49km^2，各勘查区内共完成钻孔 1193 个，累计长度 481 810.08m；地球物理测井 1193 孔，累计长度 475 278.88m；二维地震测线 2 074.58km；三维地震探测面积 117.03km^2；采集各类样品 15 230 件。各勘查区探矿权人总勘查投入 4.352 2 亿元。

3. 将军庙矿区

将军庙矿区内共 8 家企业，探矿权人分别是新疆石河子开发区经济建设发展总公司、中国石油化工股份有限公司、新疆潞安能源化工有限公司、兖矿新疆能化有限公司、新疆神华矿业有限责任公司、新疆中泰化学股份有限公司、新疆恒联能源有限公司和新疆富邦矿业有限公司。

2005 年至今，新疆地矿局第九地质大队在区内开展了煤矿勘探工作，除葫芦峪勘查区完成详查工作外，其余各勘查区均完成了深部勘探及露天勘探工作。将军庙矿区面积 1 880.33km^2，各勘查区内共完成钻孔 1205 个，累计长度 685 158.28m；地球物理测井 1205 孔，累计长度 669 395.96m；二维地震测线 2 802.5km；三维地震探测面积 97.01km^2；采集各类样品 12 628 件。各勘查区探矿权人总勘查投入 5.780 1 亿元。

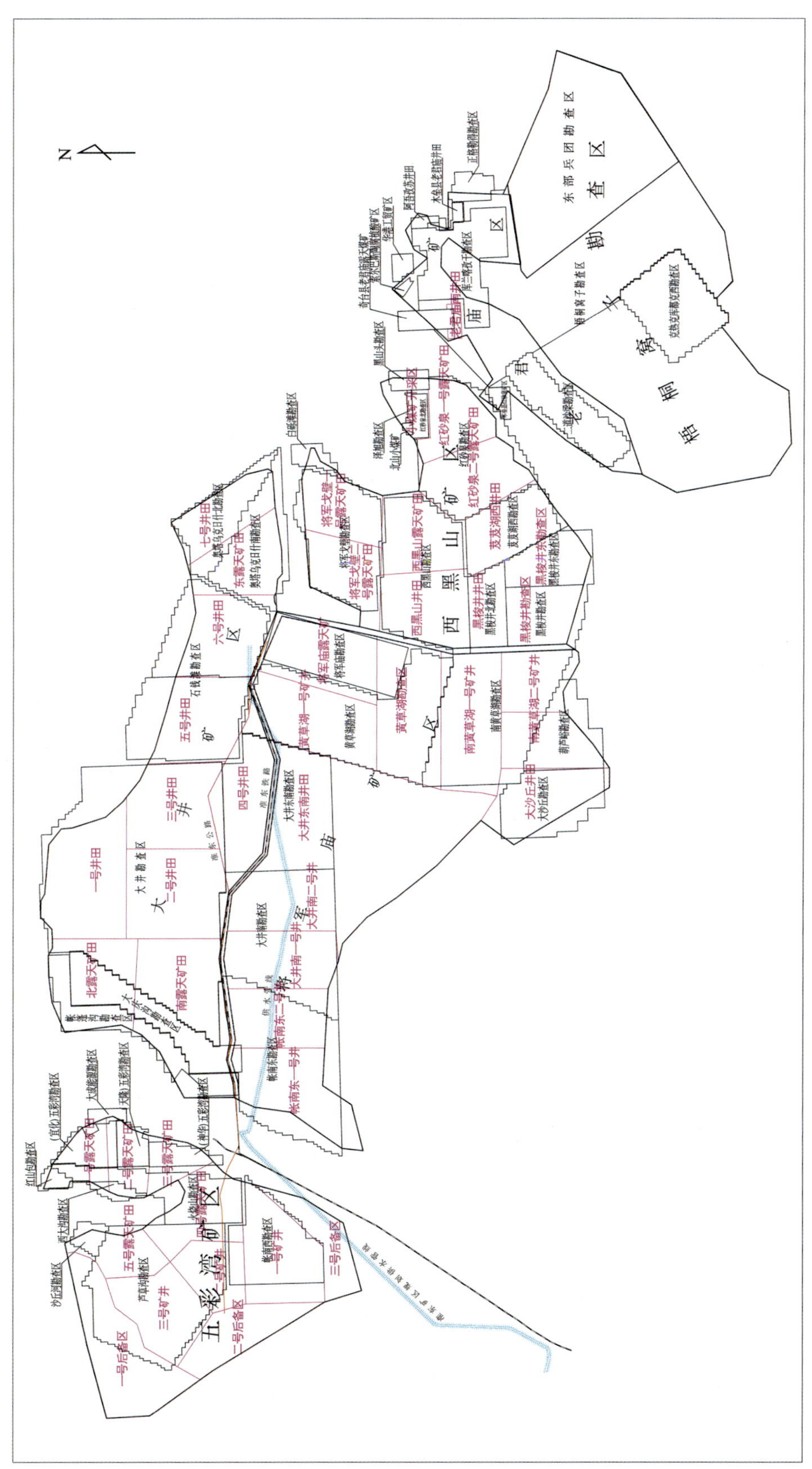

图 1-2-1 准东煤田矿区划分示意图

表 1-2-1　准东煤田各矿区、勘查区完成工作量及地勘投入一览表

矿区/勘查区		探矿权人	面积（km^2）	钻孔数（个）	钻孔米数（m）	测井孔数（个）	测井米数（m）	二维地震测量长度（km）	三维地震测量面积（km^2）	样品数（件）	勘查投入（亿元）
五彩湾矿区	吉木萨尔县芦草沟勘查区	新疆神华矿业有限责任公司	272.36	88	51 853.53	88	51 247.36			1376	0.408 0
	吉木萨尔县火烧山勘查区	兖矿新疆能化有限公司	99.30	281	85 048.91	281	84 379.47			4535	0.419 0
	吉木萨尔县五彩湾(宜化)勘查区	新疆宜化矿业有限公司	39.30	44	2 744.71	44	2 351.97			289	0.290 4
	吉木萨尔县五彩湾(天隆)勘查区	神东天隆集团有限责任公司	22.51	124	35 282.12	124	34 075.82			3794	0.467 0
	吉木萨尔县五彩湾(神华)勘查区、五彩湾露天煤矿	神华新疆能源有限责任公司	25.46	58	14 556.34	58	13 928.50			1783	0.108 9
	吉木萨尔县帐南西勘查区	新疆国泰新华矿业股份有限公司	118.65	81	48 548.30	81	48 548.30	148.30	20.50	970	0.543 3
	吉木萨尔县五彩湾帐篷沟勘查区	新疆吉木萨尔大成能源科技开发有限公司	19.47	19	1 311.95	19	1 223.53			153	0.096 7
大井矿区	奇台县大井—将军庙勘查区	新疆阜康能源开发有限公司	668.36	313	178 090.10	313	176 330.30	920.00	49.61	3864	1.365 6
	吉木萨尔县帐篷沟煤矿勘查区	新疆天池能源有限责任公司	94.79	372	87 824.98	372	86 344.89	138.91		5224	0.400 3
	奇台县大井东南煤矿勘查区	新疆潞安能源化工有限公司	64.48	79	45 573.04	79	45 029.70	88.58	7.00	879	0.459 8
	奇台县石钱滩勘查区	华能新疆能源开发有限公司	301.80	202	94 146.07	202	93 175.93	474.78	48.02	1641	0.746 5
	奇台县奥塔乌克日什煤矿勘查区	中联润世(北京)投资有限责任公司	106.01	108	23 745.03	108	22 885.16	181.64		897	0.194 5
	奇台县奥塔乌克日什煤矿(北区)勘查区	国电新疆电力有限公司	84.33	67	16 381.42	67	16 080.20	191.57	12.40	1675	0.132 5
	吉木萨尔县大庆沟勘查区	中国石油化工有限责任公司	102.72	52	36 049.44	52	35 432.70	79.10		1050	1.053 0

续表 1-2-1

矿区/勘查区		探矿权人	面积（km^2）	钻孔数（个）	钻孔米数（m）	测井孔数（个）	测井米数（m）	二维地震测量长度（km）	三维地震测量面积（km^2）	样品数（件）	勘查投入（亿元）
将军庙矿区	奇台县大沙丘勘查区	新疆富邦矿业有限公司	105.57	96	50 616.45	96	50 171.78	126.86	22.07	1368	0.446 7
	奇台县葫芦屿勘查区	新疆恒联能源有限公司	83.19	34	14 672.35	34	4 472.91			315	0.146 6
	奇台县南黄草湖勘查区	新疆中泰化学股份有限公司	248.60	135	83 759.00	135	83 759.00	305.00	15.00	2034	0.906 5
	奇台县将军庙勘查区	新疆神华矿业有限责任公司	121.36	268	82 259.43	268	80 977.61	306.31			0.789 4
	奇台县黄草湖勘查区	兖矿新疆能化有限公司	281.72	193	117 883.38	193	116 778.93	829.27		2831	1.025 5
	奇台县大井东南勘查区	新疆潞安能源化工有限公司	234.69	72	44 126.21	72	43 823.25	185.00		667	0.247 5
	奇台县大井南勘查区	中国石油化工股份有限公司	252.22	256	165 718.14	256	164 553.90	427.00	59.94	3321	1.176 0
	奇台县帐南东勘查区	新疆石河子开发区经济建设发展总公司	265.19	147	121 925.93	147	120 986.58	436.00		1945	1.007 4
	南大井	空白区	287.79	4	4 197.39	4	3 872.00	187.06		147	0.034 5
西黑山矿区	奇台县西黑山勘查区	新疆昌吉英格玛煤电投资有限责任公司	201.14	234	116 062.46	234	116 062.46	329.30	55.79	3880	1.168 4
	奇台县芨芨湖西勘查区	新疆豫煤能源有限责任公司	89.70	82	37 368.53	82	36 726.00	197.70		3225	0.411 2
	奇台县将军戈壁勘查区	新疆天池能源有限责任公司	159.84	271	72 282.96	271	72 301.04	307.85		4046	0.474 6
	奇台县红沙泉勘查区	新疆神华矿业有限责任公司	199.10	452	107 874.07	452	104 905.90	441.02		4274	0.857 8
	奇台县黑梭井北勘查区	中电投新疆能源有限公司	50.72	95	48 108.56	95	47 309.20	126.66		980	0.512 5
	奇台县红沙泉北勘查区	中联润世(北京)投资有限责任公司	10.41	28	5 757.21	28	5 626.00			279	0.298 0
	小煤矿	新疆华宏矿业投资有限责任公司	38.23	37	4 487.51	37	4 216.00	4 280.00		345	0.034 7
	奇台县黑梭井勘查区	新疆北控新能源发展有限公司	89.15	113	77 986.77	113	77 545.58	142.88	24.00	2402	0.712 6
	奇台县黑梭井东勘查区	昌吉盛新实业有限责任公司	73.36	122	42 663.97	122	42 012.49	129.17		1680	0.463 1
	奇台县白砾滩	新疆华宏矿业投资有限责任公司	15.58	55	13 026.73	54	12 315.75			733	0.130 7

续表 1-2-1

矿区/勘查区		探矿权人	面积（km^2）	钻孔数（个）	钻孔米数（m）	测井孔数（个）	测井米数（m）	二维地震测量长度（km）	三维地震测量面积（km^2）	样品数（件）	勘查投入（亿元）
老君庙矿区	木垒县红沙泉井田	重庆旭日建设工程集团有限公司	4.45	17	3 541.38	14	2 316.62			50	0.019 8
	木垒县二道沙梁勘查区	新疆龙宇能源有限责任公司	89.67	64	32 133.65	64	31 764.74	205.06		829	0.605 6
	奇台县老君庙南(宜化)井田	新疆宜化库克矿业有限公司	6.15	17	1 860.90	17	1 582.98			96	0.015 6
	奇台县老君庙(露天矿)井田	新疆华宏矿业投资有限责任公司	19.60	45	6 812.15	42	5 992.72			356	0.061 0
	木垒县库兰喀孜干勘查区	新疆励晶煤业有限公司	117.98	70	49 064.84	70	48 712.53	373.00		1438	0.345 6
	木垒县阿吾孜苏井田	新疆乌鲁木齐新伟鑫进出口贸易有限公司	4.58	15	4 989.19	15	4 970.00			189	0.032 3
	木垒县老君庙井田	新疆木垒县世鑫矿业开发有限责任公司	5.82	16	7 800.92	16	7 740.50	16.60		156	0.065 7
	木垒县正格勒得井田	昌吉准东经济技术开发区正格勒得煤矿	19.77	16	8 478.77	16	8 391.90	17.00		196	0.075 6
梧桐窝子勘查区	木垒县梧桐窝子勘查区普查—详查	—	1 321.00	361	171 478.68	361	169 295.45	1 211.24		2766	1.492 3
空白区远景调查		—		21	16 114.58	21	15 987.90	902.59		212	0.126 4
总计			6416	5224	2 234 208	5217	2 120 206	13 705.45	314.33	68 890	20.369 1

4. 西黑山矿区

西黑山矿区内共10家企业，探矿权人分别是新疆天池能源有限责任公司、新疆昌吉英格玛煤电投资有限责任公司、新疆豫煤能源有限责任公司、新疆神华矿业有限责任公司、中联润世(北京)投资有限责任公司、中电投新疆能源有限公司、新疆北控新能源发展有限公司和昌吉盛新实业有限责任公司、新疆华宏矿业投资有限责任公司、新疆华宏矿业投资有限责任公司。

2005年至今，新疆地矿局第九地质大队在区内开展了煤矿勘探工作，区内各勘查区均完成了深部勘探及露天勘探工作。西黑山矿区面积927.23km²，各勘查区内共完成钻孔1489个，累计长度525 618.77m；地球物理测井1488孔，累计长度519 020.42m；二维地震测线5 954.58km；三维地震探测面积79.79km²；采集各类样品21 844件。各勘查区探矿权人总勘查投入5.063 6亿元。

5. 老君庙矿区

老君庙矿区内共8家企业，探矿权人分别是重庆旭日建设工程集团有限公司、新疆龙宇能源有限责任公司、新疆宜化库克矿业有限公司、新疆华宏矿业投资有限责任公司、新疆励晶煤业有限公司、吉昌准东经济技术开发区正格勒得煤矿、新疆木垒县世鑫矿业开发有限责任公司和新疆乌鲁木齐新伟鑫进出口贸易有限公司。

2006年至今，新疆地矿局第九地质大队在区内开展了煤矿勘探工作，老君庙矿区面积268.02km²，各勘查区内共完成钻孔260个，累计长度114 681.8m；地球物理测井254孔，累计长度111 471.99m；二维地震测线611.66km；采集各类样品3310件。各勘查区探矿权人总勘查投入1.221 2亿元。

6. 梧桐窝子勘查区

梧桐窝子勘查区面积1321km²，各勘查区内共完成钻孔382个，累计长度187 593.26m；地球物理测井382孔，累计长度185 283.35m；二维地震测线2 113.83km；采集各类样品2978件。各勘查区探矿权人总勘查投入1.618 7亿元。

准东煤田五彩湾、大井、将军庙、西黑山、老君庙五大矿区和梧桐窝子勘查区以及空白区共完成钻孔5224个，累计进尺约223.42×10⁴m；其中甲乙级孔率达99.46%。地球物理测井5217孔，累计长度约212.02×10⁴m，甲乙级孔率达100%；二维地震测线13 705.45km；三维地震测探面积314.33km²；采集各类样品68 890件。准东煤田各大企业探矿权人及国家投入共20.369 1亿元(表1-2-1)。

准东煤田共提交110余份地质勘查报告，均通过了国土资源部(2018年更名为自然资源部)评审中心和新疆矿产储量评审中心的联合评审。其中“新疆准东煤田奇台县大井-将军庙煤矿区”获得国土资源部颁发的全国地质勘查行业优秀地质找矿项目奖；《新疆准东煤田奇台县大井-将军庙煤矿区普查报告》《新疆准东煤田奇台县西黑山勘查区普查报告》和《新疆准东煤田将军庙矿区地质勘查总结报告》3份报告获得国土资源部颁发的国土资源科学技术二等奖；《新疆准东煤田奇台县大井南二井田勘探报告》获得中国煤炭工业协会颁发的优质综合地质勘探报告特等奖；“新疆准东煤田奇台县将军戈壁煤矿区”等23个项目获得新疆维吾尔自治区地质矿产勘查开发局颁发的找矿成果奖，其中新发现矿产地一等奖13个、新发现矿产地二等奖3个，可供近期开发矿产地一等奖3个，可供近期开发矿产地三等奖3个，推广应用成果二等奖1个。

第三节 准东煤田煤炭资源储量

一、勘查工作程度及煤炭资源储量

准东煤田总面积6 598.46km²，区内85%面积已完成详查—勘探工作，仅15%左右面积为预查—普查工作程度，勘查工作程度见图1-3-1。

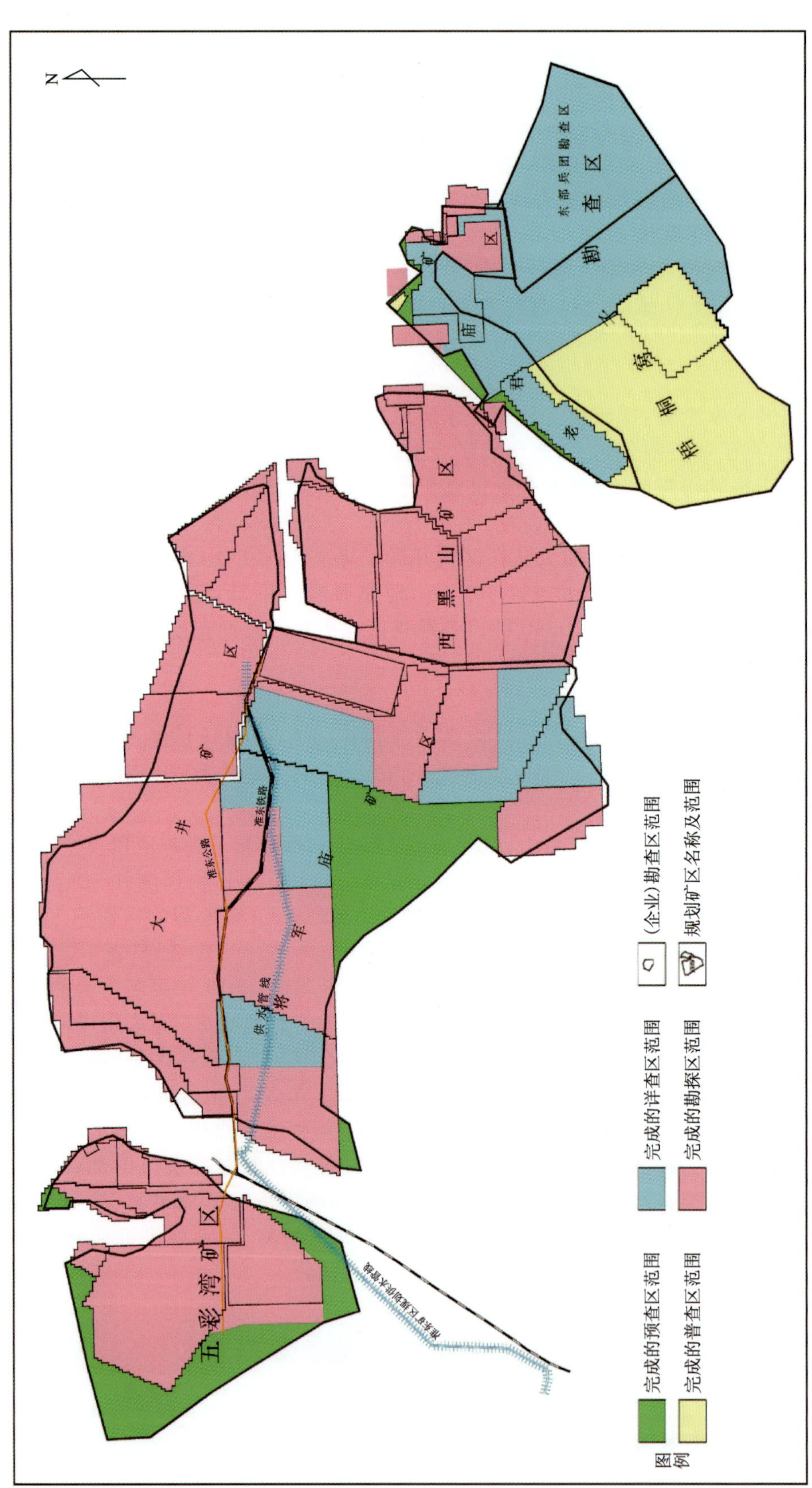

图 1-3-1 准东煤田勘查程度示意图

据最新勘查成果,准东煤田已探获煤炭资源储量 2 456.07 亿 t(表 1-3-1)。资源储量比例为:331 煤炭资源储量 358.13 亿 t;332 煤炭资源储量 449.36 亿 t;333 煤炭资源储量 1 205.42 亿 t;334 煤炭资源储量 443.16 亿 t;(331＋332)煤炭资源储量为 807.49 亿 t,约占准东煤田煤炭资源总储量的 33%。(331＋332＋333)煤炭资源储量为 2 012.91 亿 t,约占比为 82%。煤层埋深基本都在 1000m 以浅,600m 以浅的煤炭资源储量占准东煤田煤炭资源总储量的 60%左右。

表 1-3-1 准东煤田煤炭资源储量

矿区/勘查区	资源储量类型储量(亿 t)					约占比(%)	
	331	332	333	334	331＋332＋333＋334	(331＋332)/(331＋332＋333＋334)	(331＋332＋333)/(331＋332＋333＋334)
五彩湾矿区	46.34	69.21	158.81	45.55	319.91	36	86
大井矿区	110.34	111.12	314.94	84.73	621.13	36	86
将军庙矿区	77.22	117.25	363.85	128.30	686.62	28	81
西黑山矿区	115.46	108.67	292.79	26.63	543.54	41	95
老君庙矿区	8.77	24.50	32.33	35.68	101.27	33	65
梧桐窝子勘查区		18.62	42.70	122.27	183.60	10	33
准东煤田总计	358.13	449.36	1 205.42	443.16	2456.07	33	82

二、矿区/勘查区煤炭资源储量

1. 五彩湾矿区

五彩湾矿区在准东煤田西部,矿区面积 597.05km^2,矿区 70%面积已达勘探工作程度,30%左右面积为预普查工作程度。

五彩湾矿区煤炭资源总储量 319.91 亿 t。资源储量比例为:331 煤炭资源储量 46.34 亿 t,332 煤炭资源储量 69.21 亿 t,333 煤炭资源储量 158.81 亿 t,334 煤炭资源储量 45.55 亿 t。(331＋332)煤炭资源储量 115.55 亿 t,约占矿区煤炭资源总储量的 36%。(331＋332＋333)煤炭资源储量为 274.36 亿 t,约占矿区总储量的 86%。煤层埋深基本都在 1000m 以浅,600m 以浅的煤炭资源储量占矿区总储量的 70%以上(表 1-3-2)。

2. 大井矿区

大井矿区在准东煤田中西部以北地区,矿区面积 1 422.49km^2,全矿区达到勘探工作程度。

大井矿区煤炭资源总储量 621.13 亿 t。资源储量比例为:331 煤炭资源储量 110.34 亿 t,332 煤炭资源储量 111.12 亿 t,333 煤炭资源储量 314.94 亿 t,334 煤炭资源储量 84.73 亿 t。(331＋332)煤炭资源储量为 221.46 亿 t,约占矿区总储量的 36%。(331＋332＋333)煤炭资源储量为 536.4 亿 t,约占矿区总储量的 86%。煤层埋深均在 1000m 以浅,600m 以浅的煤炭资源储量占矿区总量的 60%以上(表 1-3-3)。

3. 将军庙矿区

将军庙矿区在准东煤田中西部以南,矿区面积 1 880.33km^2,矿区 85%的范围已达详查—勘探工作程度,仅 15%的面积为预查—普查工作程度。

表 1-3-2　准东煤田五彩湾矿区各勘查区煤炭资源储量

序号	勘查区	探矿权人	勘查程度	资源储量类型储量(亿 t)					约占比(%)	
				331	332	333	334	331+332+333+334	(331+332)/(331+332+333+334)	(331+332+333)/(331+332+333+334)
1	准东煤田吉木萨尔县芦草沟勘查区	新疆神华矿业有限责任公司	勘探	12.44	33.73	52.10		98.27	47	100
2	准东煤田吉木萨尔县火烧山勘查区	兖矿新疆能化有限公司	勘探	2.65	11.47	39.98		54.11	26	100
3	准东煤田吉木萨尔县五彩湾(宜化)勘查区	新疆宜化矿业有限公司	勘探	0.53	0.39	14.86	10.06	25.84	4	61
4	准东煤田吉木萨尔县五彩湾(天隆)勘查区	神东天隆集团有限责任公司	勘探	8.89	5.63	15.27	12.57	42.35	34	70
5	准东煤田吉木萨尔县五彩湾(神华)勘查区、五彩湾露天煤矿	神华新疆能源有限责任公司	勘探	11.04	5.29	3.56	10.23	30.12	54	66
6	准东煤田吉木萨尔县帐南西勘查区	新疆国泰新华矿业股份有限公司	勘探	10.27	12.53	33.01		55.81	41	100
7	准东煤田吉木萨尔县五彩湾帐蓬沟勘查区	新疆吉木萨尔县大成能源科技开发有限公司	勘探	0.52	0.19	0.02		0.72	97	100
后备区		无	预查				12.69	12.69	0	0
合计				46.34	69.21	158.81	45.55	319.91	36	86

表 1-3-3 准东煤田大井矿区各勘查区煤炭资源储量

序号	勘查区	探矿权人	勘查程度	资源储量类型储量(亿 t)					约占比(%)	
				331	332	333	334	331+332+333+334	(331+332)/(331+332+333+334)	(331+332+333)/(331+332+333+334)
1	准东煤田奇台县大井-将军庙勘查区	新疆阜康能源开发有限公司	勘探	70.93	58.85	182.77	63.58	376.11	35	83
2	准东煤田吉木萨尔县帐篷沟煤矿勘查区	新疆天池能源有限责任公司	露天勘探	13.22	17.07	15.69		45.97	66	100
3	准东煤田奇台县大井东南煤矿勘查区	新疆潞安能源化工有限公司	勘探	8.15	5.26	8.14		21.55	62	100
4	准东煤田奇台县石钱滩勘查区	华能新疆能源开发有限公司	勘探	10.86	8.54	48.97		68.37	28	100
5	奇台县奥塔乌克日什煤矿勘查区	中联润世(北京)投资有限责任公司	勘探	4.96	4.54	23.05		32.55	29	100
6	奇台县奥塔乌克日什煤矿(北区)勘查区	国电新疆电力有限公司	勘探	2.22	1.45	10.08		13.75	27	100
7	准东煤田吉木萨尔县大庆沟勘查区	中国石油化工有限责任公司	勘探		15.41	26.24	21.15	62.79	25	66
合计				110.34	111.12	314.94	84.73	621.13	36	86

将军庙矿区煤炭资源总储量 686.62 亿 t。资源储量比例为:331 煤炭资源储量 77.22 亿 t,332 煤炭资源储量 117.25 亿 t,333 煤炭资源储量 363.85 亿 t,334 煤炭资源储量 128.30 亿 t。(331+332)煤炭资源储量为 194.47 亿 t,约占矿区总储量的 28%。(331+332+333)煤炭资源储量为 537.38 亿 t,约占矿区总量的 81%。煤层埋深大部分在 1000m 以浅,600m 以浅的煤炭资源储量占矿区总储量的 50%左右(表 1-3-4)。

4. 西黑山矿区

西黑山矿区在准东煤田东部,矿区面积 927.23km^2,全矿区达到勘探工作程度。

西黑山矿区煤炭资源总储量 543.54 亿 t。资源储量比例为:331 煤炭资源储量 115.46 亿 t,332 煤炭资源储量 108.67 亿 t,333 煤炭资源储量 292.79 亿 t,334 煤炭资源储量 26.63 亿 t。(331+332)煤炭资源储量为 224.16 亿 t,约占矿区总储量的 41%。(331+332+333)煤炭资源储量为 516.92 亿 t,约占矿区总储量的 95%。煤层埋深基本在 1000m 以浅,600m 以浅的煤炭资源储量占矿区总储量的 60%以上(表 1-3-5)。

5. 老君庙矿区

老君庙矿区在准东煤田东偏南部,矿区面积 268.02km^2,矿区 70%范围达详查—勘探工作程度,25%以上面积已达普查工作程度。

老君庙矿区煤炭资源总量 101.27 亿 t。资源储量比例为:331 煤炭资源储量 8.77 亿 t,332 煤炭资源储量 24.50 亿 t,333 煤炭资源储量 32.33 亿 t,334 煤炭资源储量 35.68 亿 t。(331+332)煤炭资源储量为 33.27 亿 t,约占矿区总储量的 33%;(331+332+333)煤炭资源储量为 65.60 亿 t,约占矿区总量的 65%。煤层埋深基本在 1000m 以浅,600m 以浅的煤炭资源储量占矿区总储量的 60%左右(表 1-3-6)。

6. 梧桐窝子勘查区

梧桐窝子勘查区位于准东煤田东南部,矿区面积 1321km^2,矿区 40%以上范围达到详查—勘探工作程度,60%左右面积为普查工作程度。

梧桐窝子勘查区煤炭资源总量 183.60 亿 t。资源储量比例为:332 煤炭资源储量 18.62 亿 t,333 煤炭资源储量 42.70 亿 t,334 煤炭资源储量 122.27 亿 t。(332+333)煤炭资源储量为 61.32 亿 t,约占矿区总储量的 33%。煤层埋深大部分在 1000m 以浅,600m 以浅的煤炭资源储量占矿区总储量的 50%左右(表 1-3-6)。

表 1-3-4 准东煤田将军庙矿区各勘查区煤炭资源储量

序号	勘查区	探矿权人	勘查程度	资源储量类型储量(亿 t)					约占比(%)	
				331	332	333	334	331＋332＋333＋334	(331＋332)/(331＋332＋333＋334)	(331＋332＋333)/(331＋332＋333＋334)
1	准东煤田奇台县大沙丘勘查区	新疆富邦矿业有限公司	勘探	7.68	7.21	16.61	1.22	32.72	46	96
2	准东煤田奇台县葫芦屿勘查区	新疆恒联能源有限公司	详查		4.55	9.2	3.5	17.25	26	80
3	准东煤田奇台县南黄草湖勘查区	新疆中泰化学股份有限公司	勘探	31.44	10.52	58.56	41.09	141.62	30	71
4	准东煤田奇台县将军庙勘查区	新疆神华矿业有限责任公司	露天勘探	10.17	12.91	32.29		55.36	42	100
5	准东煤田奇台县黄草湖勘查区	兖矿新疆能化有限公司	勘探	10.39	40.34	83.58	21.54	155.86	33	86
6	准东煤田奇台县大井东南勘查区	新疆潞安能源化工有限公司	勘探		7.34	25.72	4.01	37.06	20	89
7	准东煤田奇台县大井南勘查区	中国石油化工股份有限公司	勘探	10.8	14.37	55.06	1.18	81.41	31	99
8	准东煤田吉木萨尔县帐南东勘查区	新疆石河子开发区经济建设发展总公司	勘探	6.27	17.25	46.03	0	69.55	34	100
9	南大井勘查区		预查				46.4	46.4		
10	空白区		预查	0.47	2.76	7.96	2.45	13.64		
11	公用走廊		详查			28.84	6.91	35.75		
合计				77.22	117.25	363.85	128.30	686.62	28	81

表 1-3-5　准东煤田西黑山矿区各勘查区煤炭资源储量

序号	勘查区	探矿权人	勘查程度	资源储量类型储量(亿 t)					约占比(%)	
				331	332	333	334	331+332+333+334	(331+332)/(331+332+333+334)	(331+332+333)/(331+332+333+334)
1	准东煤田奇台县西黑山勘查区	新疆昌吉英格玛煤电投资有限责任公司	勘探—露天勘探	19.84	26.46	90.24	0.55	137.09	34	100
2	准东煤田奇台县芨芨湖西勘查区	新疆豫煤能源有限责任公司	勘探	5.51	15.51	34.50	1.63	57.15	37	97
3	准东煤田奇台县将军戈壁勘查区	新疆天池能源有限责任公司	露天勘探	37.03	27.08	31.02		95.13	67	100
4	准东煤田奇台县红沙泉勘查区	新疆神华矿业有限责任公司	露天勘探	18.22	19.00	64.94	21.24	123.40	30	83
5	准东煤田奇台县黑梭井北勘查区	中电投新疆能源有限公司	勘探	6.96	3.84	17.52		28.32	38	100
6	准东煤田奇台县红沙泉北勘查区	中联润世(北京)投资有限责任公司	勘探	3.59	0.85	0.30		4.74	94	100
7	小煤矿	新疆明基能源有限公司 新疆紫金矿业有限责任公司 新疆华宏矿业投资有限责任公司	露天勘探	1.38	2.46	0.54		4.37	88	100
8	准东煤田奇台县黑梭井勘查区	新疆北控新能源发展有限公司	勘探	14.00	9.27	28.20	3.21	54.68	43	94
9	准东煤田奇台县黑梭井东勘查区	昌吉盛新实业有限责任公司	勘探	8.93	4.20	25.53		38.66	34	100
合计				115.46	108.67	292.79	26.63	543.54	41	95

表 1-3-6 准东煤田老君庙矿区各勘查区(井田)及梧桐窝子勘查区煤炭资源储量

序号	勘查区	探矿权人	勘查程度	资源储量类型储量(亿 t)					约占比(%)	
				331	332	333	334	331+332+333+334	(331+332)/(331+332+333+334)	(331+332+333)/(331+332+333+334)
1	准东煤田木垒县红沙泉井田	重庆旭日建设工程集团有限公司	勘探	0.08		0.20		0.28	29	100
2	准东煤田木垒县二道沙梁勘查区	新疆龙宇能源有限责任公司	详查		5.52	14.36	6.42	26.3	21	76
3	准东煤田奇台县老君庙南(宜化)井田	新疆宜化库克矿业有限公司	详查	0.05	0.34	0.52	0.55	1.46	27	62
4	准东煤田奇台县老君庙(露天矿)井田	新疆华宏矿业投资有限责任公司	露天勘探	0.48	0.01	0.13		0.61	79	100
5	准东煤田木垒县库兰喀孜干勘查区	新疆励晶煤业有限公司	详查	6.09	8.81	4.64	24.54	44.08	34	44
6	准东煤田木垒县阿吾孜苏井田	新疆乌鲁木齐新伟鑫进出口贸易有限公司	勘探	0.28	0.10	0.43		0.80	47	100
7	准东煤田木垒县老君庙井田	新疆木垒县世鑫矿业开发有限责任公司	勘探	1.09	0.55	0.66		2.30	71	100
8	准东煤田木垒县正格勒得井田	吉昌准东经济技术开发区正格勒得煤矿	勘探	0.70	0.21	2.04		2.95	31	100
9	准东煤田木垒县老君庙(5个)小煤矿	木垒县老君庙煤矿	生产井		0.07	0.06	0.12	0.25	28	52
10	空白区		详查		8.89	9.29	4.05	22.24	40	82
11	老君庙庙矿区合计			8.77	24.50	32.33	35.68	101.27	33	65
12	梧桐窝子勘查区合计		普—详查		18.62	42.70	122.27	183.60	10	33

第二章　区域地质概况

第一节　交通、地理、经济概况

一、交通位置

准东煤田位于新疆北部的中东部地区，南至天山博格达山脉北麓，北至卡拉麦里山，西至吉木萨尔县西界一带，东至木垒县大石头—三个泉一带。行政区划主体属新疆维吾尔自治区吉木萨尔县、奇台县、木垒县管辖，西南边部一带归属阜康市管辖。该煤田东西长239km，南北宽176km，面积6 598.46km^2。地理坐标：东经88°30′00″—91°30′00″，北纬43°35′00″—45°10′00″。

准东煤田内外部交通较为便利，南侧有东西向的S303省道，区内西有G216国道，东有S228省道（奇台—青河）纵贯南北，北有连接G216国道和S228省道的五彩湾—将军庙新建公路横穿东西，另有5条简易公路穿插在工作区内的各地段。研究区大多处于准噶尔盆地东部的浩瀚沙漠戈壁中，区内小沟谷较多，部分地段小树杂草茂盛，内部通行较为困难。

二、自然地理条件

准东煤田位于准噶尔盆地东部中央地带，地形地貌表现为南部和北部高，中部低，海拔500～1010m。北部为古尔班通古特沙漠、荒漠戈壁沙丘和沙垄，南部为天山北坡洪冲积平原。

气候属典型大陆干旱荒漠气候，年温差和昼夜温差变化很大。5—8月为夏季，高温炎热，白天气温常在40℃以上；11月至次年2月为冬季，气候严寒，绝对最低气温为－49.8℃。年平均降水量在100mm左右，蒸发量1200～2400mm，5—8月偶有雷阵雨，冬季积雪稀少。区内常年多风，风向西北，风力一般有4～5级，常有7～8级大风，最大可达10级，形成沙尘暴。

区内地表无长年水流，南部边缘系天山北坡前缘地下水溢出带，地下水位较浅，当地居民修建有坎儿井。准东工业区具有引水大干渠。

三、经济条件

准东煤田南部为新疆有名的农业区，吉木萨尔县城、奇台县城、木垒县城均分布在南部地带，分布有35个乡镇，总人口60余万人。区内分布有G216国道、S303省道、S228省道以及纵横交错的各级公路连接各乡镇。

区内农业以种植小麦、玉米、大麦、豆类、油料、甜菜、马铃薯、大蒜为主；畜牧业以羊、猪、牛、驴、马为主。

区内工业主要有制糖、造纸、电力、煤炭、水泥、木材加工、农机维修、毛纺、皮革、地毯、原盐、酿酒、粮油及食品加工等。

旅游资源有唐代北庭都护府遗址、北庭回鹘佛寺遗址、千佛洞、唐朝墩古城遗址、汉疏勒城遗址、东地大庙、四道沟原始村落遗址、唐代独山守捉城、烽燧、博斯塘岩画群等。

自然景观有五彩湾、恐龙沟、火烧山、普氏野马饲养繁殖中心、南山阳洼滩、黑涝坝、诺敏风城(魔鬼城)、恐龙化石挖掘地、硅化木园、海相古生物化石群、卡拉麦里山野生动物保护区、原始胡杨林、鸣沙山、翻滚泉等。境内有通往蒙古国的乌拉斯台口岸。

第二节　新疆早—中侏罗世煤田分布

新疆赋煤范围地域广阔,成煤条件和构造演化上存在差异,笔者在综合新疆中新生代大地构造格架、岩石地层区划与聚煤条件的基础上,进行煤炭资源赋存单元区的划分。新疆侏罗纪聚煤盆地可划分为北天山-准噶尔、天山和塔里木 3 个含煤区(Ⅰ级单元)、36 个煤田(Ⅱ级单元)和 85 个煤矿区或勘查区或煤产地(Ⅲ级单元)(图 2-2-1)。

北天山-准噶尔含煤区含煤性最好,分布有 16 个大型和超大型煤田,其中准东煤田为超大型煤田之一。天山含煤区含煤性次之,分布有 7 个煤田,其中伊宁煤田为大型煤田。塔里木含煤区含煤性较差,分布有 4 个小煤田和一些煤产地。

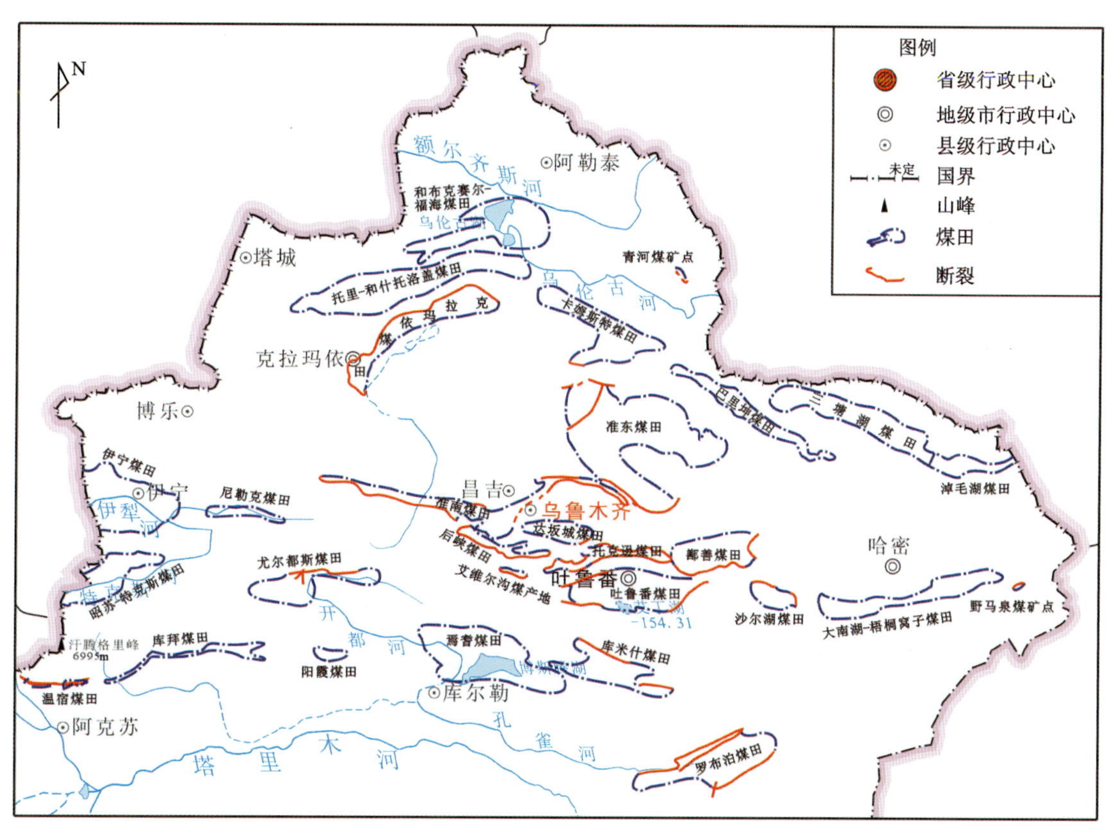

图 2-2-1　新疆早—中侏罗世煤田分布示意图

北天山-准噶尔含煤区含煤性最好,分布有 16 个大型煤田和超大型煤田,主要包括准南煤田、后峡煤田、达坂城煤田、艾维尔沟煤产地、托克逊煤田、鄯善煤田、吐鲁番煤田、沙尔湖煤田、大南湖-梧桐窝子煤田、准东煤田、卡姆斯特煤田、和布克赛尔-福海煤田、克拉玛依煤田、托里-和什托洛盖煤田、三塘湖煤田、淖毛湖煤田、巴里坤煤田和青河煤矿点等(图 2-2-1),其中准东煤田为超大型煤田之一。

天山含煤区含煤性次之,分布有伊宁煤田、尼勒克煤田、昭苏-特克斯煤田、尤尔都斯煤田、焉耆煤田和库米什煤田等(图 2-2-1),其中伊宁煤田为大型煤田。

塔里木含煤区含煤性较差，分布有 4 个小煤田和一些煤产地，主要包括温宿煤田、库拜煤田、阳霞煤田、罗布泊煤田、莎车-叶城煤产地、杜瓦煤产地、布雅煤产地、且末煤产地、民丰煤矿点和白干湖煤产地等(图 2-2-1)，其中库拜煤田为大型煤田。

第三节　区域构造特征

一、区域和煤田构造区划

准东煤田位于准噶尔盆地东部，区域构造上属于准噶尔盆地东部隆起区北部大井坳陷内(图 2-2-1)(何登发等，2018)。该坳陷自西向东主要包括五彩湾凹陷、沙帐褶皱带、石树沟凹陷、黄草湖凸起、石钱滩凹陷、黑山凸起以及梧桐窝子凹陷 7 个构造单元(图 2-3-1)。

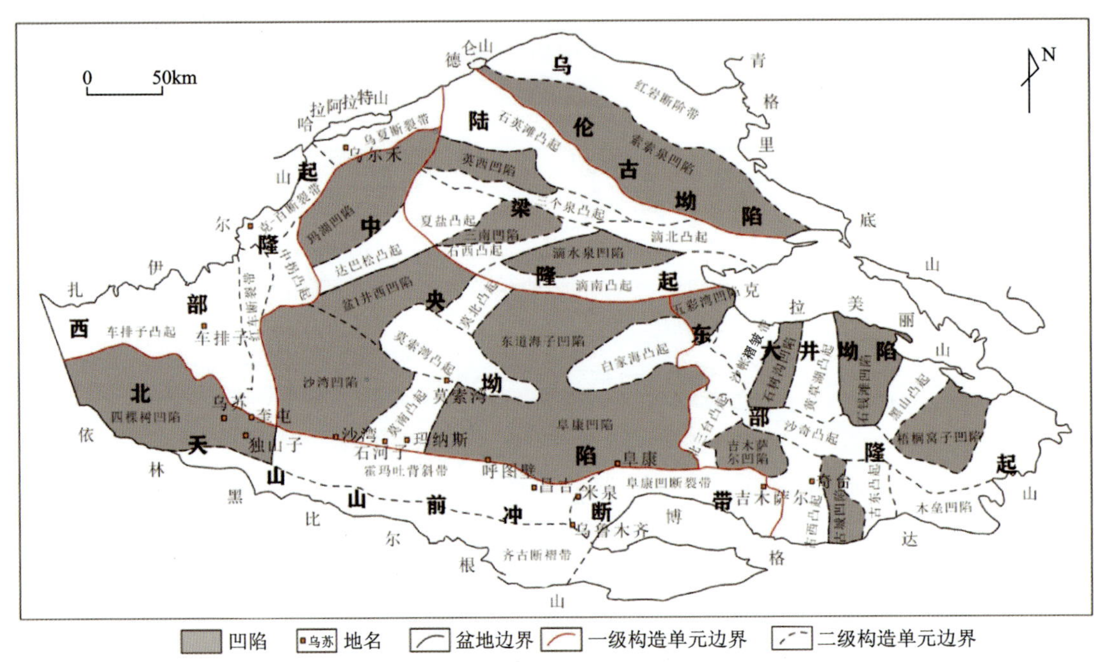

图 2-3-1　准噶尔盆地构造地质单元划分图(据何登发等，2018)

1. 五彩湾凹陷

五彩湾凹陷位于西部，中晚石炭世开始形成。东以沙西断裂为界，北至滴水泉断裂，南邻白家海凸起，西到彩 23 井，呈向南敞开的三角形，面积约 1300km²，该构造为克拉美丽山前陆盆地的西部，在前陆盆地时期与沙帐断褶带、石树沟凹陷为统一的沉积盆地，晚海西—印支运动使它们分开。古构造呈现“两凹一凸”的格局，靠近滴水泉断裂带为北次凹；南次凹在彩 7 井—彩 22 井一带，西高东低，次凹中心在沙东地区。在两次凹间为一横亘东西的水下隆起，东高西低，走向北东，为屏风山基岩古隆起的继续上拱所致。

2. 沙帐褶皱带

沙帐褶皱带位于西部，五彩湾凹陷以东，沙丘河西断裂与帐篷沟断裂之间，北与卡拉麦里山相邻，南至沙奇凸起。

沙帐褶皱带为印支—燕山运动的产物，总体构造方向为北东向，受沙丘河西断裂和帐篷沟断裂控制明显，具断隆性质，并发育次级褶皱构造。该凸起内地层发育较全，侏罗系厚度较小，由于上古生界基底凸凹不平，故中生界地层厚度在各处有些差异。因经多次构造运动影响，各地层单元间多呈不整合接触。

3. 石树沟凹陷

石树沟凹陷东至黄草湖凸起，西到帐东断裂，北以克拉美丽山为界，南到沙奇凸起，区内面积约1300km²。该凹陷位于克拉美丽山前陆盆地的东部，在前陆盆地时期与沙帐断褶带为统一的沉积盆地，晚海西—印支运动作用使其与沙帐断褶带分开。东部为一低级的斜坡区，西部为沉积深凹区。在东部斜坡区受基底隆起的影响，形成类似大6井东背斜的低幅度背斜。西部沿帐东断裂下盘形成了一系列断鼻、断块、断背斜等构造，在凹陷中形成低幅度小背斜。

4. 黄草湖凸起

黄草湖凸起位于石树沟凹陷与石钱滩凹陷之间。基底为中石炭统（C_2），盖层发育二叠系（P）、三叠系（T）、侏罗系（J）、古近系（E）、新近系（N），其内断裂发育，构造走向为北西向和北东向。

5. 石钱滩凹陷

石钱滩凹陷西与黄草湖凸起相邻，东与黑山凸起相邻，北界为克拉美丽山，南界为奇台凸起。凹陷内地层发育全，石炭系石钱滩组在本凹陷内最发育。其内断裂亦发育，构造轴向为北西向，地层多具靠山前厚的特点。

6. 黑山凸起

黑山凸起位于石钱滩凹陷与梧桐窝子凹陷之间，南以东黑山东断裂为界，与梧桐窝子凹陷为邻，东北与卡拉麦里地槽褶皱带毗连，西南与奇台隆起相邻。该凸起为印支—燕山运动的产物，总体构造方向为北东向，受断裂控制作用明显，次级褶皱构造发育。该凸起内地层发育较全，侏罗系厚度不均一，与古生界基底凹凸不平有关。因经多次构造运动影响，各地层单元间多呈不整合接触。

7. 梧桐窝子凹陷

梧桐窝子凹陷位于区域东部，总体构造为北东向，北西部以西黑山东断裂为界，为以石炭系—二叠系为基底的中新生代凹陷，侏罗系、新近系发育。古生界基底凹凸不平，使侏罗系地层厚度不均一。经多次构造运动影响，各地层单元间多呈不整合接触。

二、区域构造演化

准噶尔盆地位于中国新疆北部，大致呈三角形分布，周缘被古生代褶皱山系环绕，西北部为哈拉阿拉特山、扎依尔山和车排子山，东北部为青格里底山和克拉美丽山，南部为北天山，盆地面积约13×10^4km²（陈业全等，2004）。盆地基底由前寒武纪结晶岩系和早中古生代褶皱系组成（彭希龄，1983；尤绮妹，1992；赵白，1992；何登发等，2018）；盆地盖层是以晚古生代—中新生代陆相沉积为主的沉积岩系，最大厚度约15 000m。

大地构造位置上，准噶尔盆地位于哈萨克斯坦古板块、西伯利亚古板块及塔里木古板块的交会部位，是一个典型的三面被古生代缝合线包围的石炭纪—第四纪发展起来的大陆板内叠合盆地（陈业全等，2004；何登发等，2018）（图2-3-2），其形成演化与相邻的三大板块的构造运动和盆缘造山带的形成演化关系密切。盆地的西部为北东—北东东向的西准噶尔造山褶皱带，是准噶尔地块与哈萨克斯坦板块相互碰撞拼接的缝合带；盆地的北东部及东部是西伯利亚古板块南缘阿尔泰褶皱造山带及东准噶尔褶皱造山带；盆地南缘的北天山造山褶皱带，为准噶尔板块与塔里木板块的缝合带（何登发等，2018）。

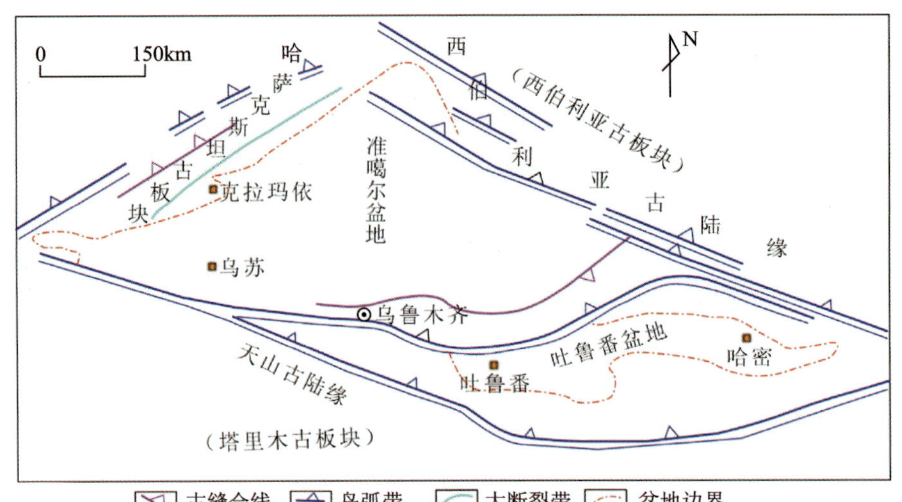

图 2-3-2　准噶尔盆地大地构造位置图（据陈业全等，2004）

自晚泥盆世—第四纪，准噶尔盆地先后经历了海西、印支、燕山和喜马拉雅等多期构造运动作用，从而形成了多期次构造旋回和成盆演化阶段。不同的构造作用背景和构造应力场特征，导致不同类型和不同性质盆地的发育（何登发等，2018）。自晚泥盆世以来，盆地演化经历了晚泥盆世—早石炭世裂陷盆地、晚石炭世—二叠纪碰撞前陆盆地、三叠纪—古近纪陆内坳陷盆地和新近纪—第四纪再生（陆内俯冲型）前陆盆地 4 个构造-沉积演化阶段（陈业全等，2004）。

1. 裂陷盆地阶段

晚泥盆世—早石炭世为拉张构造环境，准噶尔地区发生构造负反转，形成裂陷槽，并伴有基性岩喷发。在盆地内部拉张断陷，沿早期北西向断裂形成隆坳相间的构造格局，在坳陷地区发育了准噶尔盆地第一套烃源岩，即石炭纪的浅海相、沼泽相、潟湖相暗色泥岩以及煤岩夹有部分碳酸盐岩沉积。石炭系烃源岩主要分布在五彩湾凹陷、陆南凸起、石树沟凹陷、三台凸起和克拉玛依、中拐等地区。这一时期是早海西期造山作用的调整时期，动力主要来自地幔物质的均衡作用。

2. 碰撞型前陆盆地阶段

石炭纪晚期发生的板块会聚，使准噶尔地块周缘窄大洋闭合，中石炭世及早期的沉积岩、火山岩发生褶皱，准噶尔地块周缘碰撞造山，周边出现前陆盆地。早二叠世，盆地西北缘发生强烈推覆，在其构造前缘形成玛湖前陆盆地，发育残留海相、深湖相碎屑岩沉积，形成了下二叠统佳木河组烃源岩。西北侧的造山运动将西部早期形成的北西向构造改造成北东向凹凸相间的构造格局。南缘北天山山前为一套巨厚的灰黄色、灰绿色砂泥岩夹薄层硅质岩，具海陆交互相特点；博格达山前则以一套滨海—浅海相砂泥岩夹石灰岩为特征。

晚二叠世随北天山、克拉美丽山系的进一步隆升，准噶尔地块南部和东北部出现前陆盆地，并以湖相砂泥岩为特征，沉积中心位于南缘天山山前、玛湖凹陷和克拉美丽山前，分别沉积了上二叠统风城组、下乌尔禾组、芦草沟组、红雁池组和平地泉组。在车排子隆起、乌伦古坳陷内缺失该套层序，陆梁隆起和东部隆起区则为局部缺失。

二叠纪的 3 个前陆盆地系统发育在盆地边界造山带前缘，之间为陆隆相隔，属海湾、潟湖环境。二叠纪末，海水全部退出，准噶尔地区成为大型内陆盆地。

3. 陆内坳陷盆地阶段

三叠纪初始，盆地整体抬升并遭受剥蚀；之后，盆地进入以伸展为主兼有挤压运动为特征的整体抬升—沉降的陆内坳陷演化阶段，且一直持续至古近纪末。该时期印支运动和燕山运动对盆地的影响很大，使盆地性质发生了转变。从区域上看，三叠纪末期，羌塘地块同古亚洲大陆碰撞，形成了昆仑山系，并影响到整个新疆地区，造成盆地边缘地区侏罗系与下伏三叠系之间局部呈角度不整合接触。随后，由于中特提斯洋的扩张，使新疆北部地壳处于引张状态，导致内陆盆地再度沉陷，准噶尔盆地在早—中侏罗世发育了河湖相的八道湾组(J_1b)、三工河组(J_1s)和西山窑组(J_2x)含煤地层。自中侏罗世晚期头屯河组沉积期—晚侏罗世，受周缘块体调整影响，盆地处于压扭活动期，且盆地东缘挤压强烈活动，使侏罗纪经历了一个伸展—挤压的完整旋回(何登发等，2018)。

早白垩世，盆地整体沉降，面积明显扩大，整个准噶尔地区几乎全被浅水湖泊占据，以浅湖相沉积为主，沉积物以红色、绿色砂泥岩为主。早白垩世末期盆地东缘有挤压发生，可能与蒙古—鄂霍茨克洋的关闭事件有关。晚白垩世，盆地抬升，沉积范围明显变小，气候干燥炎热，湖水变浅，岩性变粗，周缘以洪积—河流相为主。白垩纪末期的晚燕山运动，使准噶尔盆地类型又逐渐发生了变化。

4. 陆内俯冲前陆盆地阶段

盆地南缘地区受到白垩纪末期燕山运动的影响，但并未从根本上改变其盆地构造格局，古近纪时基本继承了白垩纪稳定坳陷的构造形态，发育滨浅湖相沉积，但南缘坳陷的沉积中心较白垩纪向西迁移，同时地层呈南厚北薄的楔形特征。

新近纪以来，由于喜马拉雅运动的强烈影响，天山山系在印度板块与欧亚大陆碰撞远程效应的作用下发生强烈的构造变形，并急剧隆升和向盆地方向冲断推覆，使准噶尔地块向天山下部俯冲，南缘再次快速沉降形成前陆盆地，沉积了巨厚的山麓冲积扇—辫状河相红色磨拉石建造。此阶段因盆地的强烈沉降，在东西方向上一反以前近三角形展布的特点，表现为近东西向展布的长条状，盆地向西进一步扩大，向东延伸到博格达山山前。古近系、新近系和第四系在山前堆积厚度达5500m以上，向北急剧减薄，剖面上也呈不对称的楔形结构(陈业全等，2004；何登发等，2018)。

第四节 准东煤田构造特征

一、褶皱构造

受沉积基底构造的控制，准东煤田形成一系列背斜和向斜相间的构造形态，自西向东依次有火烧山背斜①、西大沟向斜②、帐篷沟背斜③、大井东南-奥塔乌克日什向斜④、将军庙背斜⑤、帐南东-将军庙向斜⑥、黄草湖-白砾滩向斜⑦、南黄草湖-西黑山背斜⑧、南黄草湖-红沙泉向斜⑨、东黑山背斜⑩、老君庙向斜⑪、梧桐窝子背斜⑫、梧桐窝子向斜⑬(图2-4-1)。

1. 火烧山背斜(①)

火烧山背斜位于芦草沟-西大沟凹陷构造单元内。呈隐蔽状态，由二维地震解译确定。背斜轴在南段呈近北东向延伸、北段呈南北向延伸，脊线在平面上呈波状弯曲，向南西倾伏，延伸长约40km，为一宽缓的不对称褶皱，西翼倾向260°～285°，倾角2°～5°，东翼略缓，倾向169°～223°，倾角1°～15°。两翼由下侏罗统三工河组(J_1s)、中侏罗统西山窑组(J_2x)、中—上侏罗统石树沟群($J_{2-3}Sh$)，下白垩统吐谷鲁群(K_1Tg)构成，核部由下侏罗统八道湾组(J_1b)构成，核部地层宽缓。

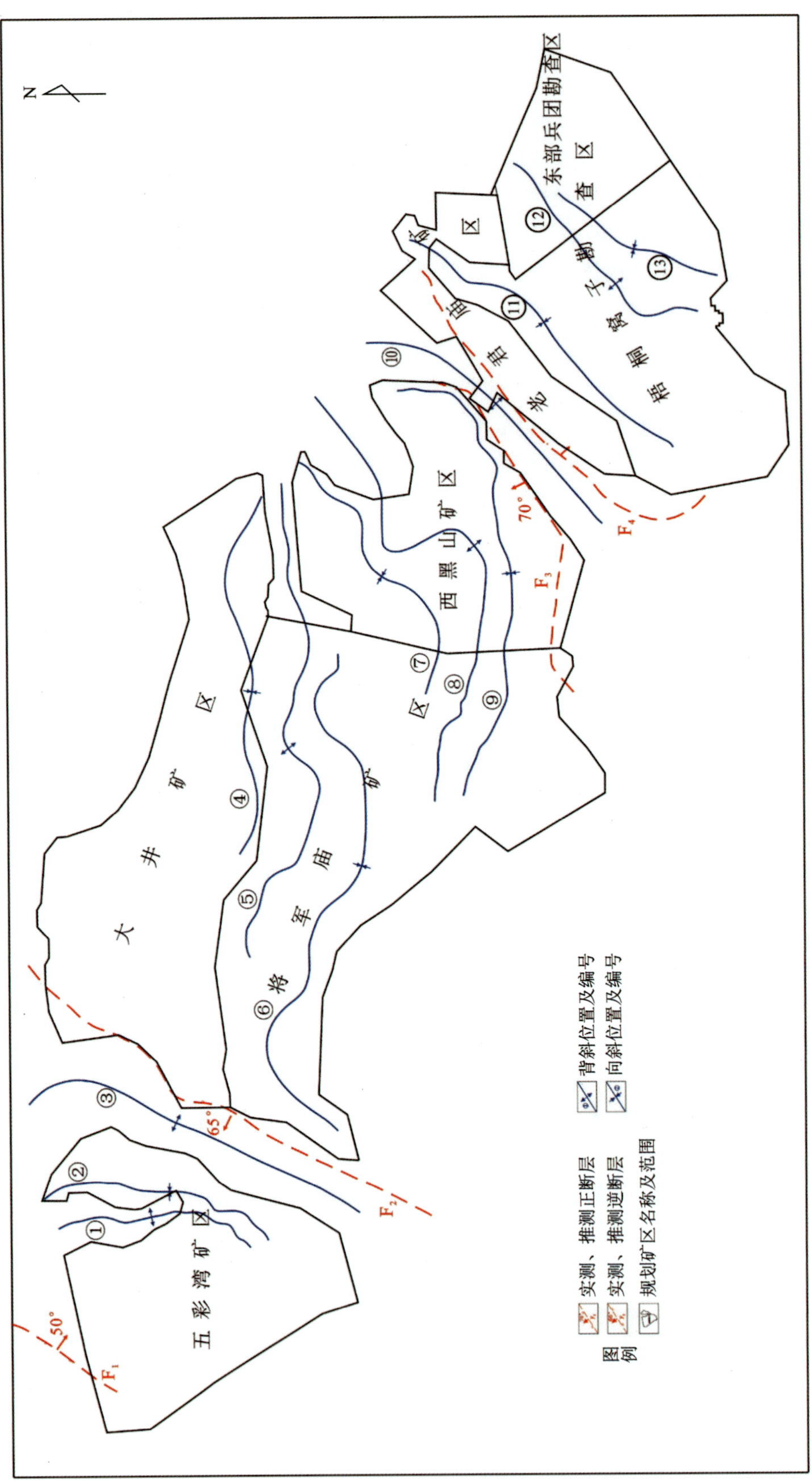

图 2-4-1 准东煤田构造纲要图

2. 西大沟向斜(②)

西大沟向斜位于芦草沟-西大沟凹陷构造单元内。呈隐蔽状态,由二维地震解译确定。向斜轴在南段呈近北东向延伸,北段呈南北向延伸,与火烧山背斜近平行延伸,向北端翘起,延伸长约40km,为一宽缓的不对称向斜,西翼略陡倾向169°~223°,倾角1°~15°,东翼倾向270°~295°,倾角2°~25°。两翼由下侏罗统八道湾组(J_1b)、下侏罗统三工河组(J_1s)、中侏罗统西山窑组(J_2x)、中—上侏罗统石树沟群($J_{2-3}Sh$)构成,核部由下白垩统吐谷鲁群(K_1Tg)构成,核部地层宽缓。

3. 帐篷沟背斜(③)

帐篷沟背斜位于帐篷沟凸起构造单元内。北段露于地表,南段呈隐蔽状态。背斜轴呈北东-南西向延伸,向南西倾伏,总延伸长约40km。为一宽缓的不对称褶皱,西翼倾向270°~295°,倾角2°~25°,东翼大多数地段平缓,倾向南东,倾角3°~5°,局部地段受帐篷沟断裂影响陡倾,倾向东,倾角在50°左右。两翼由下二叠统下芨芨槽群(P_1Jj^a),下三叠统上仓房沟群(T_1Ch^b)和中—上三叠统小泉沟群($T_{2-3}Xq$),下侏罗统三工河组(J_1s)、中侏罗统西山窑组(J_2x)、中—上侏罗统石树沟群($J_{2-3}Sh$)等组成,核部由碳系巴塔玛依内山组(C_1b)构成,核部地层宽缓。

4. 大井东南-奥塔乌克日什向斜(④)

大井东南-奥塔乌克日什向斜位于大井-将军庙凹陷构造单元内。呈隐蔽状态,由二维地震解译确定。向斜轴呈近东西向延伸,延伸长约40km,为一宽缓的不对称向斜,向东端翘起。北翼略陡,倾向0°,倾角12°~23°,南翼倾向180°,倾角一般为3°~8°。两翼由侏罗系八道湾组(J_1b)、三工河组(J_1s)、西山窑组(J_2x)构成,核部由侏罗系石树沟群($J_{2-3}Sh$)构成,核部地层宽缓。

5. 将军庙背斜(⑤)

将军庙背斜位于大井-将军庙凹陷构造单元内。呈隐蔽状态,由二维地震解译确定。背斜轴呈近东西向延伸,大致与大井东南-奥塔乌克日什向斜平行,脊线在平面上呈波状弯曲,延伸长约50km,为一宽缓的褶皱,北翼倾向0°,倾角3°~8°,南翼倾向180°,倾角3°~10°。两翼由下侏罗统三工河组(J_1s)、中侏罗统西山窑组(J_2x)、中—上侏罗统石树沟群($J_{2-3}Sh$)构成,核部由下侏罗统八道湾组(J_1b)构成。

6. 帐南东-将军庙向斜(⑥)

帐南东-将军庙向斜位于大井-将军庙凹陷构造单元内。呈隐蔽状态,由二维地震解译确定。向斜轴呈近东西向延伸,延伸长约50km,为一宽缓向斜,向东端翘起。北翼倾向0°,倾角3°~12°,南翼倾向180°,倾角3°~12°。两翼由下侏罗统八道湾组(J_1b)、下侏罗统三工河组(J_1s)、中侏罗统西山窑组(J_2x)构成,核部由中—上侏罗统石树沟群($J_{2-3}Sh$)构成,核部地层宽缓。

7. 黄草湖-白砾滩向斜(⑦)

黄草湖-白砾滩向斜位于大井-将军庙凹陷构造单元内。呈隐蔽状态,由二维地震解译确定。该构造总体呈北东-南西向,轴线曲折弯曲。向斜长约34km,呈宽缓状,两翼不对称,南东翼倾角5°~8°,北西翼倾角2°~3°,向斜轴线呈现波浪状,总体向北东端翘起,倾伏角约为3°。组成向斜的地层由核部向两翼依序有中侏罗统西山窑组(J_2x),下侏罗统三工河组(J_1s)、八道湾组(J_1b),核部由侏罗上—中统石树沟群($J_{2-3}Sh$)构成。

8. 南黄草湖-西黑山背斜(⑧)

南黄草湖-西黑山背斜位于大井-将军庙凹陷构造单元内。西段呈隐蔽状态,由二维地震解译确定,东段露于地表。背斜轴线呈弧形，西段为东西走向，中段转为近南北走向，东段呈北东-南西向。长约50km。背斜呈宽缓状，两翼不对称，南翼倾角1°～3°，北翼倾角5°～8°，向斜轴线呈现波浪状，总体向南倾伏，倾伏角约为3°。组成背斜的地层由两翼向核部依序有中—上侏罗统石树沟群($J_{2-3}Sh$)，中侏罗统西山窑组(J_2x)，下侏罗统三工河组(J_1s)、八道湾组(J_1b)，核部由石炭系巴塔玛依内山组(C_1b)构成。

9. 南黄草湖-红沙泉向斜(⑨)

南黄草湖-红沙泉向斜位于大井-将军庙凹陷构造单元内。西段呈隐蔽状态，由二维地震解译确定，东段露于地表。主体呈近东西向，东段转折变为近北东-南西向，向斜轴线呈现波浪状，总体向西端倾伏，倾伏角1°～2°，长约50km。转折端平缓。北翼倾向170°，倾角17°；南翼倾向350°，倾角20°。在该向斜的两翼发育有几个次级褶皱构造。组成向斜的地层由核部向两翼依序有中侏罗统西山窑组(J_2x)，下侏罗统三工河组(J_1s)、八道湾组(J_1b)，核部由中—上侏罗统石树沟群($J_{2-3}Sh$)构成。

10. 东黑山背斜(⑩)

东黑山背斜位于黑山凸起构造单元内。西段呈隐蔽状态，东段露于地表。呈北东-南西向展布，向南西倾伏，长约40km，北东段核部地层由上古生界石炭系组成，南西段逐渐被新近系覆盖。两翼地层被东、西黑山断裂截断，是地垒式背斜。北翼倾向350°，倾角8°～20°；南翼倾向150°，倾角10°～20°。

11. 老君庙向斜(⑪)

老君庙向斜位于梧桐窝子凹陷构造单元内。呈隐蔽状态，由二维地震解译确定。向斜呈北东东—南西西向展布，东端在端点呈急剧翘起状，西端呈现缓慢翘起状。长约40km。中段一带煤层埋藏超过1000m。向斜核部呈宽缓状。北西翼地层倾角变陡，倾向150°，倾角10°～20°；南东翼地层较平缓，倾向340°，倾角5°～12°。组成向斜的地层由核部向两翼依序有中侏罗统西山窑组(J_2x)，下侏罗统三工河组(J_1s)、八道湾组(J_1b)，核部由中—上侏罗统石树沟群($J_{2-3}Sh$)构成。

12. 梧桐窝子背斜(⑫)

梧桐窝子背斜位于梧桐窝子凹陷构造单元内，呈隐蔽状态，由二维地震解译确定。背斜呈北东东—南西西向展布，向南西倾伏。长约30km。向斜核部呈宽缓状。北西翼倾向340°，倾角5°～12°；南东翼倾向150°，倾角5°～14°。组成背斜的地层由核部向两翼依序有下侏罗统三工河组(J_1s)、中侏罗统西山窑组(J_2x)、中—上侏罗统石树沟群($J_{2-3}Sh$)构成，核部由下侏罗八道湾组(J_1b)构成。

13. 梧桐窝子向斜(⑬)

梧桐窝子向斜位于梧桐窝子凹陷构造单元内，呈隐蔽状态，由二维地震解译确定。向斜呈北东东—南西西向展布，东端在端点呈急剧翘起状，西端呈现缓慢翘起状。长约20km。中段一带煤层埋藏超过1000m。向斜核部呈宽缓状。北西翼地层倾角变陡，倾向150°，倾角5°～14°；南东翼地层较平缓，倾向340°，倾角5°～10°。组成向斜的地层由核部向两翼依序有中侏罗统西山窑组(J_2x)，下侏罗统三工河组(J_1s)、八道湾组(J_1b)，核部由中—上侏罗统石树沟群($J_{2-3}Sh$)构成。

二、断裂构造

区内对煤层有破坏作用的区域性断裂自西向东依次有沙丘河西断裂、帐篷沟东断裂、东黑山西断裂、东黑山东断裂等(图2-4-1)。

1. 沙丘河西断裂(F_1)

沙丘河西断裂位于西部沙丘河西侧，延伸长50km以上，逆断层性质，走向北北东，倾向南东，倾角

50°左右，为印支—燕山早期形成的逆断裂。断裂西盘为下降盘，东盘为上升盘，缺失三叠系，对下侏罗统有些错动，断距可达 50m，对中上侏罗统没有破坏。

2. 帐篷沟东断裂(F_2)

帐篷沟东断裂位于帐篷沟东侧，延伸长达 70km 以上，逆断层性质，走向北东，倾向北西，倾角约 65°。断裂西盘上升，东盘下降，断层上盘(西盘)地层东倾，倾角 16°～45°，断层下盘(东盘)倾向南东，倾角 3°～5°，倾向断距 90～225m，呈现由北向南断距变大趋势。该断裂为一区域性的帐篷沟东隐伏基底断裂，属中燕山期断裂，它破坏了侏罗系的沉积基底，亦在侏罗系沉积期间西盘不断抬升，东盘不断下降，形成了本区侏罗系地层西薄东厚的沉积特征。

3. 东黑山西断裂(F_3)

东黑山西断裂位于东南部东黑山西侧，呈北东-南西向弧形状展布，长约 28km，地表大部分被新近系覆盖，个别部位可见侏罗系与石炭系接触，断裂倾向北，倾角约 70°，为正断裂性质。该断裂为燕山期断裂，断裂西盘下降，东盘上升。

4. 东黑山东断裂(F_4)

东黑山东断裂位于东部东黑山东侧，呈北东-南西向展布，长约 15km，地表被新近系覆盖，为隐伏断裂，属燕山期断裂，断裂西盘上升、南东盘下降，断裂面倾向南东，为正断裂性质，控制了侏罗系地层的分布。

第五节 准东煤田地层发育特征

准东煤田一带出露的地层主要有古生界的泥盆系、石炭系和二叠系，中生界的三叠系、侏罗系和白垩系，新生界的新近系和第四系(图 2-5-1，表 2-5-1)。

表 2-5-1 准东煤田地层简表

界	系	统	地层名称	接触关系	岩性岩相特征	厚度(m)
新生界(Kz)	第四系(Q)	中更新统至全新统(Qp_2—Qh)	中更新统(Qp_2)、上更新统(Qp_3)、上更新统—全新统(Qp_3—Qh)、全新统(Qh)		中更新统洪积层(Qp_3^{pl})；上更新统洪积层(Qp_3^{pl})；上更新统—全新统洪积及冲积层(Qp_3^{pl+al}—Qh^{pl+al})、洪积加风积层(Qp_3^{pl+al}—Qh^{pl+al})；全新统洪积物(Qh^{pl})、风积物(Qh^{al})、盐渍化的砂土及亚砂土(Qh^{ch})、淤积黏土(Qh^{s})。	0.5～95
	新近系(N)	上新统(N_2)	独山子组(N_2d)	不整合	强氧化条件下河湖相沉积的褐红色、红黄色砾岩、粉砂岩、粉砂质黏土岩、黏土质粉砂岩、黏土岩	108.71～172.82

续表 2-5-1

界	系	统	地层名称	接触关系	岩性岩相特征	厚度(m)
中生界(Mz)	白垩系(K)	下统(K_1)	吐鲁谷群(K_1Tg)	不整合	为褐红色、砖红色、灰绿色泥质粉砂岩、粉砂岩、细砂岩互层，底部为砾岩	>366.89
	侏罗系(J)	中上统($J_{2\text{-}3}$)	石树沟群($J_{2\text{-}3}Sh$)	平行不整合	杂色河湖相沉积，上亚群是以红色为主的泥质粉砂岩、泥岩夹砂岩，下亚群是以绿色为主的泥质粉砂岩、泥岩、含硅化木	118～901
		中统(J_2)	西山窑组(J_2x)	整合	以湖沼相为主夹河流相沉积的灰白色、浅灰色泥岩、粉砂质泥岩、泥质粉砂岩夹砂岩、煤层	78.6～357.0
		下统(J_1)	三工河组(J_1s)	平行不整合	以湖相为主的灰色、黄灰色、黄绿色的泥质粉砂岩，泥岩夹细砂岩	88.9～376
			八道湾组(J_1b)	不整合	河湖沉积的灰绿色、灰色、灰白色泥岩、砂岩夹砾岩、煤线或煤层	34.49～452.3
	三叠系	中上统($T_{2\text{-}3}$)	小泉沟群($T_{2\text{-}3}Xg$)	整合	河流冲积相—湖泊三角洲相沉积的褐色、灰褐色、黄绿色砾岩、砂岩、粉砂岩夹叠锥灰岩、煤线	229.9～434.9
		下统(T_1)	上仓房沟群(T_1Ch^b)	平行不整合	干旱条件下的盆地边缘河流相沉积的紫红色砾岩与泥岩不均匀互层	274.9～436.0
古生界(Pz)	二叠系	上统(P_3)	黄梁沟组(P_3hl)	超覆不整合	湖相沉积岩性单一的黄绿色、姜黄色砾岩、细砂岩、粉砂岩、泥岩互层夹碳质泥岩及煤线	385～390
		中统(P_2)	上芨芨槽群(P_2Jj^b) 平地泉组(P_2p)	平行不整合	湖相沉积的土黄色泥岩夹细砾岩、鲕状灰岩、泥灰岩	194.9
			上芨芨槽群(P_2Jj^b) 将军庙组(P_2j)	整合	湖相沉积的土黄色泥质粉砂岩，泥岩夹碳质泥岩，底部为砾岩	423.3
		下统(P_1)	下芨芨槽群(P_1Jj^a)	不整合	典型陆相沉积的黄色、橘黄色、紫红色泥岩、长石岩屑砂岩、砾岩，下部夹凝灰砂岩	906.3
	石炭系	上统(C_2)	六棵树组(C_2l)	超覆不整合	海相杂色砂岩、泥质粉砂岩、粉砂岩夹酸性熔岩	241.8
			石钱滩组(C_2s)	平行不整合	海陆交互相的钙质砂岩、生物灰岩、泥灰岩、砾岩、砂岩、粉砂岩、泥岩	287.9
		下统(C_1)	巴塔玛依内山组(C_1b)	不整合	下亚组以基性为主的火山熔岩夹凝灰角砾岩、凝灰砂岩薄层，上亚组以酸性火山碎屑岩为主夹正常碎屑沉积	862～1477
	泥盆系	中统(D_2)	卡拉麦里组(D_2k)	不详	灰绿色、灰紫色凝灰质粉砂岩及泥质粉砂岩	不详

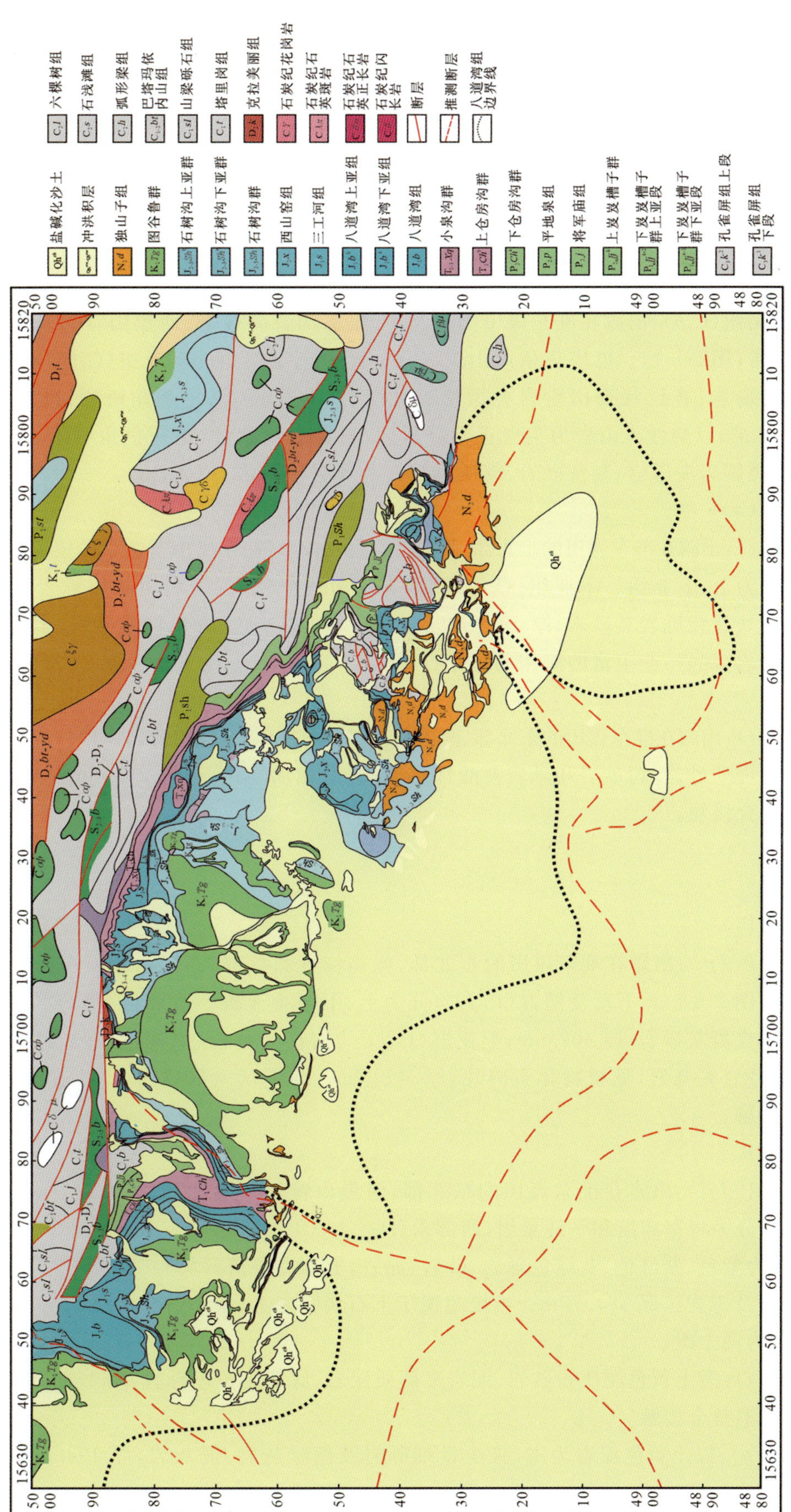

图 2-5-1 准东煤田地质图

一、古生界(Pz)

1. 泥盆系(D)

中泥盆统卡拉麦里组(D_2k):主要岩性为灰绿色、灰紫色凝灰质粉砂岩及泥质粉砂岩。厚度不详。

2. 石炭系(C)

1)下石炭统(C_1)

巴塔玛依内山组(C_1b):出露在准东煤田的东北部、帐篷沟背斜核部、西黑山背斜东段核部、东黑山背斜东段核部一带(图 2-5-1)。巴塔玛依内山组(C_1b)分为上、下亚组。下亚组(C_1b^a)岩性为灰绿色安山玢岩、辉石安山玢岩、杏仁状安山玢岩夹橄榄玄武玢岩、英安斑岩、凝灰角砾岩、凝灰砂岩薄层,厚2368m;上亚组(C_1b^b)以酸性火山岩为主夹正常碎屑岩,岩性为灰紫色、黄灰色角砾熔岩、凝灰岩、英安斑岩、安山玢岩、黑耀岩夹砾岩、凝灰砂岩、碳质页岩夹薄煤层,厚 862～1477m。

2)上石炭统(C_2)

石钱滩组(C_2s):出露在准东煤田的东北部、西黑山背斜东段核部、东黑山背斜东段核部一带(图 2-5-1)。石钱滩组(C_2s)分为上、下亚组。下亚组(C_2s^a)下部岩性为灰绿色、黄绿色块状粗砾岩,以火山岩砾为主;上部为黄绿色块状粗砾岩夹砂岩,厚 49.7m;上亚组(C_2s^b)以灰色、褐色钙质砂岩、生物灰岩、泥灰岩互层夹砾岩、粉砂岩、泥岩,产丰富的海相动物化石,厚 287.9m。与下伏下石炭统巴塔玛依内山组(C_1b)呈不整合接触。

六棵树组(C_2l):出露在准东煤田的东北部、西黑山背斜东段核部、东黑山背斜东段核部一带(图 2-5-1)。岩性为杂色砂岩、泥质砂岩、粉砂岩和砾岩夹酸性熔岩,含海相动物化石,厚 241.8m。与下伏石钱滩组(C_2s)呈平行不整合接触。

3. 二叠系(P)

1)下二叠统(P_1)

下芨芨槽群(P_1Jj^a):出露在准东煤田的东北部、帐篷沟背斜核部、西黑山背斜东段核部、东黑山背斜东段核部一带(图 2-5-1)。下芨芨槽群(P_1Jj^a)分为上、下两个亚群。下亚群(P_1Jj^{a-1})岩性为灰绿色夹紫色砂岩、砾岩夹凝灰砂岩,厚 402.6m;上亚群(P_1Jj^{a-2})岩性为黄色、橘黄色、紫红色泥岩、长石岩屑砂岩、粉砂岩、细砂岩夹砾岩,见植物化石碎片,厚 503.7m。与下伏六棵树组(C_2l)或巴塔玛依内山组(C_1b)呈不整合接触。

2)中二叠统(P_2)

上芨芨槽群(P_2Jj^b):出露在准东煤田的东北部、西黑山背斜东段核部、东黑山背斜东段核部一带(图 2-5-1)。东部分为将军庙组和平地泉组,西部未分。

该群在西部为紫色、紫红色、灰绿色砾岩、砂岩、泥岩,上部夹少量石灰岩、白云岩。下部以泥岩为主夹细砂岩、粉砂岩及砾岩。厚 584.77m。直接超覆于下石炭统之上,呈不整合接触。

东部本群分为两个组。

将军庙组(P_2j):为土黄色泥质粉砂岩、泥岩夹碳质泥岩,底部土黄色砾岩,厚 423.3m。与下伏下芨芨槽群(P_1Jj^a)为不整合接触。

平地泉组(P_2p):以土黄色泥岩为主,夹少量细砾岩及鲕状灰岩、泥灰岩,厚 194.9m。与下伏将军庙组(P_2j)为整合接触。

3)上二叠统(P_3)

黄梁沟群(P_3Hl):主要出露在北部,岩性为黄绿色、姜黄色的砾岩、细砂岩、粉砂岩的互层,夹高碳质页岩及煤线,下部砾岩增多加厚。在西部为砾岩、粉砂岩、泥岩互层,厚385～390m。与下伏上芨芨槽群呈整合接触,在西部为平行不整合接触。

二、中生界(Mz)

1. 三叠系(T)

1)下三叠统(T_1)

上仓房沟群(T_1Ch^b):出露在准东煤田的北部、帐篷沟背斜核部一带(图2-5-1)。岩性以紫红色砾岩与泥岩不均匀互层,底部普遍有一层棱角状粗砾岩,厚274.9～436.0m。与下伏上二叠统黄梁沟群(P_3Hl)呈平行不整合接触,在西部直接超覆于石炭系。

2)中—上三叠统($T_{2\text{-}3}$)

小泉沟群($T_{2\text{-}3}Xq$):出露在准东煤田的北部、帐篷沟背斜核部一带(图2-5-1)。岩性以褐色、灰褐色、黄绿色砾岩、砂岩、粉砂岩为主,仍为砾岩与泥岩互层,下部砾岩较多,上部以泥岩为主夹砾岩、砂岩、粉砂岩、叠锥灰岩及不稳定的煤线,厚229.9～434.9m。与下伏上仓房沟群(T_1Ch^b)呈整合接触。

2. 侏罗系(J)

1)下三叠统(J_1)

八道湾组(J_1b):出露在准东煤田的西北部、北部、东北部、帐篷沟背斜核部、西黑山背斜东段核部、东黑山背斜东段核部一带(图2-5-1)。岩性以灰绿色、灰色、灰白色砂岩、泥岩为主夹砾岩、煤层,为河流湖泊相沉积,厚34.5～452.3m。与下伏下三叠统上仓房沟群(T_1Ch^b)或石炭系巴塔玛依内山组呈不整合接触。

三工河组(J_1s):出露在准东煤田的西北部、北部、东北部,帐篷沟背斜核部,西黑山背斜东段核部,东黑山背斜东段核部一带(图2-5-1)。岩性以灰色、黄灰色、灰绿色泥质粉砂岩、泥岩为主夹细砂岩的湖泊相沉积,厚88.9～412.5m。与下伏八道湾组为整合接触或平行不整合接触。部分地段超覆于三叠系、二叠系或石炭系之上。

2)中三叠统(J_2)

西山窑组(J_2x):出露在准东煤田的西北部、北部、东北部,帐篷沟背斜核部,西黑山背斜东段核部,东黑山背斜东段核部一带(图2-5-1)。岩性以灰白色、浅灰色泥岩、粉砂质泥岩、泥质粉砂岩夹砂岩、细砂岩和煤层为主,厚78.6～357.0m。与下伏三工河组为整合接触。

3)中—上三叠统($J_{2\text{-}3}$)

石树沟群($J_{2\text{-}3}Sh$):出露在准东的西北部、北部、东北部,帐篷沟背斜核部,西黑山背斜东段核部,东黑山背斜东段核部一带(图2-5-1)。依据颜色组合特征,石树沟群分为上、下两个亚群,西部未分。下亚群($J_{2-3}Sh^a$)为一套以灰色、灰绿色为主体夹灰褐色、紫红色、紫褐色岩层;上亚群($J_{2\text{-}3}Sh^b$)为一套以灰褐色、紫红色、紫褐色夹灰色、灰绿色岩层,岩性为砂岩、泥岩、砾岩,中含硅化木、植物化石,厚118～901m。该组与下伏西山窑组为平行不整合接触,局部有超覆现象。

3. 白垩系(K)

下三叠统吐谷鲁群(K_1Tg):出露在准东煤田的西部、中部(图2-5-1),岩性为褐红色、砖红色、灰绿色泥质粉砂岩、粉砂岩、细砂岩互层,底部为砾岩,厚度大于366.89m,与下伏石树沟群为不整合接触。

三、新生界(Kz)

1. 新近系上新统独山子组(N_2d)

在准东煤田的东部出露广泛(图 2-5-1),呈近水平状态产出,是以褐色、灰褐色、紫红色、红黄色为基本色调的杂色河湖相沉积,岩石类型以黏土岩、粉砂质黏土岩、粉砂岩、黏土质粉砂岩为主夹细砂岩,底部为紫红色、砖红色的底砾岩,厚 108.71～172.82m。下伏下白垩统吐谷鲁群(K_1Tg)不整合接触,在东部超覆于石炭系、侏罗系之上。

2. 第四系(Q)

在准东煤田广泛分布(图 2-5-1)。按地貌特征、岩性、成因,第四系可分为以下几个类型。

1)中更新统(Qp_3^{pl})

分布在高台阶上,由洪积的砾石和砂泥组成,具半胶结成岩。

2)上更新统(Qp_3^{pl})

分布在高台阶上和山间山口洼地中,海拔较(Qp_2^{pl})低,为区内第二级平台,由洪积的砾石和泥、砂组成。砾石成分多为各种火山岩,分选性和磨圆度均差。

3)上更新统—全新统(Qp_3—Qh)

洪积及冲积层(Qp_3^{pl+al}—Qh^{pl+al}):分布在山前斜坡平原和平坦戈壁滩,组成冲—洪积扇和冲—洪积扇裙。由砂土和碎石混合堆积构成,其砾石含量常不高,地表由于风蚀,仅余戈壁砾石。

洪积加风积层(Qp_3^{pl+eal}—Qh^{pl+eal}):分布于沙漠边缘,主要由砂土和碎石堆积组成,以砂为主。组成戈壁平原,常围绕植物组成一个个半圆固定的风成小沙丘,为洪积、风积双重作用形成。

4)全新统(Qh)

洪积物(Qp_3^{pl}):沿干旱冲沟、河床呈线状分布。以砂砾为主,混有黏土、亚黏土和砂土等。

风积物(Qh^{eal}):分布于准东煤田的南部,组成沙漠地形。为流动的沙丘、沙漠风成沙丘,走向近东西,但单个沙丘、沙垄则多为南北向。

盐渍化的砂土、亚砂土(Qh^{ch}):分布于沙漠与露头区之间低洼处。由于地下水接近地表或大气降水的聚积,形成存水沼泽,长满芦苇。地表常由盐碱形成盐壳,砂土中含各种盐碱矿物。

淤积黏土(Qh^{s}):分布于低洼处,由褐色、黄色黏土、砂质黏土等构成白板地、龟裂地,极为平坦。为季节性洪水掺带大量细泥汇聚于洼地中,干涸后沉积的泥质沉积物。

第六节　准东煤田含煤地层

准东煤田含煤岩系主要为中—下侏罗统水西沟群,其次为中—上侏罗统石树沟群底部。中—下侏罗统水西沟群包括下侏罗统八道湾组和三工河组以及中侏罗统西山窑组,其中西山窑组为主要含煤地层。

一、八道湾组(J_1b)

八道湾组为一套河湖相和湖沼相沉积。岩性以灰色、深灰色、灰绿色的泥质粉砂岩、粉砂质泥岩、细砂岩、泥岩为主夹少量的粗砂岩、中砂岩、碳质泥岩、煤层及菱铁矿、泥灰岩透镜层。底部具巨厚层状含玛瑙砾岩与下伏的三叠系呈角度不整合接触,局部区域直接超覆于古生界地层之上。地层厚 6.60～294.85m。地层厚度沿走向由西向东有减薄的趋势,沿倾向由盆地边缘至盆地中心逐渐增大,粒度变细。

八道湾组为准东煤田次要含煤地层，发育 A 煤组，地层中含可采—局部可采煤层 1～2 层，煤层主要分布在西部五彩湾矿区大部地段和梧桐窝子勘查区东部地段。将军庙、西黑山和老君庙矿区局部地段亦有分布。煤层平均全层总厚 1.18m，平均纯煤总厚 1.10m，按平均地层总厚 70m 计，地层含可采煤系数 1.57%。煤层中平均夹矸总厚 0.08m，平均含矸率6.78%。煤层顶板岩性主要为泥岩、含炭泥岩、粉砂岩和中细砂岩。底板岩性主要为中细砂岩、粉砂岩、泥岩、含炭泥岩。

二、三工河组(J_1s)

三工河组是一套以湖泊相为主的细碎屑岩及少量化学岩的不含煤沉积。岩性以灰绿色、灰色泥质粉砂岩、粉砂岩为主夹细砂岩、泥灰岩、菱铁矿、叠锥灰岩和煤线；岩层中水平微细薄层理发育。底部为一层砾岩或含砾粗砂岩与下伏八道湾组超覆整合接触，局部地段直接超覆于三叠系或古生界之上。地层厚 69.74～190.67m。该组地层厚度稳定，特殊的细碎屑岩性组合及平行微细层理是划分侏罗系上、下两个含煤组的标志层。

三、西山窑组(J_2x)

西山窑组为一套河、湖沼泽相沉积。岩性为浅灰色、灰白色、灰绿色粉砂岩、泥质粉砂岩、粉砂质泥岩、细砂岩、中砂岩、煤层、泥岩、菱铁矿透镜体。在西北部沙丘河地段和东部老君庙地段局部呈红色、褐红色杂色色调。下部粒度较细夹泥岩、含炭泥岩及薄煤层，煤层多不具工业价值。中部以粉砂岩为主，工业煤层主要赋存于该段，含 1～7 层可采煤层；各煤矿区煤层的层数和厚度差异较大，含煤性最好的区段是大井矿区和五彩湾矿区，煤层层数少，单层厚度大，单层厚度达 70～90m；向东煤层层数增加，单层厚度变薄。上部为中砂岩、含砾砂岩、粉砂质泥岩及碳质泥岩、薄煤层或煤线，煤层也多不具工业价值。底部具有一厚层状砾岩、砂砾岩或砂岩与下伏的三工河组呈整合接触，局部可见冲刷接触。地层厚 15.00～290.35m，有由盆地边缘至盆地中心碎屑粒度变细、地层厚度增大的规律。

西山窑组为准东煤田主要含煤地层，发育 B 煤组。西山窑组平均煤层总厚 47.17m，平均纯煤总厚 43.06m，以西山窑组平均地层总厚 160m 为计，其含可采煤系数 26.91%。煤层中平均夹矸总厚4.11m，平均含矸率 8.71%。煤田内的东西矿区(勘查区)含煤差异性较大，煤层平面分布表现出西部层少且煤厚、东部层多且煤薄的特征。煤层层数由西部的 6 层增加到东部的 18 层，煤层厚度由西部(全层总厚)67.62m，减少到东部 18.69m。煤层顶板岩性以粉砂岩、泥岩、碳质泥岩、中细砂岩为主，次为粗砂岩、粉砂岩、粉砂质泥岩。煤层底板岩性以粉砂岩和泥岩为主，次为中细砂岩、含碳质中细砂岩和含炭泥岩。

四、中—上侏罗统石树沟群($J_{2-3}Sh$)

石树沟群是一套以湖泊相为主的细碎屑岩沉积。岩性以灰色、灰绿色为主，上部以灰褐色、紫红色、紫褐色杂色色调的泥岩、粉砂质泥岩、泥质粉砂岩、粉砂岩为主夹细砂岩、中砂岩、粗砂岩。呈下粗上细的韵律层，下部含 1～3 层薄煤层或碳质泥岩。局部见水平层理和小型交错层理。底部发育中厚层状灰绿色、杂色砾岩、砂砾岩或砂岩与下伏西山窑组呈平行不整合或微角度不整合。该地层厚度也具有由盆地边缘向盆地中心粒度变细、厚度增大的规律。地层厚 45.71～495.14m，沿走向西薄东厚，以老君庙矿区本组最为发育。

石树沟群下亚群地层中含可采—局部可采煤层 1 层，称为 C 煤组，主要分布在西部大井矿区、将军庙矿区西部地段以及东部老君庙矿区和梧桐窝子勘查区局部有分布。煤层平均全层总厚 0.16m，平均纯煤总厚 0.15m，按平均地层总厚 150m 计，地层含可采煤系数仅为0.1%。煤层中平均夹矸总厚 0.01m，平均含矸率 6.25%。煤层顶板岩性主要为泥岩、含炭泥岩、粉砂岩、粉细砂岩。底板岩性主要为粉砂岩、泥岩、含炭泥岩和粉细砂岩。

第三章　含煤岩系层序地层分析

层序地层学是在被动大陆边缘海相沉积物的研究过程中逐渐形成和发展起来的，但是层序形成的控制机制（如全球海平面变化、盆地沉降、沉积物供给以及气候等）同样适用于煤地质学研究领域。特别是对海陆交互相煤系地层研究，取得了丰富的研究成果，形成了比较系统的理论体系和研究方法。Diessel(1992)第一次应用埃克森(Exxon)学派层序地层学模型的概念对煤层的形成及保存做了全面综合性的阐述，讨论了海侵—海退煤层的化学和矿物学特征，将煤层发育与沉积层序的体系域联系起来，提出了海侵—海退煤层的沉积层序模型。这给煤地质学家研究煤层形成及含煤地层带来了新视角和新思想。Bohacs 和 Suter(1997)详细分析了近海煤系地层成煤作用与可容纳空间的关系，指出与泥炭的产率相关的可容纳空间的增长率是控制煤层形成和保存的主控因素。他们提出了一个预测煤层厚度和几何形态分布的模型，指出在整个基准面旋回变化过程中，煤层的厚度和几何形态分布具有对称性，泥炭沼泽发育是对基准面变化速率的响应，而不是对基准面变化方向的响应。根据上述模型，在一个向盆地方向延伸的斜坡地形中，海陆交互相煤层的形成和分布是可以预测的。大多数重要煤层（基于厚度和区域分布）形成于低位体系域晚期到海侵体系域早期，另外海侵体系域晚期到高位体系域早、中期也有重要的聚煤作用发生。Diessel 等(2000,2007)在广泛调研的基础上研究了世界上不同时代不同盆地的成煤作用与沉积层序体系域的关系，也进一步证实了 Bohacs 和 Suter 模型的正确性。世界上绝大多数煤层形成于低位体系域晚期和海侵体系域早期，另一个次级的成煤作用发生在海侵体系域晚期至高位体系域早期，此时可容纳空间的增长速率与泥炭堆积速率大致平衡，从而有利于泥炭的生成和保存。

在国内，何起祥等(1991)、陈世悦和刘焕杰(1994)、赵省民和郑浚茂(1997)、李宝芳等(1999)、李增学等(1994,1995,1996,2000,2001,2002,2003,2006,2008,2015)、邵龙义等(1999,2008,2009,2014,2017,2018,2021)、陈世悦(2000)、桑树勋等(2001)、吕大炜等(2009)、鲁静等(2012)、董大啸等(2017)对华北晚古生代石炭—二叠系陆表海盆地含煤地层层序地层及聚煤规律进行了研究，取得了丰富的成果。例如，李增学等(2000,2001)通过对华北晚古生代陆表海聚煤盆地成煤作用研究，认为海侵体系域成煤作用是海水逐渐上升过程中的成煤作用，称为“海侵过程”成煤作用。针对我国华北陆表海盆地海相灰岩直接覆盖到煤层之上的现象提出了“海侵事件”成煤作用，认为“海侵事件”成煤作用具有事件性质，该煤层可以作为层序界面。邵龙义等(1992,2003,2014)也认为煤层的形成与幕式海（湖）侵事件密切相关，聚煤作用实际上是在海（湖）平面幕式的、快速的抬升过程中发生的，一些大面积或盆地范围分布的厚煤层多是在一次沉积幕期间的最大海（湖）泛期的沉积，相当于层序地层学的最大海泛面沉积；而较小范围分布的煤层则是次一级沉积事件中海侵过程的沉积，相当于层序地层学的正常海侵。此外，龚绍礼和张春晓(1999,2001)、康高峰等(2009)、郭立君等(2011)、汪浩(2011)、张超(2013)、邵龙义等(2013,2016)、高彩霞(2014)等对华南近海含煤岩系层序地层及聚煤规律进行了研究。

近年来，国内学者逐步将在近海煤系层序地层学研究中取得的成果引入内陆湖相聚煤盆地，对准噶尔盆地、柴达木盆地及鄂尔多斯盆地等中生代聚煤盆地的聚煤作用与层序格架的配置关系进行了基础研究，认识到基准面（湖平面）旋回和可容纳空间变化与聚煤作用密切相关。李思田等(1995)将层序地层学理论应用于鄂尔多斯盆地下侏罗统煤系地层延安组，建立了延安组层序地层模型，指出湖泊周期性的扩展和萎缩形成了地层的旋回性，在每个旋回的末期，三角洲砂体淤塞了湖泊，在废弃的三角洲平原上大面积成煤，此为陆相煤系地层的层序地层学研究提供了借鉴。王双明和张玉平(1999)从构造演化角度对鄂尔多斯侏罗系煤系地层聚煤规律研究，将聚煤古地理和聚煤作用放在层序地层格架中进行研究，大大提高了聚煤规律的研究程度，指出古气候、构造作用是聚煤主控因素，构造转折期是重要的聚煤期；龚绍礼等(1999)在上述研究的基础上，进一步归纳、总结了我国不同类型聚煤盆地的层序地层特征和层序地层模式，尤其在层序地层和聚煤规律、含煤地层对比的关系上，取得了重大突破。此外，李思田等(1995)、Zhang 等(1997)、杨明慧和夏文臣(1998)、杨荣丰等(2001)、刘豪和王英民(2002)、鲍志东等(2002)、周兴福等(2005)、刘海涛等(2006)、文怀军等(2006)、黄曼等(2007)、周继兵等(2010)、李鑫等(2010)、田继军等(2011)、王东东(2012)、王佟等(2013)、邵凯(2013)、李宝庆等(2014)、王帅等(2015)、冯烁(2015)等对我国中生代陆相含煤地层层序地层学及聚煤规律进行了研究。李思田等(1993)、邵龙义和张鹏飞(1997，1998)、金高峰等(2000)、韩美莲和魏久传(2000)、李增学等(2000d，2000e，2001b)、桑树勋等(2001，2002)、刘洪林等(2004)提出和讨论了聚煤盆地层序地层学研究的一些关键问题和聚煤模式。一般认为，陆相湖盆层序形成的主控因素主要为构造沉降、沉积物供给、古地理条件以及气候，且陆相盆地的水域机制也不是单向的水进—水退，而是盆地整体性扩张和大面积萎缩，沉积作用具有多物源、近物源和沉积速率高等特点。

第一节 准东煤田层序界面的识别

根据 Vail 的层序地层学理论，层序是由不整合面和相应的整合面所围限的成因上有联系的一套地层，一个完整的三级层序是由低位、海侵和高位体系域 3 个部分组成，它们之间由初始洪泛面和最大洪泛面分隔。层序界面的识别是层序地层学研究的首要工作，也是建立等时性层序地层格架的关键。本书以 Vail 和 Wornardt(1990)描述的层序地层学方法为指导，以二维地震、钻井、测井以及区域地质资料综合分析为基础，结合煤层的煤岩学、煤化学和地球化学参数，以及前人对研究区侏罗系层序地层的研究成果，详细讨论了中侏罗统西山窑组层序和准层序界面特征。主要通过煤岩、煤相参数以及煤地球化学参数对厚—巨厚煤层中所包含的体系域和准层序界面进行识别。

一、二级和三级层序界面的识别

层序界面有多种表现形式，其在地震、钻井剖面及测井曲线上具有明显特征。在地震剖面上通常表现为强反射层，地层终止方式具有上超、下超、顶超和削蚀等特征，局部显示基准面下降期形成的下切谷。在盆地边缘，区域不整合面往往显示强烈的上超或削蚀，与古构造运动对应，向盆地方向追索，层序界面可能表现为整合接触。在盆缘坡折下部发育的大型三角洲前积反射层也是识别层序界面的良好标志。层序界面在钻井岩心和露头剖面上通常表现为：①古土壤层(古风化壳或根土岩)，是沉积间断的标志，可作为识别层序界面的主要标志；②代表基准面的急剧下降期河道底部发育的侵蚀、冲刷不整合面可作为层序界面；③基准面下降期沉积相带向盆地方向迁移，形成沉积相突变面；④层序界面上下地层的地球化学特征、古生物和古生态特征可能明显不同，也可以作为层序界面的识别标志。测井曲线在层序界面处往往表现为突变特征，如河道侵蚀冲刷下伏细粒沉积物，测井曲线在冲刷面处发生突变，也可作为层序界面的识别标志。

根据以上层序界面的识别特征，通过二维地震追索和钻井岩心标定，同时结合前人研究成果，在侏罗系中共识别出 3 个二级层序界面(JSB1、JSB5 和 JSB7)，4 个三级层序界面(JSB2、JSB3、JSB4 和 JSB5)(图 3-1-1)。

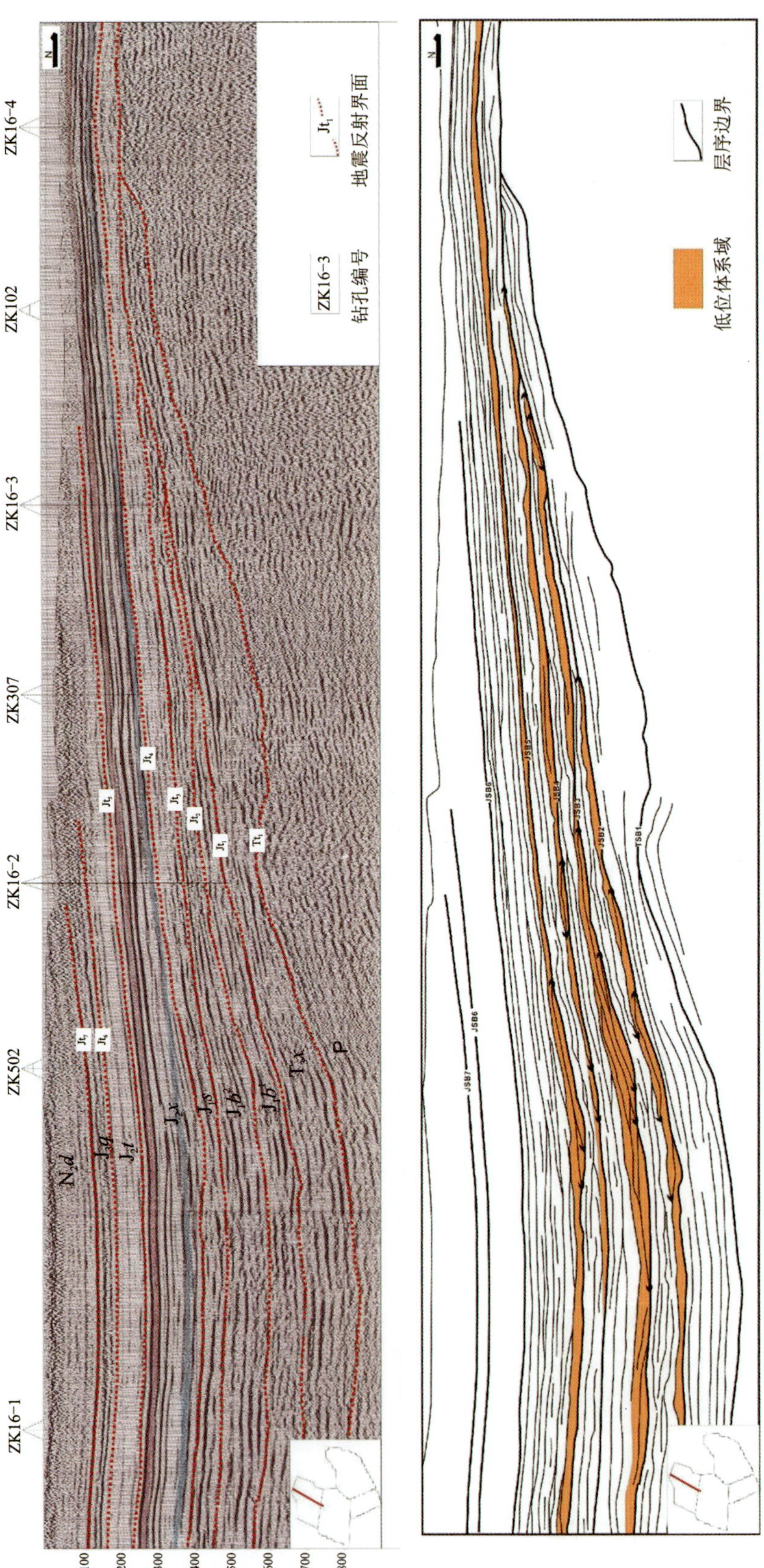

图 3-1-1 准东煤田将军戈壁煤矿勘查区L16线侏罗系二维地震层序地层格架解释（B）

1. JSB1

位于侏罗系底界，是印支晚期构造运动不整合面，在地震剖面上。该界面之下显示三叠系小泉沟群地层遭受强烈剥蚀，显示地层削截，界面之上显示上超、下超反射特征，钻井岩心显示界面之上大段灰绿色、褐色砾岩沉积。

2. JSB2

为八道湾组上、下段的分界面，地震剖面上地层终止方式显示为上超和下超特征，钻井揭露界面之上发育大段低位期粗碎屑物沉积。

3. JSB3

为八道湾组与三工河组的分界面，地震剖面上地层终止方式显示为上超和下超特征，钻井揭露界面之上发育大段低位期粗碎屑物沉积。

4. JSB4

为西山窑组与三工河组的分界面，在二维地震剖面上相当于反射波组 Jt4，位于西山窑组底部粗碎屑岩之下，该界面为局部不整合面，在地震剖面上偶见不明显的下超特征(图 3-1-1)。测井曲线上自然伽马和电阻率曲线多表现为钟型、箱型或二者的叠加类型，底部具突变面(图 3-1-2)；表现为相转换面，界面之下为浅湖相泥岩，界面之上为三角洲平原相或前缘相砂砾岩。

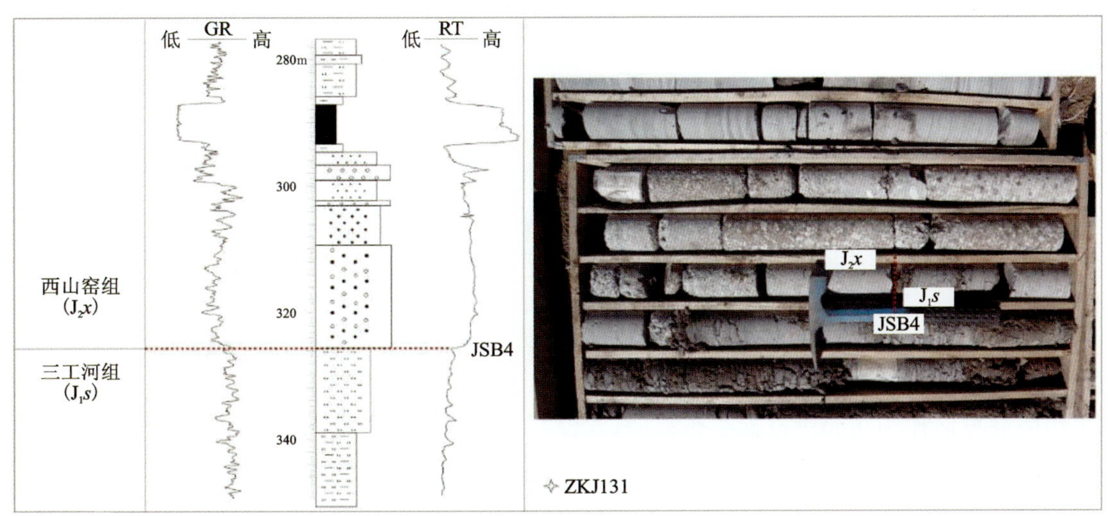

图 3-1-2　岌岌湖西勘探区 ZKJ131 钻孔的 JSB4 界面岩心响应特征

5. JSB5

西山窑组(J_2x)和上覆石树沟群($J_{2\text{-}3}sh$)之间的构造运动区域不整合面，对应燕山运动 I 幕。在二维地震剖面上相当于反射波组 Jt5，位于西山窑组顶部，该界面为区域平行不整合面，界面上下的地震反射波组产状表现出一致性，但反射波能量明显弱于下部地层，反射波组的组合特征也与界面之下地层有较大不同(图 3-1-1)。界面之上头屯河组地层较为均一，波阻抗小，而下部西山窑组地层表现出明显的不均一性，反射同相轴更加强烈。在钻井岩心剖面上，该界面上下岩性、地层颜色也表现出极大不同，界面之上地层颜色显示偏氧化环境的红褐色、杂色等，局部地区接近层序界面处多发育粗碎屑岩，界面之下多发育偏还原环境的灰色、灰黑色泥岩、碳质泥岩或煤层，界面处多见粗碎屑岩对下部煤层或泥岩的侵蚀冲刷(图 3-1-3、图 3-1-4)。层序界面处测井曲线突变,自然伽马高值、低电阻率、低密度、低声波时差。

图 3-1-3 岌岌湖西勘探区 ZKJ131 钻孔的 JSB5 界面岩心响应特征

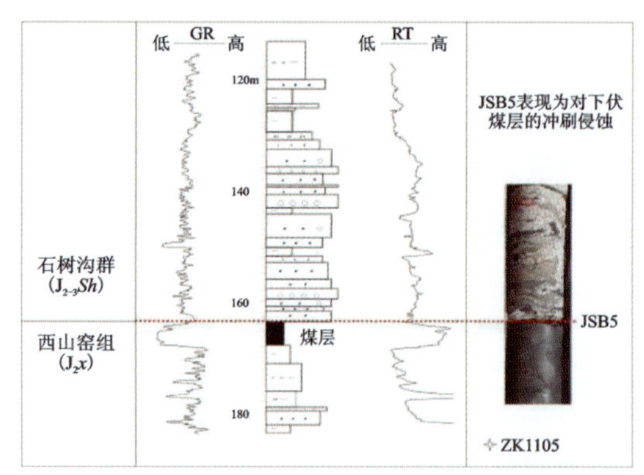

图 3-1-4 西黑山矿区 ZK1105 钻孔的 JSB5 界面钻、测井响应特征

6. JSB6

为齐古组与头屯河组的分界面,地震显示为平行不整合面。

7. JSB7

位于侏罗系顶部,是石树沟群与新近纪独山子组之间的构造运动不整合面,由于燕山二幕构造运动,石树沟群上部的齐古组遭受强烈剥蚀,露头和钻井岩心显示界面之上为独山子组底砾岩和黄褐色泥岩沉积,界面之下为齐古组或头屯河组灰绿色湖相泥岩沉积,识别特征明显。

二、初始洪泛面的识别

初始湖泛面是低位体系域与湖扩体系域之间的物理界面,并以低位沉积体系向盆进积转换为湖扩沉积体系向陆退积为特征。在近海陆架区,初始洪泛面理论上表现为海水初次漫过坡折带,以下切谷被充填为标志,准层序堆叠样式开始由进积向退积转换,形成向上逐渐变深的旋回。在陆相坳陷湖盆中,初始洪泛面的识别较为困难,长期的基准面下降使河流作用加强,在盆地边缘形成不整合面,随着湖平面由下降到缓慢上升,低位期形成的粗碎屑物质逐渐被细粒沉积物覆盖,开始湖扩期沉积,进积向退积转换,整体上形成向上变深的旋回。因此,将研究区钻、测井岩性剖面上低位晚期粗碎屑物之上发育的细粒沉积物的底界面作为初始洪泛面是合适的,在没有粗碎屑物发育的地方,可能发育根土岩或古土壤层,初始洪泛面可能与层序界面重合(文怀军等,2006;黄曼等,2007)。局部地区,初始湖泛期低位粗碎屑物之上可能发育煤层和碳质泥岩,可作为初始湖泛面的标志。在地震剖面上,若发育明显的地形坡折带,在识别低位进积反射层的基础上,可将首次超覆坡折带的退积反射层作为初始洪泛面的标志。鲍志东等(2002)和张冬玲等(2005)在研究准噶尔盆地侏罗系层序划分时,利用地震剖面上超点或长超覆点作为初始湖泛的表现,来识别和划分三级层序的体系域,取得了良好效果。在研究区,地震剖面上低位体系域之上首次超覆坡折带的长超覆反射同相轴可作为初始湖泛面的标志。

根据初始湖泛面的识别特征,利用地震、钻井岩心和测井资料,将准东煤田西山窑组底部粗碎屑岩之上,B1 煤层之下发育的细粒沉积物的底界面作为初始洪泛面。此界面具有下列特征:①西山窑组 B1 煤层发育稳定,地震波组显示"双轨"特征,连续性强,B1 煤层底界面反射波组具有首次超覆坡折带趋势,初始湖泛面可沿着 B1 煤层反射波组底界面连续追踪;②钻测井剖面显示西山窑组底部粗碎屑岩之上多发育泥岩、碳质泥岩或泥质粉砂岩等细粒沉积物,指示基准面由下降转为逐渐上升;③B1 煤层底部根土岩发育;④局部地区 B1 煤层直接覆盖到低位粗碎屑岩之上。

三、最大洪泛面的识别

最大洪泛面是在一个基准面变化周期内水体最深、可容纳空间最大时期形成的最大沉积非补偿面，是由海侵期退积向高位期进积转换的分界面（Octavian，2002）。在钻井岩心、露头剖面上最大洪泛面处沉积物粒度最细（凝缩段），表现为大段深水相泥岩，古生物门类和有机质丰度最高。测井曲线上，最大洪泛面处于总体变化的拐点处，表现为高的自然伽马值、低的自然电位值。在地震剖面上，最大洪泛面一般难以识别，局部可能表现为一个收敛的下超面（鲍志东等，2002）。内陆湖相盆地，最大洪泛面处于湖平面升降的拐点位置，该界面上下地层岩性、物性、颜色变化特征以及准层序的叠置样式具有明显差异（张冬玲等，2005）。界面之下为湖扩体系域，岩性多为暗色泥岩，显示逐渐变深的旋回，准层序叠置样式多以退积为特征；界面之上砂岩含量明显增加，总体显示向上湖水变浅、碎屑变粗的旋回。最大洪泛期沉积物往往具有稳定的区域分布和可对比性，因此在钻、测井岩性剖面上较易识别。最大洪泛面在地震剖面上反映不明显，钻、测井岩性剖面上显示为大段水平纹理发育的泥岩，测井显示为高自然伽马和低的视电阻率值。在准东煤田中，可将 B3 煤层之下发育的大段泥岩的顶部作为最大洪泛面。

四、准层序和准层序组的识别

根据 Van Wagoner（1995）定义，准层序是相对整合的、成因相关的、由洪泛面为边界的层组或层系，这些层组或层系在垂向上具有特定的岩相组合和明显的沉积旋回性。考虑到准东煤田西山窑组内部广泛发育煤层和碳质泥岩，具有明显的沉积旋回特征，旋回底部可发育湖相泥岩或辫状河三角洲水下分流河道或河口坝砂岩等水下沉积，顶部发育煤层结束，煤层上部通常为湖相泥岩或泛滥平原细粒沉积物覆盖，代表洪泛期沉积。因此，每一个含煤旋回可作为一个准层序，煤层顶界面可作为准层序界面。

五、厚煤层中的层序和准层序边界识别

在区域性分布的厚—巨厚煤层中，往往包含重要的层序、体系域或准层序界面，这些界面的形成通常与成煤沼泽中水介质条件和植被条件密切相关，是多个准层序形成的古泥炭体垂向叠加的结果，在钻、测井岩性剖面上除了由洪泛期形成的夹矸层反映外，在煤岩的化学性质、地球化学、宏观和显微煤岩组分的垂向变化也能够很好地反映准层序和体系域界面。

在一个煤层中的层序边界通常是在盆地某部位低可容空间环境两个煤层合并的产物。在这些位置，由于新的基准面上升新的泥炭沼泽在遭受暴露和侵蚀的老的泥炭的顶部重新形成。Diessel（2006）介绍了澳大利亚东部悉尼盆地 Hunter Valley 的一个合并的二叠纪高灰烟煤中层序边界的位置（图 3-1-5）。在煤层合并带向盆地方向，层序边界延伸到具有由深切到下伏 Wynn 煤层的浪成峡谷面上的海相舌状体之下。在层序边界以上的海相沉积物由 Bulga 组和上覆的 Archerfield 砂岩组成，后者为障壁滩复合体。它们形成了向陆延伸的 Kulnura 海相舌状物的海侵（TST）准层序。Archerfield 砂岩的顶部构成了一个最大湖泛面，因此形成海侵体系域的上限。向陆方向，Archerfield 砂岩和 Bulga 组楔入的远端，Bayswater 和上部 Wynn 煤层与上覆的 Broonie 煤层接合形成了东部靠近盆地边缘的 30m 厚的合并煤层。在合并煤层中，层序边界位于 20cm 厚的潟湖相页岩到粉砂岩层之下，称为 BB3。这一岩层相当于 Archerfield 障壁滩砂岩的向陆沉积。因此，BB3 岩层代表了海侵体系域的向岸显示，沉积于下伏泥炭的最大洪泛期。

虽然 Wynn 煤层由于高的镜质组含量而相对光亮，但是直接在 BB3 岩层底部层序边界之下，由于几乎完全缺乏镜质组和惰性组占优势（大部分为碎屑惰性体），煤层非常暗。在 BB3 岩层之下存在少量的镜质组，这些镜质组形成于生长在退化和部分压实的泥炭中的植物根。图 3-1-5 中显示的煤岩特征意味着 Wynn 泥炭在海侵末期被淹没，BB3 岩层覆盖之前遭受过近地面暴露、干燥和可能部分燃烧的时期。来自煤的这种信息是正确解释层序地层的基础，因为总体的岩石地层样式可以把 BB3 岩层解释为

一个没有任何特定意义的洪泛面。在合并的煤层中，在BB3岩层之下的碎屑惰性组的含量是普遍的泥炭降解和损失的标志，由于较低的潜水面。在合并带之外，除上Wynn煤层顶部和Archerfield组砂岩和/或Bulga组底部之间的不整合是由一些可以是低位产物的薄的砾石残留覆盖外，这个区域似乎很少有低位体系域的切实证据。

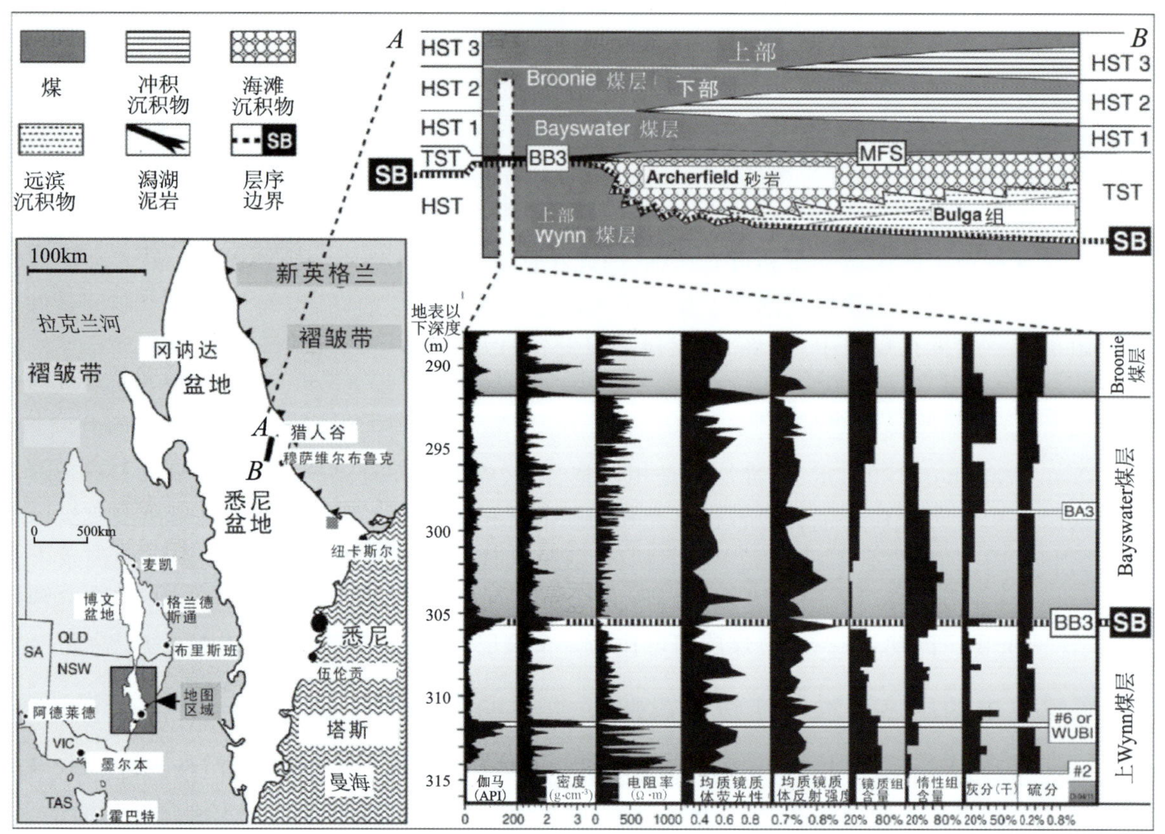

图3-1-5　表明新兰威尔士Hunter Valley，Dartbrook附近从海相Singleton超群的Archerfield-Bulga组的基底到合并的Wynn-Bayswater-Broonie煤层一个层序边界划分的横剖面(右上方)。在剖面图左边缘的棒带表明从DDH 98获得的分析结果和下部插图的位置和地层范围(据Diessel，2006)

在煤层合并带之外，图3-1-5中层序边界之上的Bayswater和两个Broonie煤层具有发育完整的准层序样式，但在其合并带，它们代表了各自准层序(HST1～3)。Diessel(1992，1998)、Banerjee等(1996)、Petersen和Andsbjerg(1996)、Petersen等(1998)、Holz等(1999)和Diessel等(2000)对形成于海侵和海退沉积背景下煤层的岩石学和地球化学记录研究表明，煤岩石学参数(例如：镜质体含量和类型、镜质体反射率、荧光性质、结构保存指数和凝胶化指数等)从煤层底部到顶部常具有规律的变化(图3-1-6)，并可以与先存泥炭聚积时的沉积体制(海侵和海退)联系起来。煤层的海侵和海退也可由化学记录(例如：氢和硫含量)(Diessel，1992)和孢粉组合的变化所反映(Banerjee et al.，1996)。在许多咸水和海水影响的煤层中可观察到在煤层的底部和顶部镜质体反射率减小的现象(Diessel，1992，Banerjee et al.，1995；Diessel et al.，2000b)，发现碱性海水渗入先存泥炭的上部和底部，因而抑制有机酸，造成厌氧细菌活动性增强(Diessel，1998)。这些细菌残体被保存在镜质体分子结构中，增加了氢含量，因而造成镜质体反射率降低。在咸水和海水影响的煤层的上部和底部硫含量的增加与海水中硫酸盐的有效性有关，但海水中硫酸盐渗入煤层时，被硫酸盐还原细菌利用而产生硫化氢(H_2S)，硫化氢与铁反应形成黄铁矿(FeS_2)。由Diessel (1986)提出的结构保存指数(TPI)和凝胶化指数(GI)已被广泛的应用于确定沉积环境和煤相的煤岩学研究。凝胶化指数(GI)是指已经历凝胶化的镜质组和惰性组显微组分与未经历凝胶化的显微组分的比值[GI=(镜质组+粗粒体)/(丝质体+半丝质体+碎屑惰性体)]。凝胶化指数被认为代表了泥炭形成早期的相对潮湿度，高值表明相对高的水位，低值表明相对低的水位。结构保存指数是具有原始植物细胞结构的镜质组和惰性组显微组分与没有可见细胞结构的显微组分的比值（TPI=结构镜质体+均质镜质体+丝质体+半丝质体/基质镜质体+碎屑镜质体+粗粒体+碎屑惰性体）。结构保存指数被认为不仅反映了先存物质(木质高于草本)，而且描写了降解的程度。

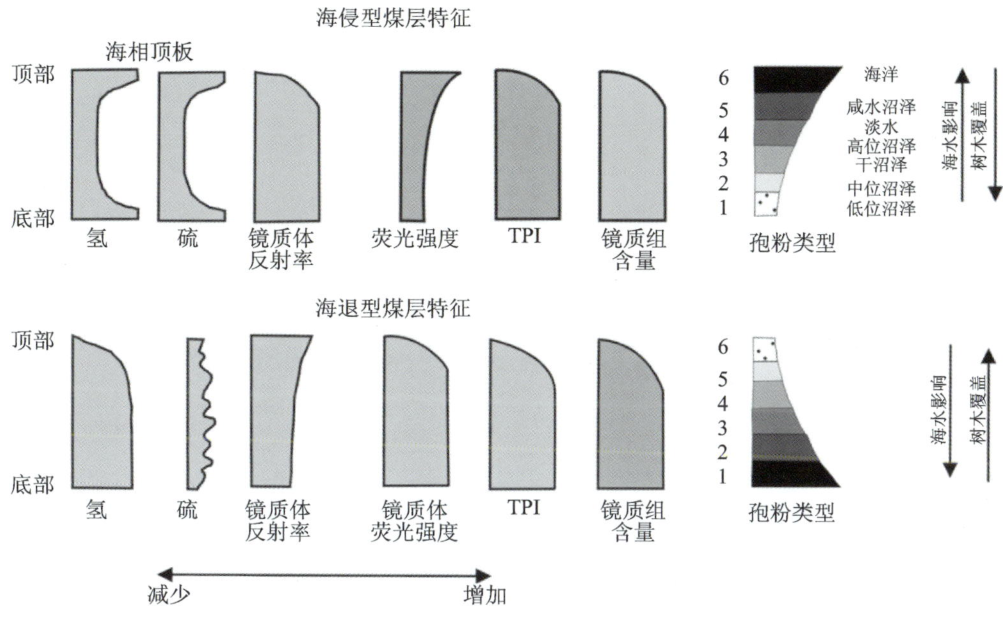

图 3-1-6 海侵和海退煤层的岩石学、化学和孢粉学记录(据 Diessel,1992;Banerjee et al.,1996)

第二节 层序地层划分

在侏罗系含煤地层层序界面识别的基础上，同时结合前人对准噶尔盆地侏罗系层序地层的研究成果(张满郎等，2000；柳永清和李寅，2001；王宜林等，2001；鲍志东等，2002；张冬玲等，2005；邱春光等，2006；李鑫，2009；周继兵等，2010；毛婉慧等，2011；潘松圻等，2013)，将研究区内侏罗系地层划分为 2 个二级层序、6 个三级层序(表 3-2-1)。八道湾组、三工河组和西山窑组为一个构造层序(TS1)，石树沟群的头屯河组和齐古组为一个构造层序(TS2)。在 TS1 构造层序内，其中八道湾组划分为 2 个三级层序(SQ1、SQ2)，三工河组划分为 1 个三级层序(SQ3)和西山窑组划分为 1 个三级层序(SQ4)。

SQ1 和 SQ2 处于侏罗纪沉积早期填平补齐阶段，对应于八道湾组上段和下段。其中，SQ1 厚度约为 80m，钻孔显示低位体系域发育大段红褐色、灰绿色重力流成因的冲积扇—扇三角洲沉积；湖扩体系域多发育灰绿色、杂色泥岩，偶夹砂砾岩的浅湖相沉积；高位体系域为辫状河三角洲平原相沉积，局部发育厚度相对较薄的煤层。SQ2 厚度约为 90m，体系域构成与 SQ1 相似，低位体系域发育大套辫状河三角洲砂岩、砂砾岩等粗碎屑岩沉积，湖扩体系域多为灰绿色湖相泥岩沉积，高位体系域发育辫状河三角洲沉积。

SQ3 对应于三工河组，厚 60～80m 不等，其底界面为三工河组与八道湾组之间的相转换面和区域侵蚀不整合面，低位体系域发育河流三角洲沉积；湖扩体系域主要为浅湖相泥岩，发育水平层理；高位体系域相对不发育。

表 3-2-1 准东煤田侏罗系层序划分方案

<table>
<tr><th colspan="5">地层</th><th colspan="3">层序</th><th rowspan="2">界面反射终止关系</th><th rowspan="2">构造运动</th></tr>
<tr><th>系</th><th>统</th><th>群</th><th>组</th><th>段</th><th>二级层序</th><th>三级层序</th><th>体系域</th></tr>
<tr><td>新近系</td><td>上新统</td><td></td><td></td><td></td><td rowspan="3">TS2</td><td></td><td></td><td>削蚀
平行不整合</td><td>燕山云Ⅱ幕 Jt_7
（区域不整合）</td></tr>
<tr><td rowspan="14">侏罗系</td><td>上统</td><td rowspan="2">石树沟群（$J_{2\text{-}3}Ss$）</td><td>齐古组（J_3q）</td><td></td><td>SQ6</td><td></td><td>上超/下超/整合</td><td>Jt_6</td></tr>
<tr><td rowspan="4">中统</td><td>头屯河组（J_2t）</td><td></td><td>SQ5</td><td></td><td>上超/下超/整合</td><td rowspan="4">Jt_5燕山云Ⅱ幕
（区域不整合）

Jt_4层序界面位于煤层之下</td></tr>
<tr><td rowspan="12">水西沟群（$J_{1\text{-}2}Sx$）</td><td rowspan="3">西山窑组（J_2x）</td><td>上</td><td rowspan="12">TS1</td><td rowspan="3">SQ4</td><td>高位</td><td rowspan="3">削蚀
上超/下超/整合</td></tr>
<tr><td rowspan="2">下</td><td>湖扩</td></tr>
<tr><td>低位</td></tr>
<tr><td rowspan="9">下统</td><td rowspan="3">三工河组（J_1s）</td><td rowspan="3"></td><td rowspan="3">SQ3</td><td>高位</td><td rowspan="3">顶超
上超/下超/整合</td><td rowspan="3"></td></tr>
<tr><td>湖扩</td></tr>
<tr><td>低位</td></tr>
<tr><td rowspan="6">八道湾组 J_{1b}</td><td rowspan="3">上</td><td rowspan="3">SQ2</td><td>高位</td><td rowspan="3">顶超/削蚀
上超/下超/整合</td><td rowspan="3">Jt_3</td></tr>
<tr><td>湖扩</td></tr>
<tr><td>低位</td></tr>
<tr><td rowspan="3">下</td><td rowspan="3">SQ1</td><td>高位</td><td rowspan="3">顶超/削蚀
上超/下超/整合</td><td rowspan="3">Jt_2

Jt_1印支运动
（区域不整合）</td></tr>
<tr><td>湖扩</td></tr>
<tr><td>低位</td></tr>
<tr><td>三叠系</td><td>上中统</td><td>小泉沟群（$T_{2\text{-}3}Xq$）</td><td></td><td></td><td></td><td></td><td></td><td>削蚀</td><td></td></tr>
</table>

SQ4 对应于西山窑组，属于盆地淤浅阶段，地层平均厚约 150m，低位、湖扩体系域和高位体系域发育完整，整体为滨浅湖和辫状河三角洲沉积，煤层极为发育。SQ4 低位体系域可划分为 1 个准层序组（PSS1），相当于 B0 煤组；湖扩体系域可划分为 2 个准层序组（PSS2 和 PSS3），分别相当于 B1 煤组和 B2 煤组；高位体系域可划分为 4 个准层序组（PSS4、PSS5、PSS6 和 PSS7），其中 PSS4 包括 B3 煤组，PSS5 包括 B4 煤层和 B5 煤层，PSS6 包括 B6 煤组。这些准层序组可由 1 个或多个准层序组构成，准层序组在该煤田的不同部位变化较大，横向对比较为困难。

SQ5 和 SQ6 分别对应于石树沟群的头屯河组和齐古组，但 SQ6 顶部遭受后期强烈剥蚀。

第三节 单井层序地层分析

单井层序地层分析是建立区域层序地层格架的基础，也是煤层对比的一个重要手段。单井层序地层划分主要应用钻井岩心的岩相分析，并结合沉积相相序变化、测井曲线、煤相特征和地球化学参数，确定所研究地层单元内的不同级别的层序界面，划分等时地层单元。由于研究区内不同勘探区基底构造沉降和物源供给的差异，其岩相组成和煤层发育特征也存在较大差异，因此，在研究区内不同勘探区选择了多个钻孔进行层序地层分析，包括五彩湾矿区火烧山勘探区 ZKW01 钻孔、大井矿区大庆沟勘探区 ZK2601 钻孔、大井矿区大井勘探区 ZK106 钻孔、将军庙矿区大井南勘探区 ZK1304 钻孔、西黑山矿区红沙泉勘查区 ZK24-3 钻孔、西黑山矿区黑梭井勘探区 ZK2012 钻孔、西黑山矿区西黑山勘探区 ZK1105 钻孔和梧桐窝子勘查区 ZK301 钻孔。

一、五彩湾矿区火烧山勘探区 ZKW01 钻孔

该钻孔位于五彩湾矿区火烧山勘探区，钻井深度 490m。钻遇侏罗系地层和三叠系顶部地层。中—下侏罗统含煤地层保存比较完整（图 3-3-1）。下侏罗统八道湾组划分为 2 个三级层序（SQ1、SQ2），三工河组划分为 1 个三级层序（SQ3），西山窑组划分为 1 个三级层序（SQ4），但上部保存不全。

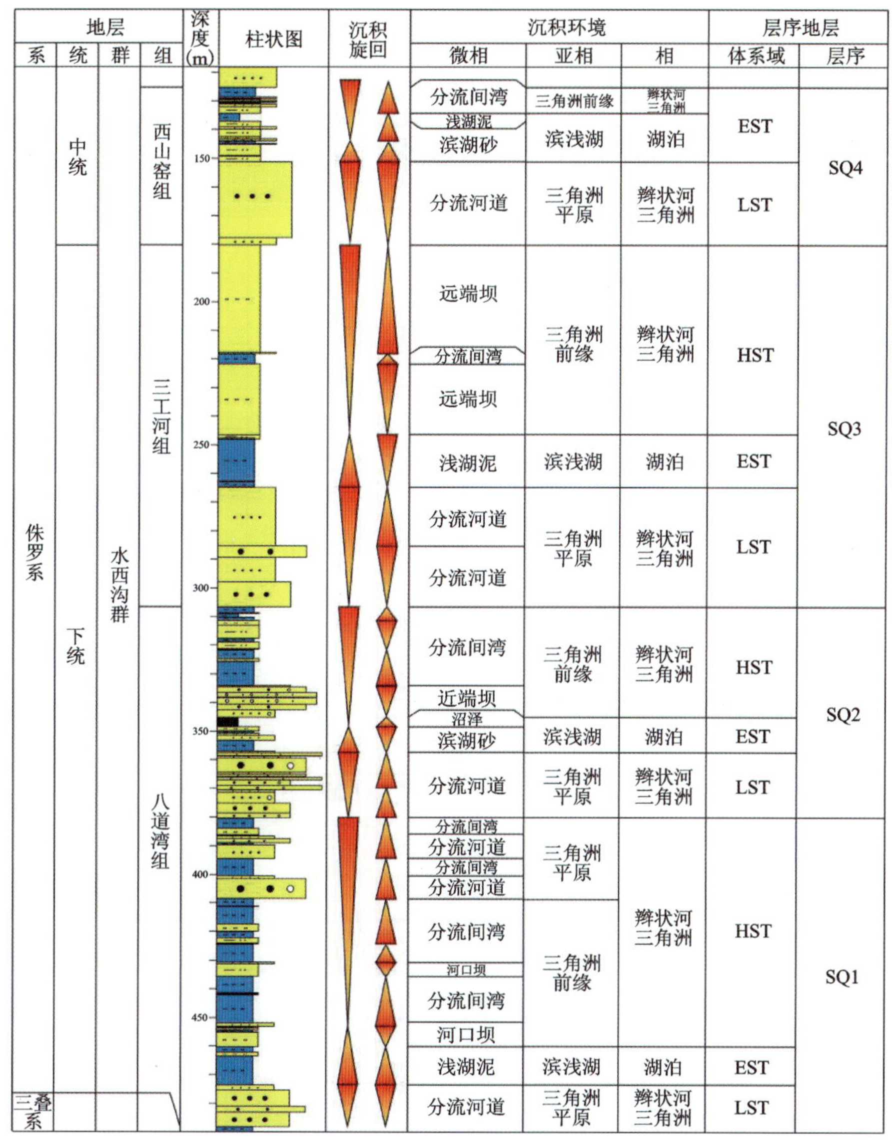

图 3-3-1 火烧山勘探区 ZKW01 钻孔单井层序地层划分和沉积体系

SQ1 层序低位体系域主要由辫状河三角洲平原河道沉积组成，湖扩体系域主要由滨浅湖浅湖泥沉积组成，高位体系域下部主要由三角洲前缘远端坝和间湾沉积组成，上部主要由三角洲平原分流河道和

间湾沉积组成。SQ2 层序低位体系域主要由三角洲平原分流河道沉积组成，湖扩体系域主要由滨湖粉砂和泥炭沼泽沉积组成，高位体系域主要由三角洲前缘远端坝和间湾沉积组成。SQ3 层序低位体系域主要由三角洲平原分流河道沉积组成，湖扩体系域主要由浅湖相泥质沉积组成，高位体系域主要由三角洲前缘远端坝沉积组成。SQ4 层序低位体系域主要由三角洲平原分流河道沉积组成，湖扩体系域主要由滨浅湖沉积组成，西山窑组顶部可能受煤层自燃影响，缺失煤层。

二、大井矿区大庆沟勘探区 ZK2601 钻孔

该钻孔位于大井矿区大庆沟勘探区，钻井深度 426m。钻遇侏罗系西山窑组。西山窑组划分为 1 个三级层序(SQ4)(图 3-3-2)。低位体系域厚度相对较薄，由辫状河三角洲前缘沉积组成(PSS1)，下部砂体为三角洲前缘河口坝，上部砂体为前缘水下分流河道；湖扩体系域厚度相对较厚，主要由泥炭沼泽、浅湖和三角洲前缘沉积组成，发育 2 个含煤准层序组(PSS2 和 PSS3)，其中 PSS2 发育 2 个含煤准层序；高位体系域厚度相对较厚，主要由滨浅湖和泥炭沼泽沉积组成，发育 3 个准层序组(PSS4、PSS5、PSS6)，PSS4 发育 2 个含煤准层序，PSS5 和 PSS6 煤层合并形成巨厚煤层，PSS7 主要由滨浅湖细碎屑沉积组成。

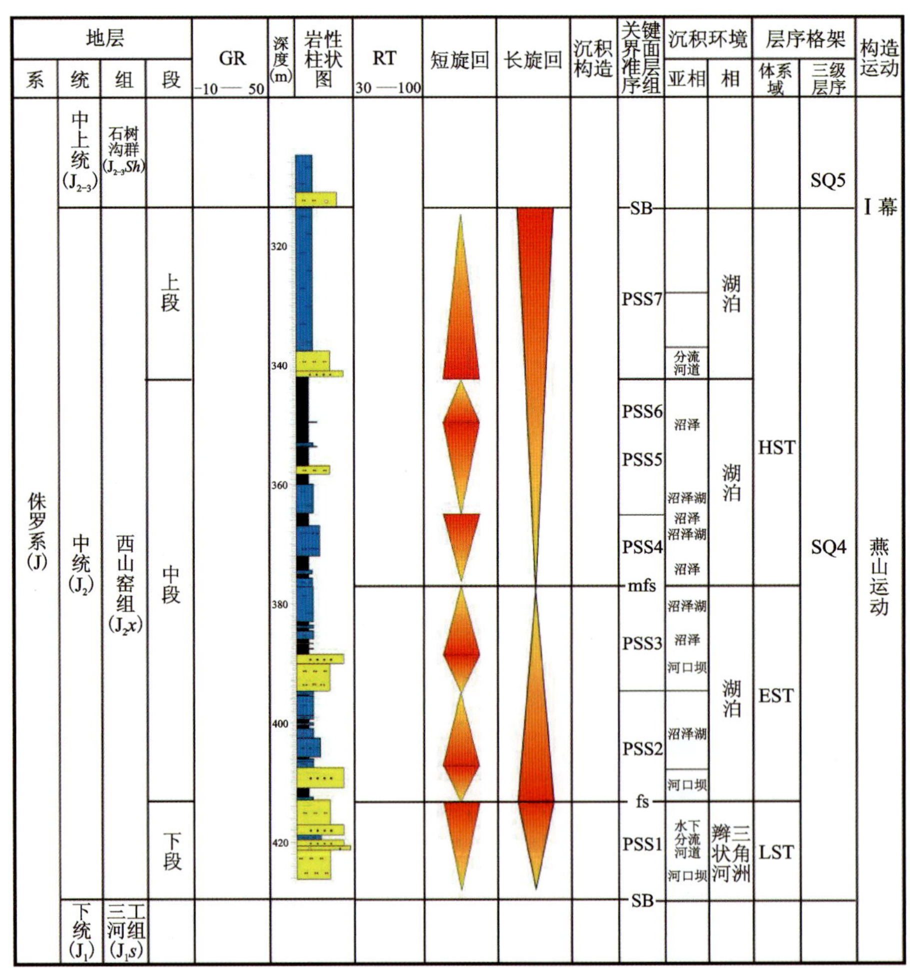

图 3-3-2　大庆沟勘探区 ZK2601 钻孔西山窑组单井层序地层划分和沉积体系

三、大井矿区大井勘探区 ZK106 钻孔

该钻孔位于大井矿区中部大井勘探区，钻井深度 848m。钻遇侏罗系地层和三叠系顶部地层。中—

下侏罗统含煤地层保存比较完整(图 3-3-3)。下侏罗统八道湾组划分为 2 个三级层序(SQ1、SQ2),三工河组划分为 1 个三级层序(SQ3),西山窑组划分为 1 个三级层序(SQ4)。

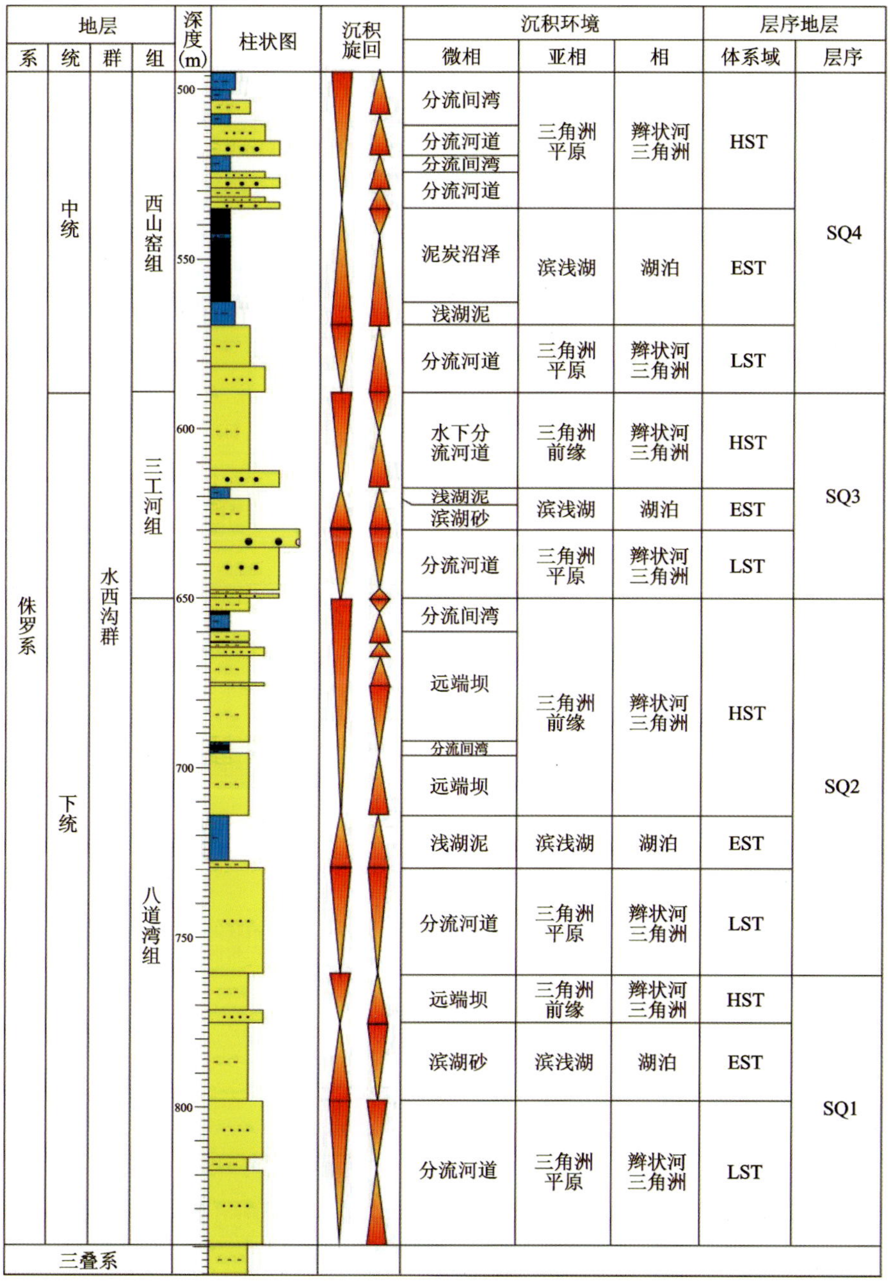

系	统	群	组	深度(m)	微相	亚相	相	体系域	层序
侏罗系	中统	水西沟群	西山窑组	500	分流间湾	三角洲平原	辫状河三角洲	HST	SQ4
					分流河道				
					分流间湾				
					分流河道				
				550	泥炭沼泽	滨浅湖	湖泊	EST	
					浅湖泥				
					分流河道	三角洲平原	辫状河三角洲	LST	
	下统		三工河组	600	水下分流河道	三角洲前缘	辫状河三角洲	HST	SQ3
					浅湖泥	滨浅湖	湖泊	EST	
					滨湖砂				
					分流河道	三角洲平原	辫状河三角洲	LST	
			八道湾组	650	分流间湾	三角洲前缘	辫状河三角洲	HST	SQ2
					远端坝				
					分流间湾				
				700	远端坝				
					浅湖泥	滨浅湖	湖泊	EST	
				750	分流河道	三角洲平原	辫状河三角洲	LST	
					远端坝	三角洲前缘	辫状河三角洲	HST	SQ1
					滨湖砂	滨浅湖	湖泊	EST	
				800	分流河道	三角洲平原	辫状河三角洲	LST	
三叠系									

图 3-3-3 大井勘探区 ZK106 钻孔单井层序地层划分和沉积体系

SQ1 层序低位体系域主要由辫状河三角洲平原河道沉积组成,湖扩体系域主要由滨浅湖滨湖砂沉积组成,高位体系域主要由三角洲前缘远端坝沉积组成。SQ2 层序低位体系域主要由三角洲平原分流河道沉积组成,湖扩体系域主要由浅湖泥沉积组成,高位体系域主要由三角洲前缘远端坝沉积组成。SQ3 层序低位体系域主要由三角洲平原分流河道沉积组成,湖扩体系域主要由浅湖相泥质和粉砂质沉积组成,高位体系域主要由三角洲前缘水下分流河道和远端坝沉积组成。SQ4 层序低位体系域主要由三角洲平原分流河道沉积组成,湖扩体系域主要由泥炭沼泽沉积组成,高位体系域主要由三角洲平原分流河道和分流间湾沉积组成。

四、将军庙矿区大井南勘查区 ZK1304 钻孔

该钻孔位于将军庙矿区大井南勘查区，钻井深度 750m。钻遇侏罗系地层和三叠系顶部地层。中—下侏罗统含煤地层保存比较完整（图 3-3-4）。下侏罗统八道湾组划分为 2 个三级层序（SQ1、SQ2），三工河组划分为 1 个三级层序（SQ3），西山窑组划分为 1 个三级层序（SQ4）。

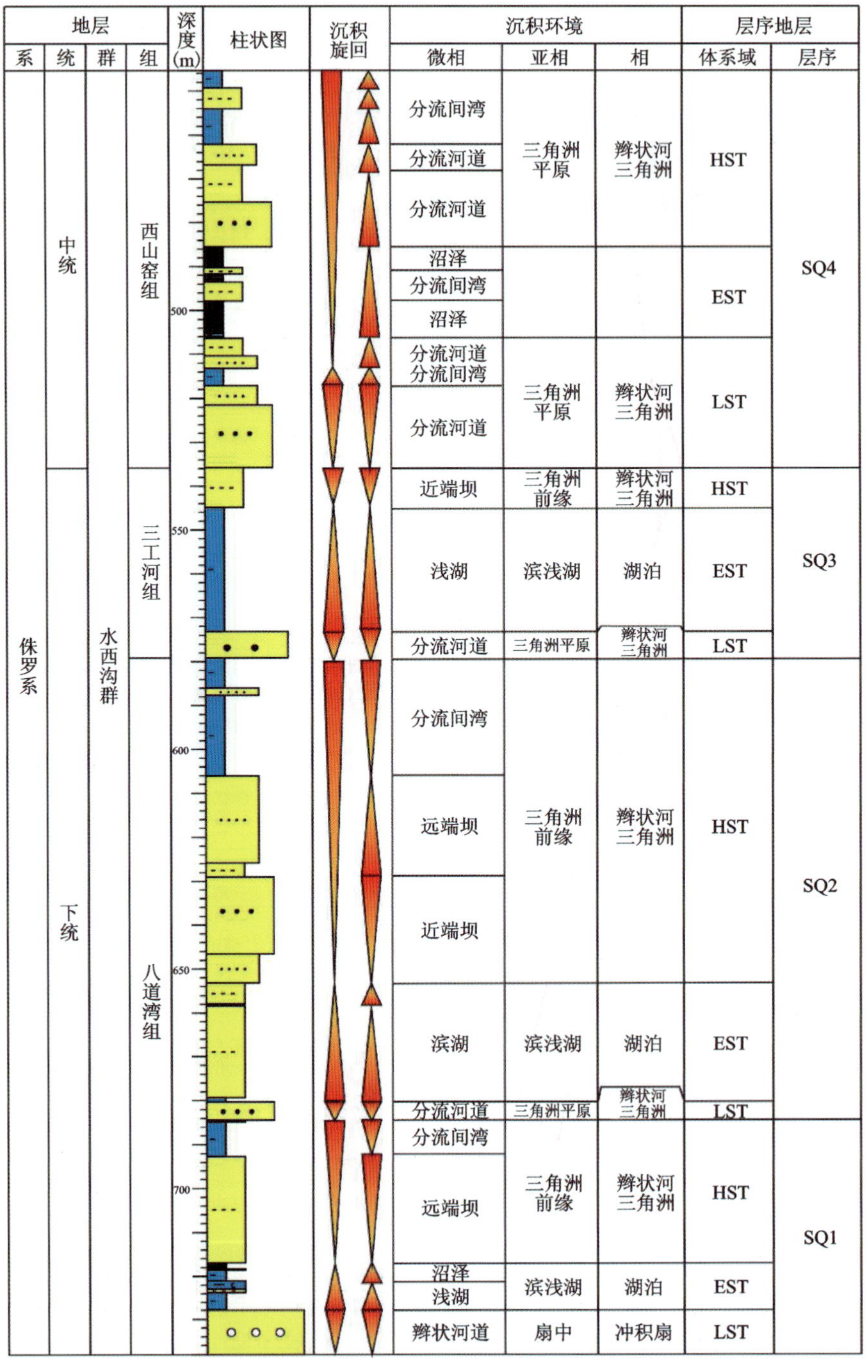

系	统	群	组	微相	亚相	相	体系域	层序
侏罗系	中统	水西沟群	西山窑组	分流间湾、分流河道、分流河道	三角洲平原	辫状河三角洲	HST	SQ4
				沼泽、分流间湾、沼泽			EST	
				分流河道、分流间湾、分流河道	三角洲平原	辫状河三角洲	LST	
	下统		三工河组	近端坝	三角洲前缘	辫状河三角洲	HST	SQ3
				浅湖	滨浅湖	湖泊	EST	
				分流河道	三角洲平原	辫状河三角洲	LST	
			八道湾组	分流间湾、远端坝、近端坝	三角洲前缘	辫状河三角洲	HST	SQ2
				滨湖	滨浅湖	湖泊	EST	
				分流河道	三角洲平原	辫状河三角洲	LST	
				分流间湾、远端坝	三角洲前缘	辫状河三角洲	HST	SQ1
				沼泽、浅湖	滨浅湖	湖泊	EST	
				辫状河道	扇中	冲积扇	LST	

图 3-3-4　大井南勘探区 ZK1304 钻孔单井层序地层划分和沉积体系

SQ1 层序低位体系域由冲积扇前辫状河砂砾岩沉积组成，湖扩体系域主要由滨浅湖相细碎屑沉积组成，高位体系域主要由三角洲前缘远端坝沉积组成。SQ2 层序低位体系域主要由三角洲平原分流河道沉积组成，湖扩体系域主要由滨湖相粉砂岩沉积组成，高位体系域下部主要由三角洲前缘近端坝和远

端坝粗碎屑沉积组成，上部主要由分流间湾泥质沉积夹薄层细砂岩沉积组成。SQ3 层序低位体系域主要由三角洲平原分流河道沉积组成，湖扩体系域主要由浅湖相泥质沉积组成，高位体系域主要由三角洲前缘远端坝沉积组成。SQ4 层序低位体系域主要由三角洲平原分流河道沉积组成，湖扩体系域主要由泥炭沼泽沉积组成，高位体系域主要由三角洲平原分流河道和分流间湾沉积组成。

五、西黑山矿区红沙泉勘探区 ZK24-3 钻孔

该钻孔位于西黑山矿区红沙泉勘探区，钻井深度 273m。钻遇侏罗系西山窑组和三工河组顶部。西山窑组划分为 1 个三级层序（SQ4）（图 3-3-5）。低位体系域厚度相对较薄，由辫状河三角洲前缘沉积组成（PSS1），砂体具有向上粒度变粗的倒粒序特征，下部砂体为三角洲前缘河口坝，上部砂体顶部为三角

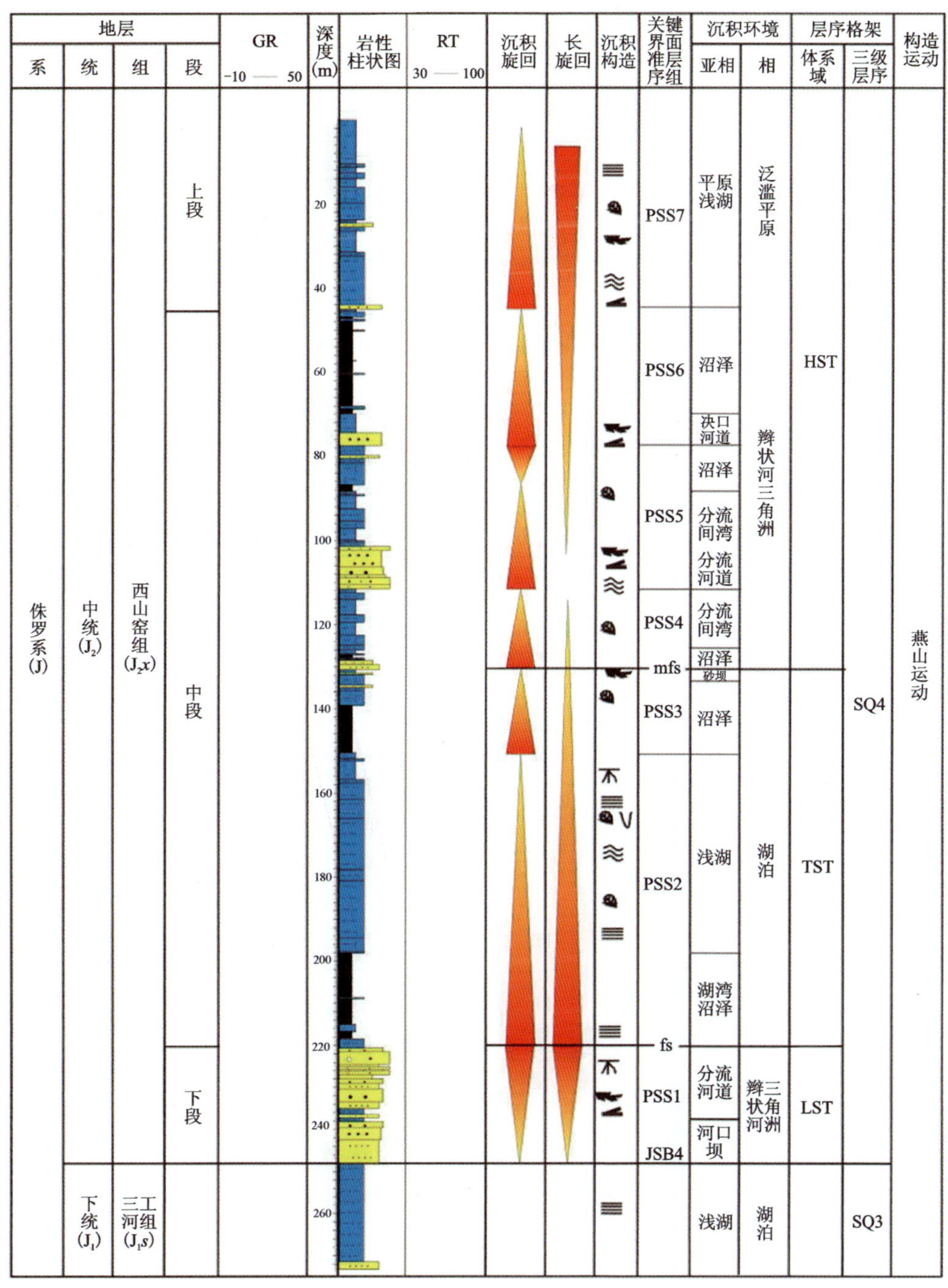

图 3-3-5　红沙泉勘探区 ZK24-3 钻孔西山窑组单井层序地层划分和沉积体系

洲平原分流河道；湖扩体系域厚度相对较厚，主要由泥炭沼泽和浅湖沉积组成，发育 2 个含煤准层序组（PSS2 和 PSS3）；高位体系域厚度相对较厚，主要由滨浅湖、网结河和泥炭沼泽沉积组成，发育 4 个准层序组（PSS4、PSS5、PSS6 和 PSS7），PSS4 不含煤，PSS5 发育薄煤层，下部为网结河，上部为滨浅湖沉积，PSS6 底部为网结河，上部为巨厚的煤层沉积，PSS7 为滨浅湖沉积。

六、西黑山矿区黑梭井勘探区 ZK2012 钻孔

该钻孔位于西黑山矿区黑梭井勘探区，钻井深度 757m。钻遇中侏罗统西山窑组。西山窑组划分为 1 个三级层序（SQ4）（图 3-3-6）。低位体系域厚度相对较薄，由辫状河三角洲分流河道沉积组成（PSS1）；湖扩体系域厚度相对较厚，主要由泥炭沼泽和浅湖沉积组成，发育 2 个含煤准层序组（PSS2 和 PSS3）；高位体系域厚度相对较厚，主要由滨浅湖和泥炭沼泽沉积组成，发育 3 个准层序组（PSS4、PSS5、PSS6），PSS4 发育 4 个含煤准层序，煤层相对较薄，PSS5 发育 1 个含煤准层序和 1 个非含煤准层序，PSS6 发育 2 个含煤准层序。

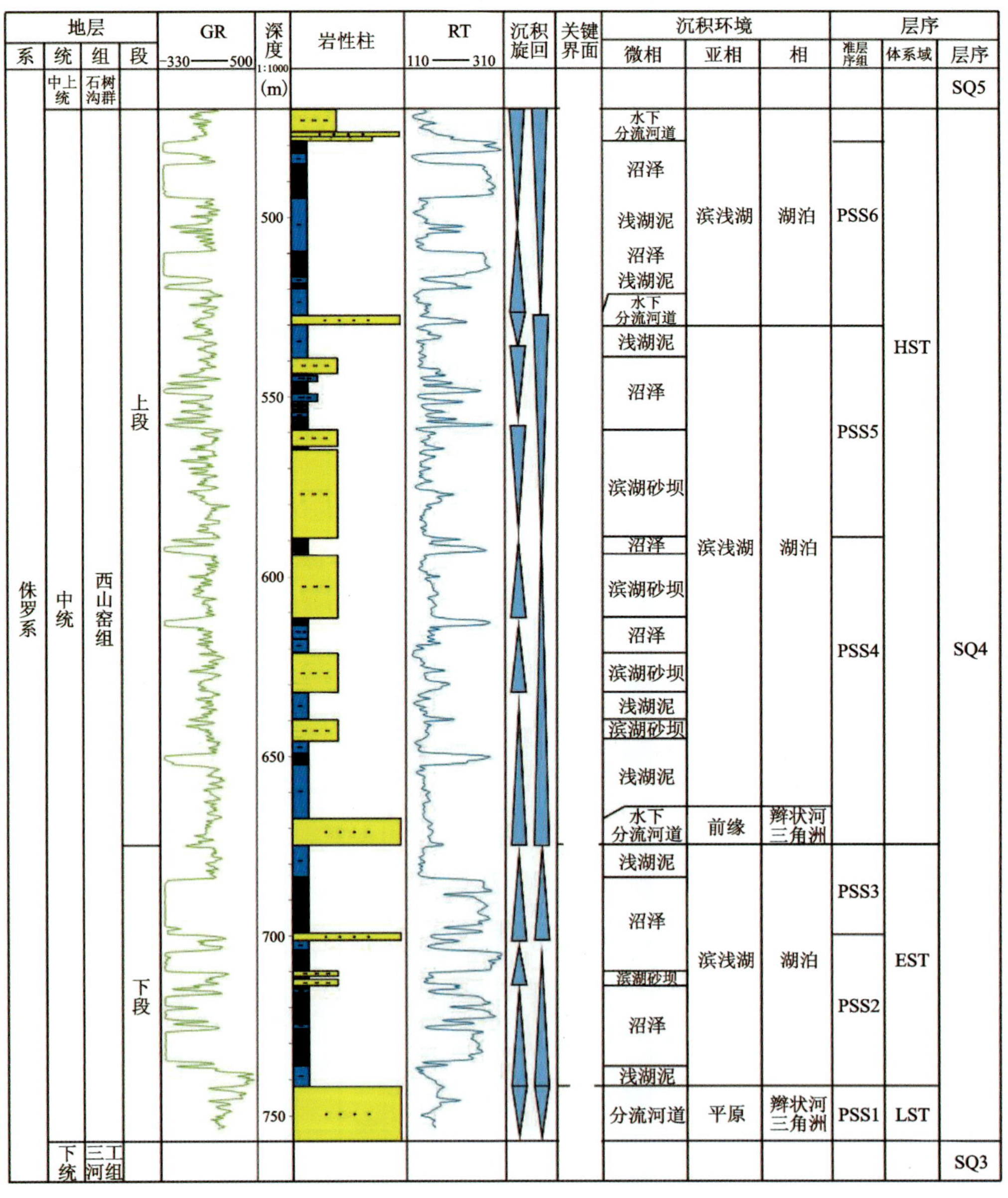

图 3-3-6 黑梭井勘探区 ZK2012 钻孔西山窑组单井层序地层划分和沉积体系

七、西黑山矿区西黑山勘探区 ZK1105 钻孔

该钻孔位于西黑山矿区西黑山勘探区，钻井深度 816m。钻遇下侏罗统三工河组顶部。西山窑组划分为 1 个三级层序(SQ4)(图 3-3-7)。低位体系域厚度相对较薄，由辫状河三角洲沉积组成(PSS1)，下部粒度向上变粗，上部粒度向上变细；湖扩体系域厚度相对较厚，主要由泥炭沼泽沉积组成，发育 2 个含煤准层序组(PSS2 和 PSS3)；高位体系域厚度相对较厚，主要由滨浅湖、泥炭沼泽和三角洲沉积组成，发育 4 个准层序组(PSS4、PSS5、PSS6 和 PSS7)，PSS4 和 PSS7 发育薄煤层，PSS5 和 PSS6 为含煤准层序组，2 煤层合并形成巨厚煤层，仅由薄层的洪泛泥岩分隔。

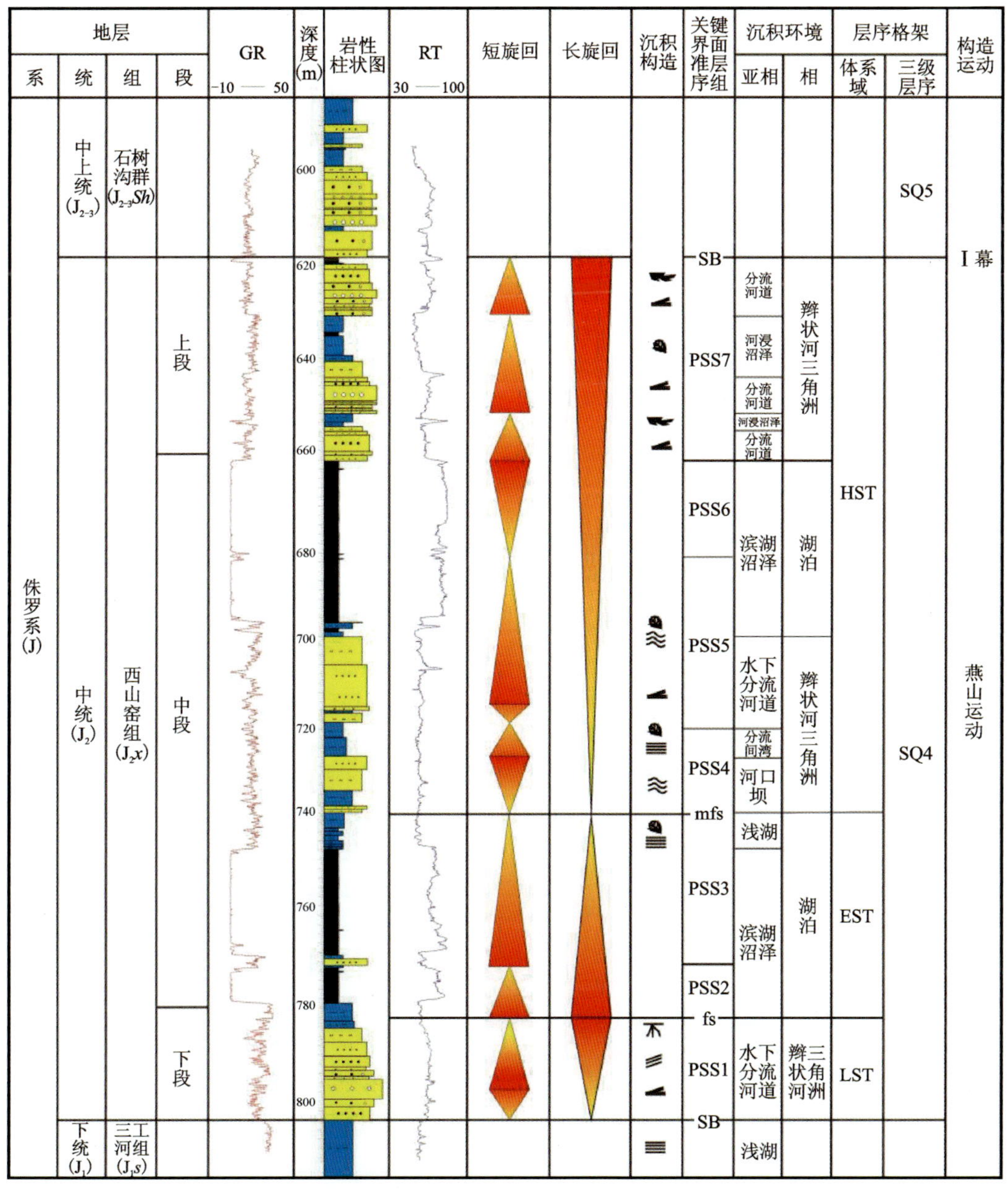

图 3-3-7 西黑山勘探区 ZK1105 钻孔西山窑组单井层序地层划分和沉积体系

八、梧桐窝子勘查区 ZK301 钻孔

该钻孔位于梧桐窝子勘查区，钻井深度 954m。钻遇侏罗系地层和三叠系顶部地层。中—下侏罗统

含煤地层保存比较完整(图 3-3-8)。下侏罗统八道湾组划分为 2 个三级层序(SQ1、SQ2),三工河组划分为 1 个三级层序(SQ3),西山窑组划分为 1 个三级层序(SQ4)。

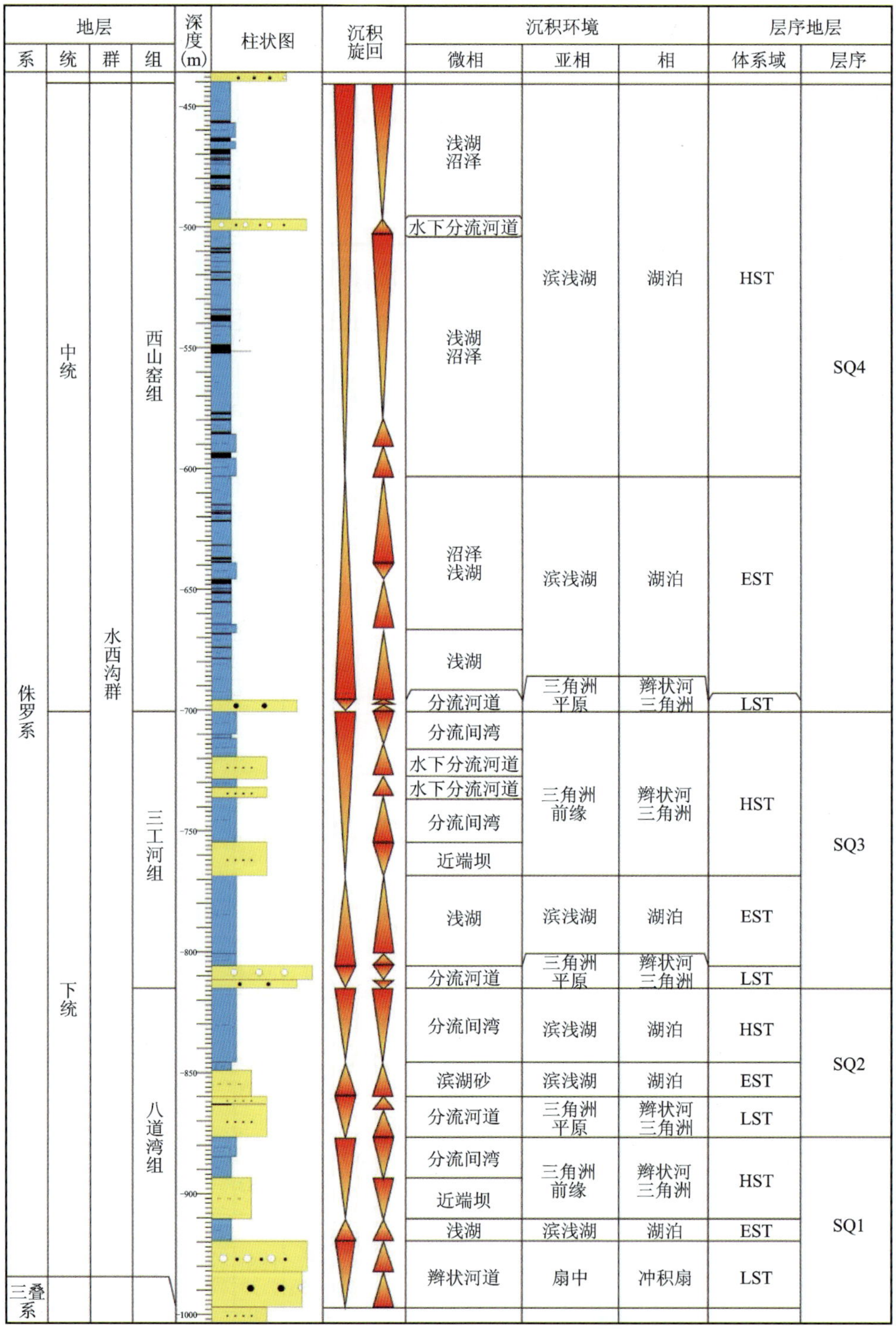

地层				沉积环境			层序地层	
系	统	群	组	微相	亚相	相	体系域	层序
侏罗系	中统	水西沟群	西山窑组	浅湖沼泽	滨浅湖	湖泊	HST	SQ4
				水下分流河道				
				浅湖沼泽				
				沼泽浅湖	滨浅湖	湖泊	EST	
				浅湖				
				分流河道	三角洲平原	辫状河三角洲	LST	
	下统		三工河组	分流间湾	三角洲前缘	辫状河三角洲	HST	SQ3
				水下分流河道				
				水下分流河道				
				分流间湾				
				近端坝				
				浅湖	滨浅湖	湖泊	EST	
				分流河道	三角洲平原	辫状河三角洲	LST	
			八道湾组	分流间湾	滨浅湖	湖泊	HST	SQ2
				滨湖砂	滨浅湖	湖泊	EST	
				分流河道	三角洲平原	辫状河三角洲	LST	
				分流间湾	三角洲前缘	辫状河三角洲	HST	SQ1
				近端坝				
				浅湖	滨浅湖	湖泊	EST	
				辫状河道	扇中	冲积扇	LST	
三叠系								

图 3-3-8 梧桐窝子勘查区 ZK301 钻孔单井层序地层划分和沉积体系

SQ1 层序低位体系域主要由冲积扇扇中辫状河道沉积组成;湖扩体系域主要由滨浅湖浅湖泥沉积组成;高位体系域主要由三角洲前缘近端坝和间湾沉积组成。SQ2 层序低位体系域主要由三角洲平原分流河道沉积组成;湖扩体系域主要由滨浅湖砂和泥沉积组成;高位体系域主要由三角洲前缘间湾沉积组成。SQ3 层序低位体系域厚度相对较薄,主要由三角洲平原分流河道沉积组成;湖扩体系域主要由浅湖相泥质沉积组成;高位体系域主要由三角洲前缘远端坝、水下分流河道和间湾沉积组成。SQ4 层序低位体系域厚度相对较薄,主要由三角洲平原分流河道沉积组成;湖扩体系域和高位体系域主要由滨浅湖泥和泥炭沼泽互层沉积组成,局部夹水下分流河道沉积。

第四节　巨厚煤层的层序地层分析

准东煤田五彩湾矿区和大井矿区西山窑组普遍发育一层巨厚煤层,此次运用煤岩学、煤化学和地球化学参数对该巨厚煤层的体系域和准层序组界面进行了确定,划分了体系域和准层序,为厚煤层的形成机制提供了理论支持。

一、五彩湾矿区巨厚煤层

五彩湾矿区 ZK1805 钻孔发育 1 层巨厚煤层,煤层厚达 67m。煤层中夹有 3 层碳质泥岩夹矸层,代表了 3 期水进终止界面(GUTS)(图 3-4-1)。在煤层剖面上,邻近夹矸层的煤分层中的灰分产率、Al、Zr 含量明显增高,表明在该时期泥炭沼泽遭受明显的水淹,为 3 次明显的水进事件。在 P1 夹矸层之下,灰分产率、Al 和 Zr 含量呈现先减后增的特征,指示了地下水对泥炭沼泽的影响不断增强。P1 夹矸层与 P2 夹矸层之间,灰分产率、Al 和 Zr 含量整体表现出向上增高的趋势,镜/惰(V/I)比值整体呈现向上增加的特征,但存在多个水退和水进旋回,表明该时期主要发育水进型煤层,与湖扩体系域相对应。在 P2 夹矸层之上,镜/惰(V/I)比值整体表现出降低的趋势,Al 和 Zr 含量整体呈现降低的特征,表明该时期主要发育水退型煤层,地下水对泥炭沼泽的影响不断减弱。因此,以 P2 夹矸层为界将煤层下部划分为湖扩体系域,上部划分为高位体系域,其中湖扩体系域由 2 个水进型准层序组构成(PSS2、PSS3),高位体系域由 3 个水退型准层序组构成(PSS4、PSS5、PSS6)(图 3-4-1)。由于该巨厚煤层形成时期基底沉降速率较小和覆水较浅,煤的凝胶化指数(GI)和结构保存指数(TPI)变化相对较小。总体而言,湖扩体系域的 PSS2 和 PSS3 准层序组以及高位体系域的 PSS4 准层序组中煤的凝胶化指数变化较大且比值高于高位体系域的 PSS5 和 PSS6 准层序组(图 3-4-1),表明前者形成期沼泽覆水相对较深且地下水位变化较大。高位体系域煤层(PSS4～PSS6)的结构保存指数高于湖扩体系域(PSS2、PSS3),这可能与湖扩体系域沼泽覆水较深、地下水位较高、植物的结构组织遭受较强破坏有关。

由镜/惰(V/I)比值和泥岩夹矸层分布可以看出,五彩湾矿区巨厚煤层由多个水退/水进旋回的煤层叠置而成。在可容纳空间增加速率超过泥炭沼泽堆积速率的情况下,沼泽水体逐渐加深而被泥岩沉积取代,形成了泥岩夹层,在可容纳空间增加速率和泥炭堆积速率保持动态平衡的情况下,始终处于成煤窗内,形成了多个旋回的水退和水进型煤层,泥炭堆积不会终止。因此,多个周期的多旋回的水退和水进型煤层的垂向叠置是五彩湾矿区巨厚煤层形成的重要机制。

二、大井矿区巨厚煤层

准东煤田大井矿区 ZKW0413 钻孔发育 1 层巨厚煤层,厚度达 68m,夹有 1 层泥岩夹矸层,表明可容纳空间增加速率/泥炭堆积速率(AR/PPR)的持续升高导致水位过高而使泥炭堆积终止,开始了湖相泥岩沉积,形成了水进终止界面(GUTS)。因此,以夹矸层(水进终止界面)为界将厚煤层下部划分为湖扩体系域,上部划分为高位体系域,其中湖扩体系域由 2 个准层序组构成(PSS2、PSS3),高位体系域由 3 个准层序组构成(PSS4、PSS5、PSS6)。总体而言,湖扩体系域煤的镜/惰比和凝胶化指数比高位体系域的高,表明前者形成期沼泽覆水相对较深。

湖扩体系域由 2 个水退型旋回和 2 个水进型旋回构成,水退与水进之间为可容纳空间转换面(ARS)。煤层直接底板为泥岩,泥岩之下为中砂岩,表明开始阶段可容纳空间增加速率/泥炭堆积速率

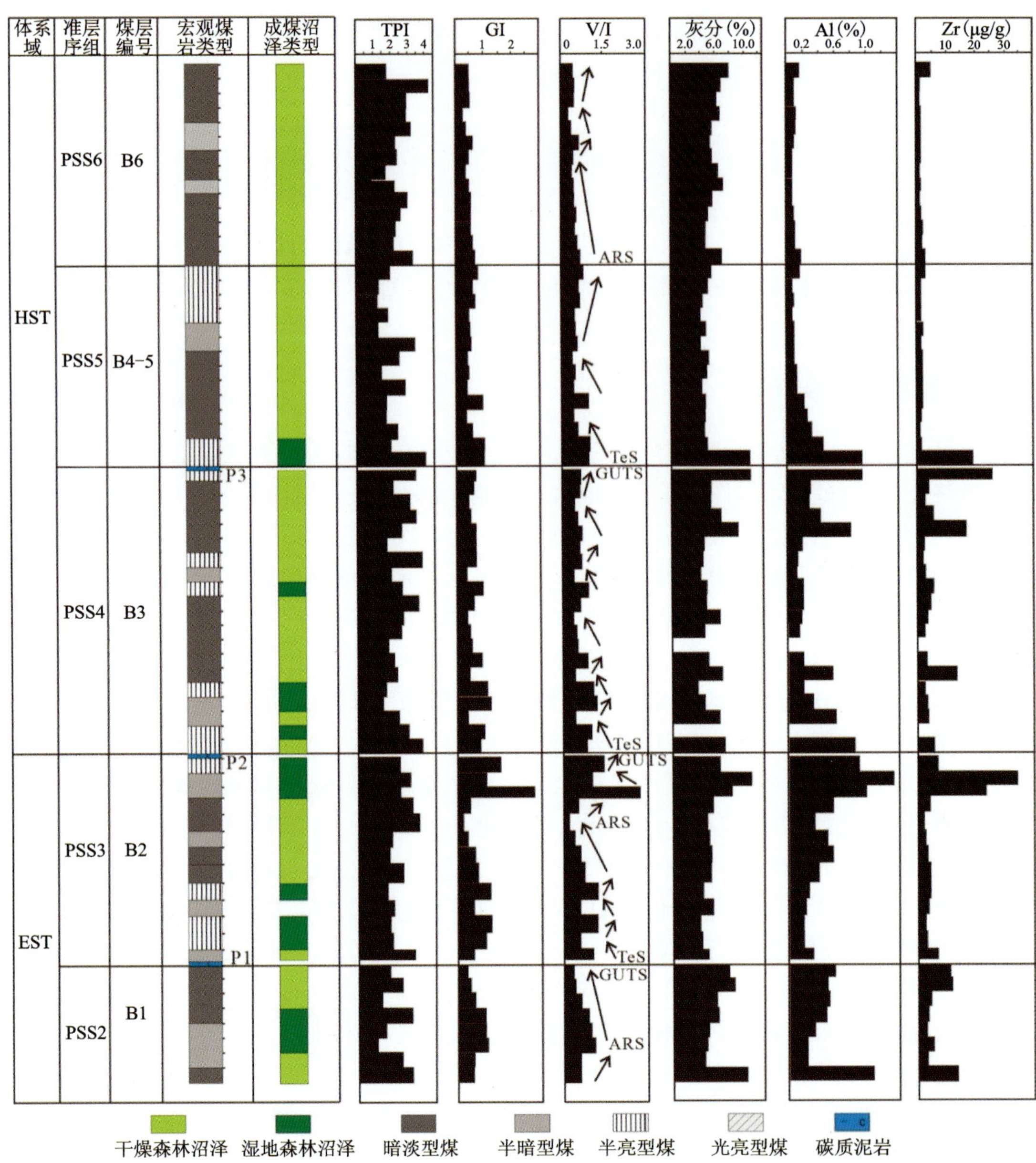

图 3-4-1　准东煤田五彩湾矿区 ZK1805 钻孔煤相垂向变化

(AR/PPR)较低，沉积了陆源碎屑的中砂岩，随着 AR/PPR 值的快速升高而形成了湖相泥岩。随后 AR/PPR 值开始降低，进入成煤窗，形成了最下部水退型煤层。由于水退和水进转换过程中 AR/PPR 值始终在成煤窗内，故形成了多个水退和水进型煤层的叠加。随水进的进一步加深，沼泽被淹没，沉积了湖相泥岩，湖扩体系域聚煤终止(图 3-4-2)。

高位体系域煤层由多个旋回的水退和水进型煤层构成。高位体系域下部煤层形成期，随水退的开始，湖相泥岩逐渐转变为泥炭堆积，泥炭开始保存形成了水退沼泽化界面(TeS)，之后由于 AR/PPR 值的动态变化形成了多个旋回的水退和水进型煤层，这些煤层之间的转换面是连续的界面，而非间断的。在煤层最顶部由于水进导致沼泽水位过高而泥炭堆积终止(图 3-4-2)。由此可见，由于 AR/PPR 值的动态变化且变化范围始终处于成煤窗内，形成了多个旋回的水退和水进型煤层，这些煤层的叠加是准东煤田厚煤层形成的重要机制。

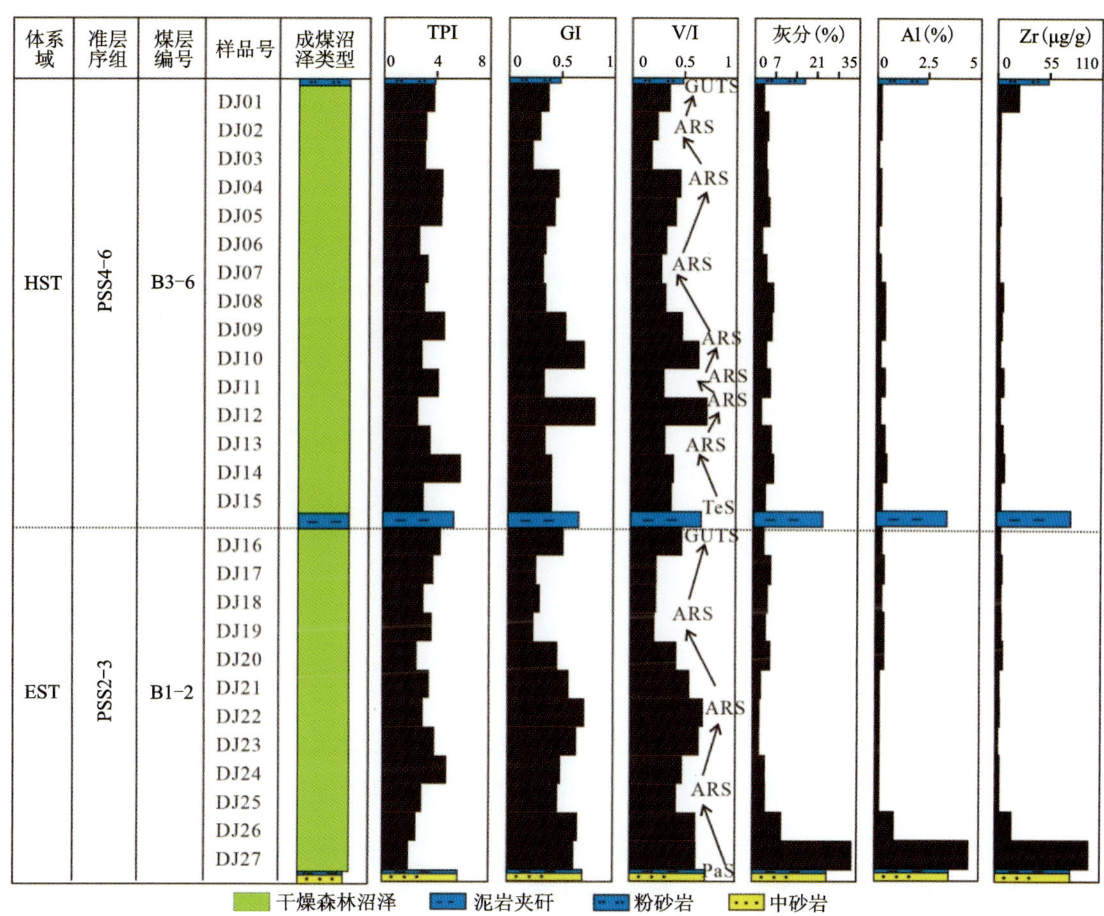

图 3-4-2 准东煤田大井矿区 ZKW0413 钻孔煤相垂向变化

第五节 层序地层格架

在地震剖面精细解释、钻井岩心和录井资料的层序单元划分和沉积相解释的基础上，选择控制性连井剖面建立层序地层格架，是建立整个盆地充填样式、地层对比、恢复沉积古环境的基础。

本研究依据准东煤田勘探成果资料，选择了 17 条连井剖面进行层序地层格架剖析，具体剖面分布位置见图 3-5-1。考虑到准东煤田八道湾组、三工河组和西山窑组钻孔控制的差异性，本研究分别剖析了八道湾组—三工河组层序地层格架和西山窑组层序地层格架。

一、八道湾组—三工河组层序地层格架

本研究选取了 4 条连井剖面进行八道湾组—三工河组层序地层分析，其中 *A-A′*、*B-B′* 和 *C-C′* 为近南北向剖面，*D-D′* 为北西-南东向剖面，贯穿整个准东煤田(图 3-5-1)。

1. *A-A′* 剖面层序地层格架

该剖面为五彩湾矿区近南北向剖面，穿过五彩湾、火烧山和帐南西勘探区(图 3-5-2)。八道湾组 SQ1 层序厚度变化较大，帐南西勘探区 ZKJ109 钻孔厚度 150 余米，火烧山 ZKWJ01 钻孔厚度 70 余米。低位体系域仅有 2 个钻孔控制，厚度变化大，主要由冲积扇辫状河道沉积组成；湖扩体系域厚度相对稳定，主要由滨浅湖沉积组成；高位体系域主要由滨浅湖沉积和扇三角洲前缘沉积组成。八道湾组 SQ2

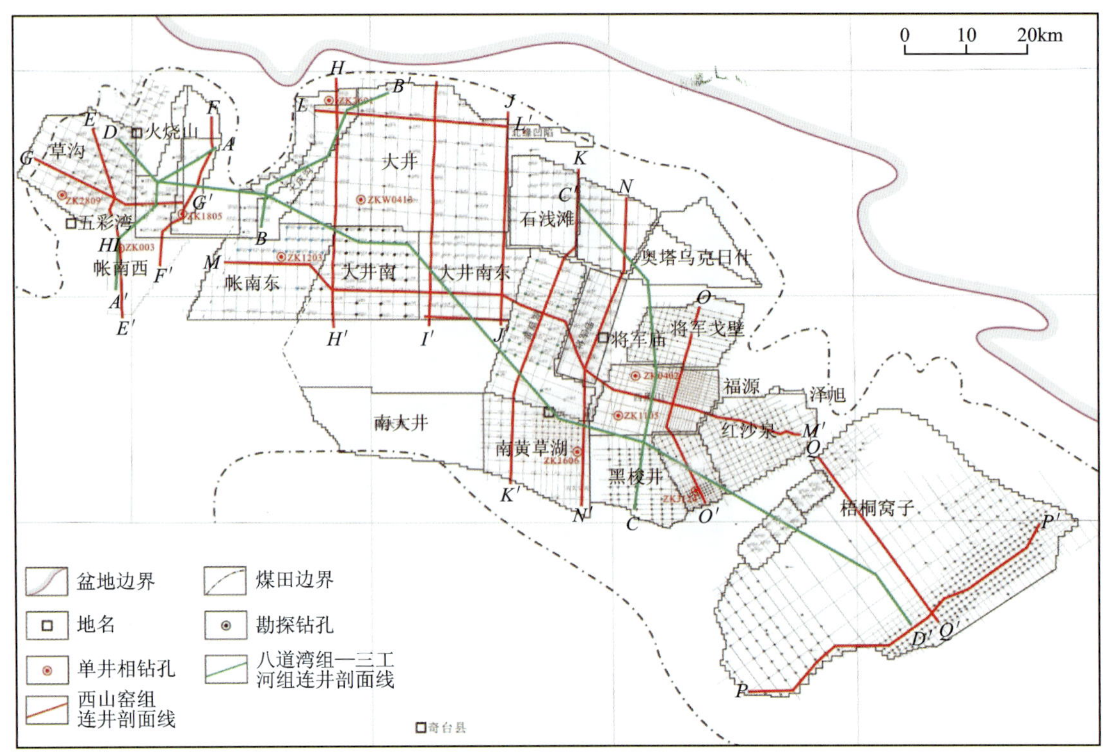

图 3-5-1 准东煤田连井层序格架对比剖面位置

层序厚度变化较小。低位体系域主要由辫状河三角洲前缘沉积组成；湖扩体系域主要由滨浅湖沉积组成；高位体系域主要由辫状河三角洲前缘、平原和间湾沉积组成，发育 1 层可采煤层，由南西向北东具有变薄尖灭的趋势。三工河组 SQ3 层序厚度变化较小。低位体系域主要由扇三角洲前缘和平原沉积组成；湖扩体系域主要由滨浅湖沉积组成；高位体系域主要由辫状河三角洲前缘、间湾沉积组成，局部发育三角洲平原沉积。

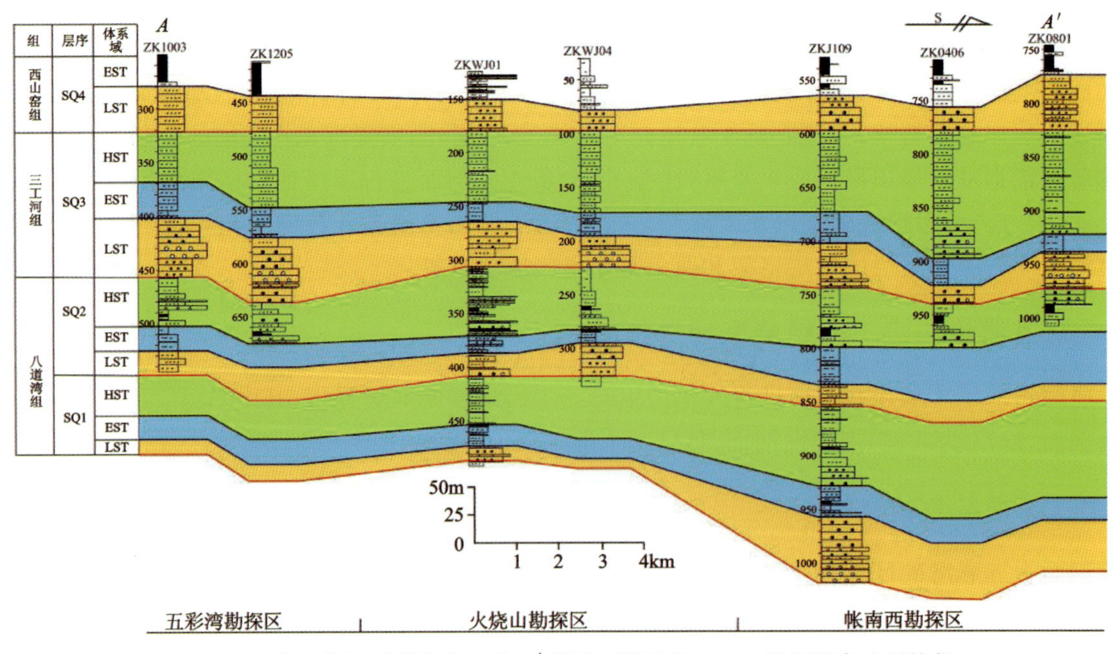

图 3-5-2 准东煤田五彩湾矿区 A-A′剖面八道湾组—三工河组层序地层格架

2. *B-B′*剖面层序地层格架

该剖面为北东-南西向剖面，穿过大庆沟勘探区、火烧山东勘探区和大井勘探区(图 3-5-3)。八道湾组 SQ1 层序厚度变化较小，北部边缘有增厚的趋势。低位体系域主要由冲积扇辫状河道沉积组成，东北部岩性粒度较粗，以砾岩和砂砾岩为主，向南西粒度变细；湖扩体系域厚度相对稳定，主要由滨浅湖沉积组成；高位体系域主要由滨浅湖沉积和三角洲前缘沉积组成。八道湾组 SQ2 层序厚度变化较小。低位体系域主要由辫状河三角洲前缘沉积组成；湖扩体系域主要由滨浅湖沉积组成；高位体系域主要由扇三角洲平原、前缘和间湾沉积组成，发育 1 层可采煤层，横向分布不稳定。三工河组 SQ3 层序厚度变化较小。低位体系域主要由辫状河沉积组成；湖扩体系域主要由滨浅湖沉积组成；高位体系域主要由辫状河三角洲前缘和间湾沉积组成。

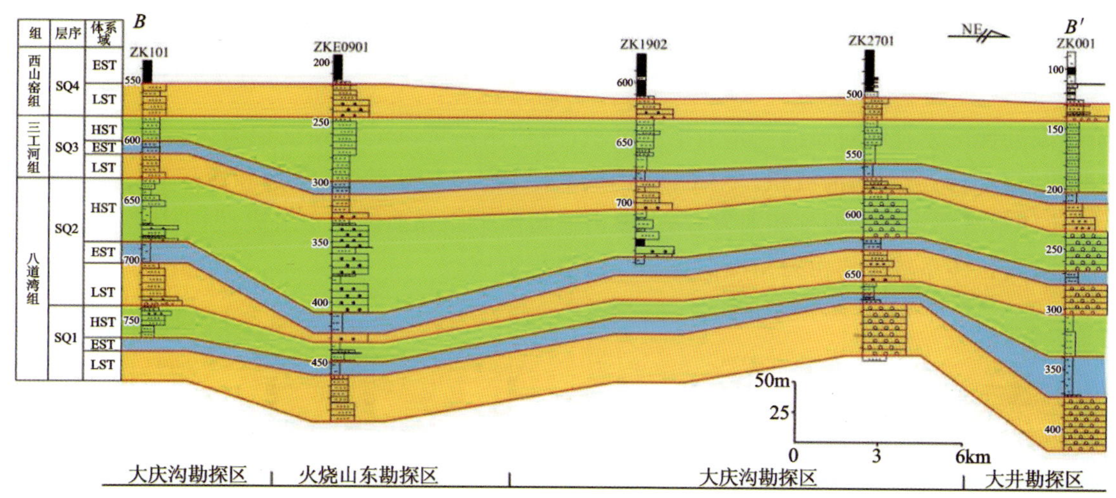

图 3-5-3　准东煤田大井矿区 *B-B′*剖面八道湾组—三工河组层序地层格架

3. *C-C′*剖面层序地层格架

该剖面为近南北向剖面，穿过石浅滩、奥塔南、西黑山、黑梭井勘探区(图 3-5-4)。八道湾组 SQ1 层序厚度变化较大，奥塔南勘探区 ZK1501 钻孔和石浅滩勘探区 ZK902 钻孔缺失 SQ1 层序，由奥塔南勘探区 ZK1501 钻孔向南 SQ1 层序厚度逐渐增大，石浅滩勘探区 ZK1304 钻孔附近发育一深洼区。SQ1 层序低位体系域，在奥塔南勘探区 ZK1501 钻孔以南主要发育冲积扇砾质辫状河道沉积，石浅滩勘探区 ZK1304 钻孔深洼区主要发育砂质河道沉积；湖扩体系域主要由滨浅湖沉积组成，由南向北不断超覆；高位体系域主要由滨浅湖沉积组成，局部发育扇三角洲前缘沉积，同样由南向北不断超覆。八道湾组 SQ2 层序厚度变化较小。低位体系域主要由辫状河三角洲前缘和平原沉积组成；湖扩体系域主要由滨浅湖沉积组成；发育 1 层可采煤层，横向分布不稳定；高位体系域主要由辫状河三角洲前缘、平原和间湾沉积组成。三工河组 SQ3 层序厚度变化较小。低位体系域主要由扇三角洲前缘和平原沉积组成；湖扩体系域主要由滨浅湖沉积组成；高位体系域主要由辫状河三角洲前缘和间湾沉积组成。

4. *D-D′*剖面层序地层格架

该剖面为北西-南东向剖面，几乎穿过整个准东煤田(图 3-5-5)。从所控制的八道湾组底部的钻孔来看，八道湾组 SQ1 层序厚度在该煤田东部和西部相对较厚，中部相对较薄。低位体系域在东部和西部相对发育，以河道相沉积为主；湖扩体系域以滨浅湖沉积为主；高位体系域以滨岸沉积为主，局部发育三角洲平原沉积。SQ2 层序厚度相对稳定，低位体系域横向变化较大，以发育三角洲前缘分流河道为

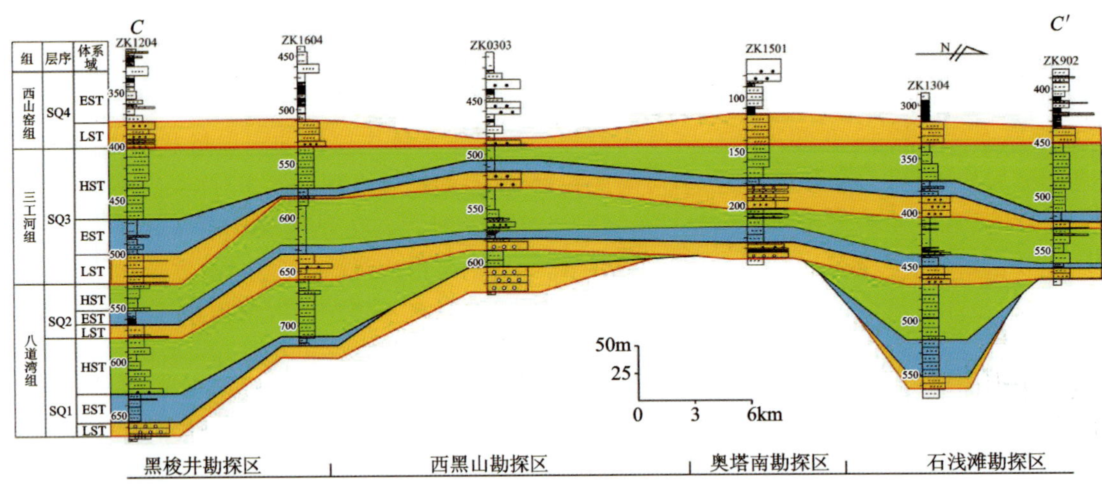

图 3-5-4　准东煤田西黑山—大井矿区 *C-C′* 剖面八道湾组—三工河组层序地层格架

主，南黄草湖勘探区发育相对厚的三角洲平原沉积；湖扩体系域以滨浅湖沉积为主；高位体系域主要发育三角洲前缘分流河道和间湾沉积。三工河组 SQ3 层序厚度变化较大，东部和西部层序厚度明显大于中部。低位体系域在东部和西部相对发育，主要由三角洲平原和前缘沉积组成；湖扩体系域主要由滨浅湖沉积组成；高位体系域主要由三角洲前缘和间湾沉积组成。

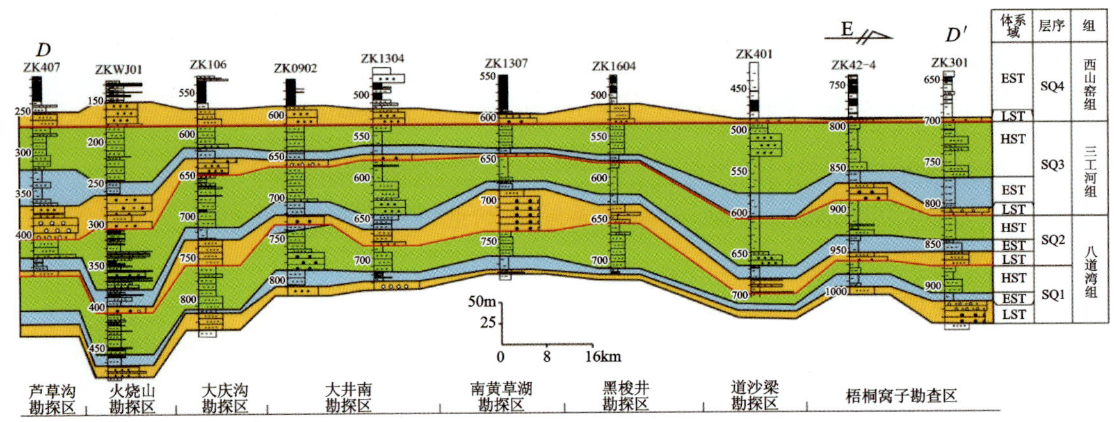

图 3-5-5　准东煤田五彩湾—大井—将军庙—西黑山—老君庙—梧桐窝子 *D-D′* 剖面八道湾组—三工河组层序地层格架

二、西山窑组层序地层格架

本研究选取了 13 条连井剖面进行西山窑组层序地层分析，其中 8 条剖面为近南北向剖面（*E-E′*、*F-F′*、*H-H′*、*I-I′*、*J-J′*、*K-K′*、*N-N′*、*O-O′*），4 条剖面为近东西向剖面（*G-G′*、*L-L′*、*M-M′*、*P-P′*），1 条剖面为北西-南东向剖面（*Q-Q′*）（图 3-5-1）。

1. *E-E′* 剖面层序地层格架

该剖面为南北向剖面，穿过芦草沟勘探区和帐南西勘探区（图 3-5-6）。层序厚度相对稳定，向南、北两侧略有变薄的趋势。低位体系域由一个准层序组构成（PSS1），厚度一般为20～50m，总体厚度平面分布变化不大，略具有向南、北两侧变薄的趋势；主要由辫状河和辫状河三角洲粗碎屑以及间湾的细碎屑沉积组成，局部发育薄煤层，横向连续性差。湖扩体系域由 2 个准层序组构成（PSS2、PSS3）；厚度范围20～50m，平面分布相对稳定，具有由北向南变薄的趋势；下部为浅湖相细碎屑沉积，上部发育巨厚煤层；

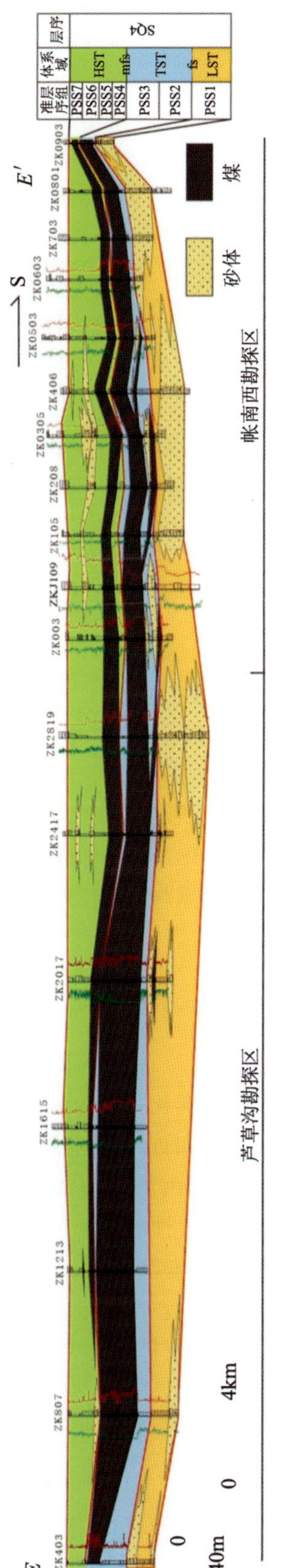

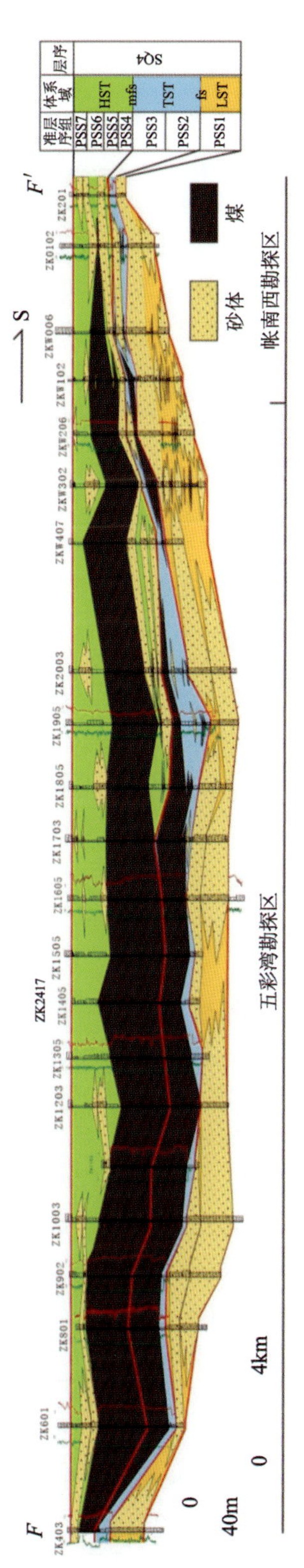

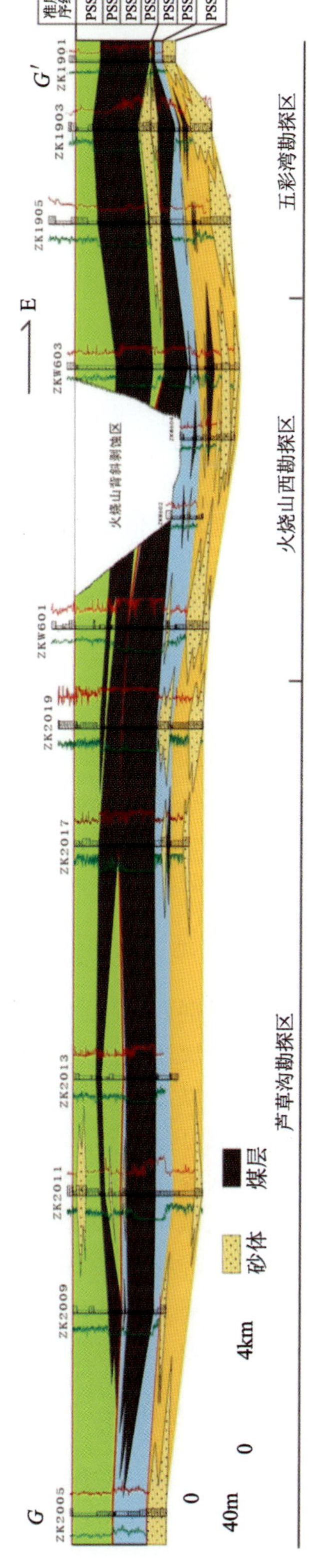

图 3-5-6 准东煤田五彩湾矿区E-E′、F-F′、G-G′剖面层序地层格架及沉积剖面图

准层序组 2(PSS2)和准层序组 3(PSS3)合并形成巨厚煤层,煤层由北向南变薄,北部边缘煤层也具有变薄的趋势。高位体系域由 4 个准层序组构成(PSS4、PSS5、PSS6 和 PSS7),厚度范围 20～60m,南部厚度相对较厚;主要由浅湖相细碎屑沉积和煤层组成,煤层发育于高位体系域早期,向北部边缘变薄尖灭,局部与下部湖扩体系域煤层合并。

2. *F-F*′剖面层序地层格架

该剖面为南北向剖面,穿过五彩湾勘探区和帐南西勘探区(图 3-5-6)。层序厚度相对稳定,向南、北两侧略有变薄的趋势。低位体系域由一个准层序组构成(PSS1),厚度一般为 20～40m,总体厚度平面分布变化不大,略具有向南、北两侧变薄的趋势;主要由辫状河和辫状河三角洲粗碎屑沉积组成,局部发育薄煤层,横向连续性差。湖扩体系域由 2 个准层序组构成(PSS2、PSS3);厚度范围 5～30m,具有由北向南变薄的趋势,北部边缘也明显变薄;早期为浅湖相细碎屑沉积,晚期发育巨厚煤层;煤层由北向南变薄尖灭,北部边缘煤层也具有变薄的趋势。高位体系域由 4 个准层序组构成(PSS4、PSS5、PSS6 和 PSS7),厚度范围 20～90m,北部厚度相对较厚;下部主要由煤层和浅湖相细碎屑沉积组成,上部主要由浅湖和三角洲前缘沉积组成。在北部区域,湖扩体系域煤层与高位体系域煤层合并形成巨厚煤层。

3. *G-G*′剖面层序地层格架

该剖面为东西向剖面,穿过五彩湾勘探区、火烧山西勘探区和芦草沟勘探区(图 3-5-6)。层序厚度相对稳定。低位体系域由一个准层序组构成(PSS1),厚度一般为 20～50m,总体厚度平面分布变化不大;主要由辫状河三角洲粗碎屑以及间湾和浅湖的细碎屑沉积构成,局部发育薄煤层,横向连续性差。湖扩体系域由 2 个准层序组构成(PSS2、PSS3);厚度范围 20～50m,平面分布相对稳定;下部为浅湖相细碎屑沉积,上部发育巨厚煤层;准层序组 2(PSS2)和准层序组 3(PSS3)合并形成巨厚煤层,煤层向东西两侧变薄尖灭。高位体系域由 4 个准层序组构成(PSS4、PSS5、PSS6 和 PSS7),厚度范围 40～70m,东部厚度相对较厚;主要由浅湖相细碎屑沉积和煤层组成,煤层发育于高位体系域早期,东部煤层度厚,向西部变薄尖灭,局部与下部湖扩体系域煤层合并。

4. *H-H*′剖面层序地层格架

该剖面为南北向剖面,穿过大井勘探区西部和大井南勘探区西部(图 3-5-7)。层序厚度相对稳定。低位体系域由一个准层序组构成(PSS1),厚度一般为 5～20m,总体厚度分布变化不大;主要由辫状河、辫状河三角洲粗碎屑以及间湾和浅湖的细碎屑沉积组成,局部发育薄煤层,横向连续性差。湖扩体系域由 2 个准层序组构成(PSS2 和 PSS3);厚度范围 20～50m,南部相对较厚;主要由滨浅湖相细碎屑、三角洲前缘粗碎屑沉积和煤层组成,中部发育单一巨厚煤层,向南、北两侧煤层连续性较差,分叉、变薄和侧向不连续。高位体系域由 4 个准层序组构成(PSS4、PSS5、PSS6 和 PSS7),厚度范围 20～60m,中部厚度相对较厚;主要由浅湖相细碎屑、三角洲前缘粗碎屑沉积和煤层组成,煤层发育于高位体系域早期,中部 PSS4、PSS5 和 PSS6 准层序组合并形成巨厚煤层,向南北两侧变薄;中部与湖扩体系域煤层合并,与湖扩体系域煤层相比较,分布范围更广泛、连续性更好。

5. *I-I*′剖面层序地层格架

该剖面为南北向剖面,穿过大井勘探区中部和大井南东勘探区(图 3-5-7)。层序厚度相对稳定。低位体系域由一个准层序组构成(PSS1),厚度一般为 20～30m,总体厚度分布变化不大;主要由浅湖、三角洲前缘沉积组成。湖扩体系域由 2 个准层序组构成(PSS2、PSS3);厚度范围 20～60m,南部相对较厚;主要由滨浅湖相细碎屑、三角洲前缘粗碎屑沉积和煤层组成,中部发育单一巨厚煤层,向南、北两侧煤层连续性较差，分叉、变薄和侧向不连续。高位体系域由 4 个准层序组构成（PSS4、PSS5、PSS6 和 PSS7），厚度范围 15～60m，中部厚度相对较厚；主要由浅湖相细碎屑、三角洲前缘粗碎屑沉积和煤层组成，煤层发育于高位体系域早期，中部 PSS4、PSS5 和 PSS6 准层序组合并形成巨厚煤层，向南、北两侧变薄，与湖扩体系域煤层相比较，高位体系域煤层分布范围更广泛、连续性更好，在中部与湖扩体系域煤层合并。

6. *J-J*′剖面层序地层格架

该剖面为南北向剖面，穿过大井勘探区东部和大井南东勘探区（图 3-5-7）。层序厚度南部相对较厚。低位体系域由一个准层序组构成（PSS1），厚度一般为 10～20m，总体厚度平面分布变化不大；主要由浅湖、三角洲前缘沉积组成。湖扩体系域由 2 个准层序组构成（PSS2、PSS3）；厚度范围 15～60m，南部相对较厚；北部主要由三角洲前缘粗碎屑沉积组成，南部由浅湖沉积和煤层组成，并发育单一巨厚煤层。高位体系域由 4 个准层序组构成（PSS4、PSS5、PSS6 和 PSS7），厚度范围 30～60m，南部厚度相对较厚，下部主要由浅湖相细碎屑沉积和煤层组成，上部主要由浅湖和三角洲前缘沉积组成；高位体系域煤层厚度相对薄于湖扩体系域煤层，但分布范围更广泛，在南部与湖扩体系域煤层合并。

7. *K-K*′剖面层序地层格架

该剖面为南北向剖面，穿过石浅滩勘探区、黄草湖勘探区和南黄草湖勘探区（图 3-5-8）。层序厚度变化较大，由北向南明显增厚。低位体系域由一个准层序组构成（PSS1），厚度范围 20～50m，总体厚度平面分布变化不大，南部略有增厚的趋势；主要由辫状河和辫状河三角洲粗碎屑以及间湾的细碎屑沉积构成，局部发育薄煤层，横向连续性差。湖扩体系域由 2 个准层序组构成（PSS2、PSS3）；厚度范围 5～160m，北部边缘具有一个明显的坡折带，坡折带之上湖扩体系域不发育，坡折带之下体系域厚度由北向南逐渐增厚，表明湖扩体系域不断由南向北的超覆；PSS2 准层序组发育于黄草湖和南黄草湖勘探区，主要由浅湖相沉积和煤层组成，煤层层数多，但厚度相对较薄；PSS3 准层序组向北超覆到石浅滩勘探区，主要由浅湖相沉积和煤层组成，南部煤层相对较薄，北部增厚。高位体系域由 4 个准层序组构成（PSS4、PSS5、PSS6 和 PSS7），厚度范围 20～90m；下部主要由浅湖相细碎屑沉积和煤层组成，煤层厚度厚，分布广泛，中北部为单一巨厚煤层，南部分叉为 2 层，北部边缘变薄尖灭；上部主要由浅湖和三角洲前缘沉积组成。

8. *N-N*′剖面层序地层格架

该剖面为南北向剖面，穿过石浅滩勘探区、将军庙勘探区和南黄草湖勘探区（图 3-5-8）。层序厚度变化较大，由北向南明显增厚。低位体系域由一个准层序组构成（PSS1），厚度范围 10～40m，总体厚度平面分布变化不大；主要由辫状河和辫状河三角洲粗碎屑以及间湾的细碎屑沉积组成。湖扩体系域由 2 个准层序组构成（PSS2 和 PSS3）；厚度范围 0～150m，北部边缘具有一个明显的坡折带，坡折带之上湖扩体系域不发育，坡折带之下体系域厚度由北向南逐渐增厚，表明湖扩体系域不断由南向北超覆；PSS2 准层序组发育于将军庙和南黄草湖勘探区，主要由浅湖相沉积和煤层组成，在浅湖化的基础上发育单一的巨厚煤层，向北变薄尖灭；PSS3 准层序组进一步向北超覆，主要由浅湖相沉积和煤层组成，聚煤作用进一步向北迁移，将军庙勘探区发育单一巨厚煤层，南黄草湖勘探区为浅湖相细碎屑沉积。高位体系域由 4 个准层序组构成（PSS4、PSS5、PSS6 和 PSS7），厚度范围 60～110m，相对比较稳定；PSS4 和 PSS5 准层序组发育于将军庙和南黄草湖勘探区，主要由浅湖相细碎屑沉积和煤层组成，局部发育三角洲前缘沉积，煤层厚度相对较薄；PSS6 准层序超覆于石浅滩勘探区，主要由浅湖相细碎屑沉积和煤层组成，煤层厚度厚，分布广泛；PSS7 准层序主要由浅湖和三角洲前缘沉积组成。

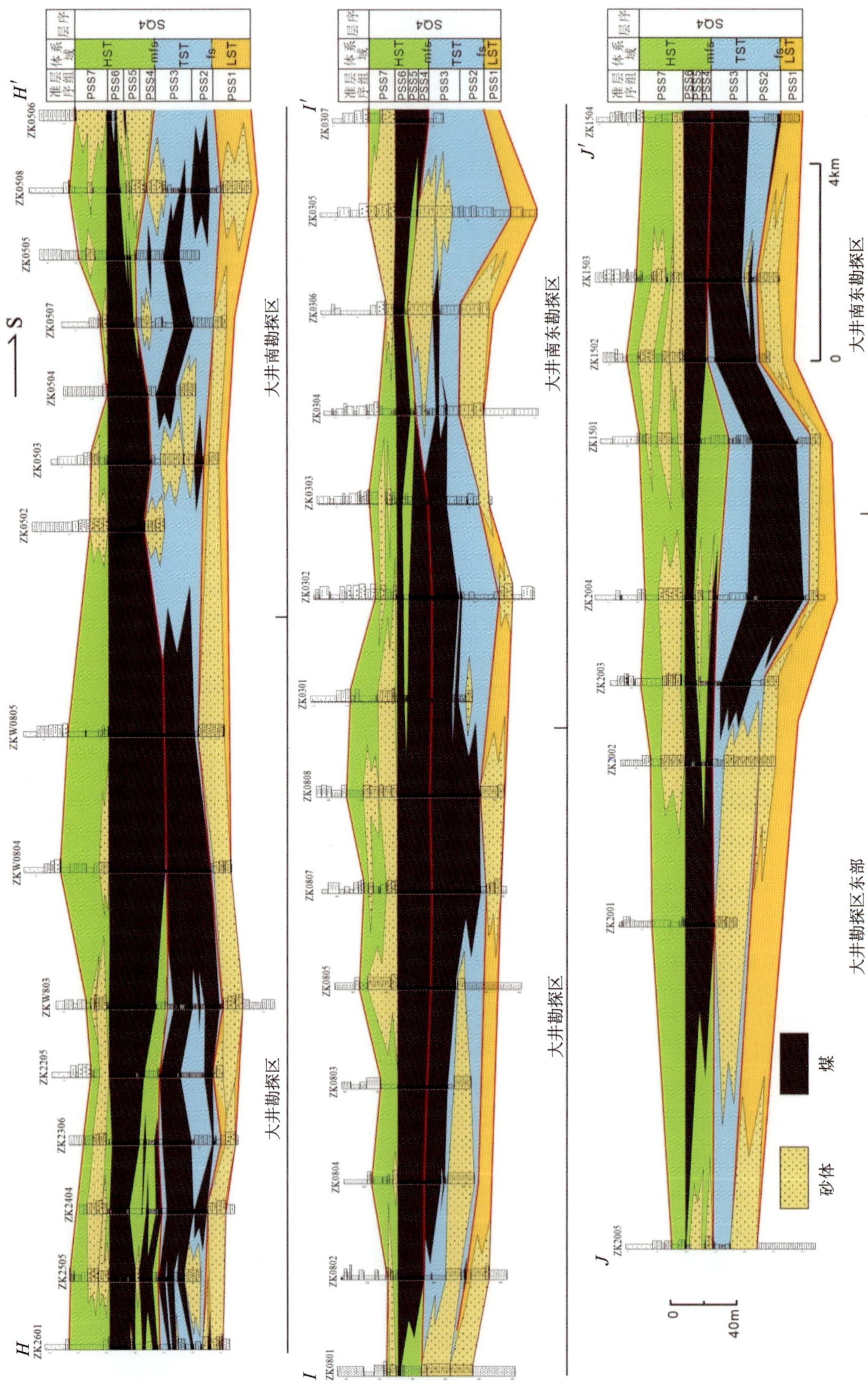

图 3-5-7 准东煤田大井矿区H-H′、I-I′、J-J′剖面层序地层格架及沉积剖面图

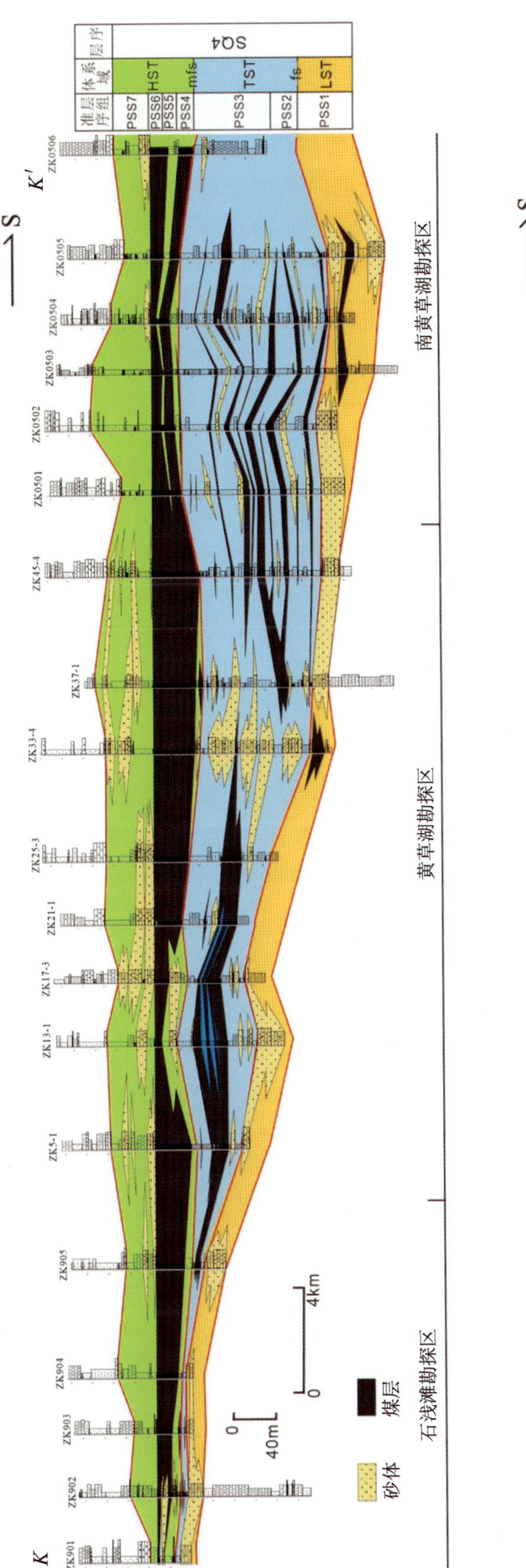

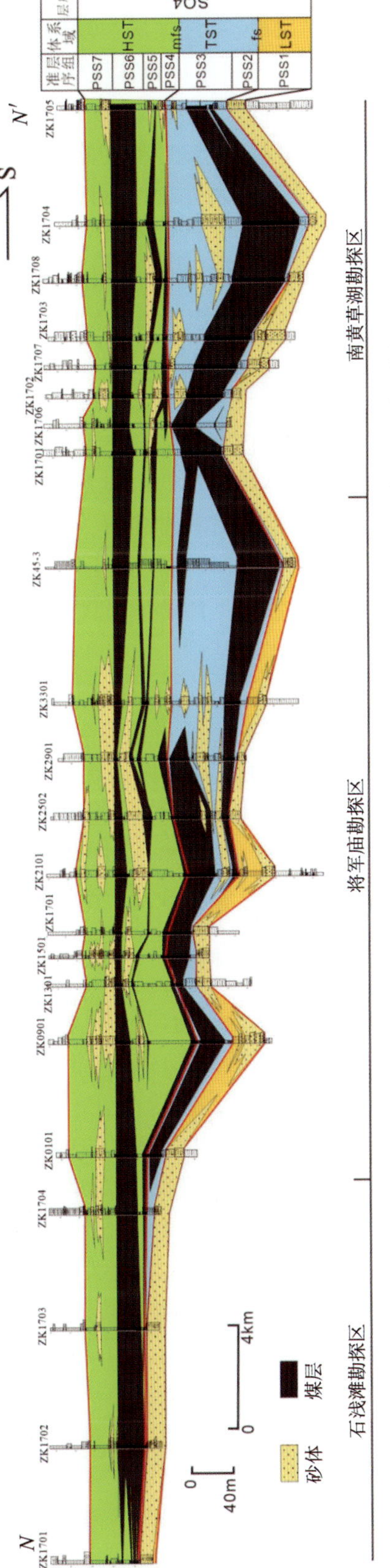

图 3-5-8 准东煤田大井—将军庙矿区K-K′、N-N′剖面层序地层格架及沉积剖面图

9. *L-L′*剖面层序地层格架

该剖面为东西向剖面，穿过大庆沟勘探区北部和大井勘探区北部(图 3-5-9)。层序厚度相对稳定。低位体系域由一个准层序组构成(PSS1)，厚度一般为 10～20m，总体厚度分布变化不大；主要由辫状河和辫状河三角洲粗碎屑以及间湾的细碎屑沉积构成，局部发育薄煤层，横向连续性差。湖扩体系域由 2 个准层序组构成(PSS2 和 PSS3)，厚度范围 15～55m，具有由东向西增厚的趋势；主要由浅湖相沉积和煤层组成，煤层主要分布于大井勘探区西部和大庆沟勘探区，在大井勘探区为单一煤层，在大庆沟勘探区分叉为多层煤层。高位体系域由 4 个准层序组构成(PSS4、PSS5、PSS6 和 PSS7)，厚度范围 35～75m，由东向西逐渐增厚；主要由浅湖相细碎屑沉积和煤层组成；PSS4、PSS5 和 PSS6 准层序组在大井勘探区西部合并形成巨厚煤层，向东、西北两侧分叉、变薄尖灭；PSS7 准层序组主要由浅湖沉积组成。

10. *O-O′*剖面层序地层格架

该剖面为南北向剖面，穿过将军戈壁勘探区、西黑山勘探区和岌岌湖勘探区(图 3-5-9)。层序厚度变化较大，由北向南明显增厚。低位体系域由一个准层序组构成(PSS1)，厚度范围 10～40m，总体厚度分布变化不大；主要由辫状河和辫状河三角洲粗碎屑以及间湾的细碎屑沉积组成。湖扩体系域由 2 个准层序组构成(PSS2 和 PSS3)，厚度范围 40～130m；北部边缘具有一个明显的坡折带，坡折带之上体系域厚度相对较薄，坡折带之下体系域厚度由北向南逐渐增厚；PSS2 准层序组发育稳定，主要由浅湖相沉积和煤层组成，在浅湖化的基础上发育单一的巨厚煤层；PSS3 准层序组主要由浅湖相和三角洲前缘沉积和煤层组成，下部为浅湖相和三角洲前缘沉积，上部发育单一的巨厚煤层，与 PSS2 准层序组煤层相比较，煤层厚度变薄，向南、北两侧变薄尖灭。高位体系域由 4 个准层序组构成(PSS4、PSS5、PSS6 和 PSS7)，厚度范围 30～140m，由北向南逐渐增厚；PSS4 准层序组主要由浅湖相细碎屑沉积和煤层组成，煤层主要发育于西黑山勘探区，向南、北两侧分叉、变薄尖灭；PSS5 和 PSS6 准层序主要由浅湖相和三角洲前缘沉积和煤层组成，在西黑山和岌岌湖勘探区煤层层数多、厚度薄，分布广泛，往北在将军戈壁勘探区内煤层合并，形成巨厚煤层；PSS7 准层序组主要由浅湖沉积组成。

11. *M-M′*剖面层序地层格架

该剖面为该煤田中部近东西向剖面，穿过帐南东勘探区、大井南勘探区、大井南东勘探区、黄草湖勘探区、将军庙勘探区、西黑山勘探区和红沙泉勘探区(图 3-5-10)。层序厚度变化较大，由西向东明显增厚。低位体系域由一个准层序组构成(PSS1)，厚度一般为 10～40m，总体厚度分布变化不大；主要由辫状河和辫状河三角洲粗碎屑以及间湾的细碎屑沉积组成。湖扩体系域由 2 个准层序组构成(PSS2 和 PSS3)，厚度范围 25～80m；在将军庙和黄草湖勘探区之间有一明显的坡折带，坡折带之上体系域厚度相对较薄，坡折带之下体系域厚度相对较厚，由西向东逐渐增厚；PSS2 准层序组发育稳定，主要由浅湖相沉积和煤层组成，在浅湖化的基础上发育单一的厚煤层，除大井南东勘探区外，煤层全区发育比较稳定；PSS3 准层序组在坡折带西部主要由浅湖相沉积组成，煤层断续发育，坡折带东部主要由浅湖相、三角洲前缘沉积和煤层组成，发育单一的厚煤层，分布比较稳定，将军庙勘探区为单一的巨厚煤层。高位体系域由 4 个准层序组构成(PSS4、PSS5、PSS6 和 PSS7)，厚度范围 15～120m，由西向东逐渐增厚；在帐南东、大井南东东部和黄草湖勘探区这些准层序组合并形成巨厚煤层；PSS6 准层序组发育广泛，主要由浅湖相细碎屑岩和煤层组成，煤层全区广泛发育，厚度相对稳定；PSS4 和 PSS5 准层序组主要由浅湖相和三角洲前缘沉积和煤层组成，在西黑山和岌岌湖勘探区煤层层数多、厚度薄，分布广泛；PSS7 准层序组主要由浅湖沉积组成。

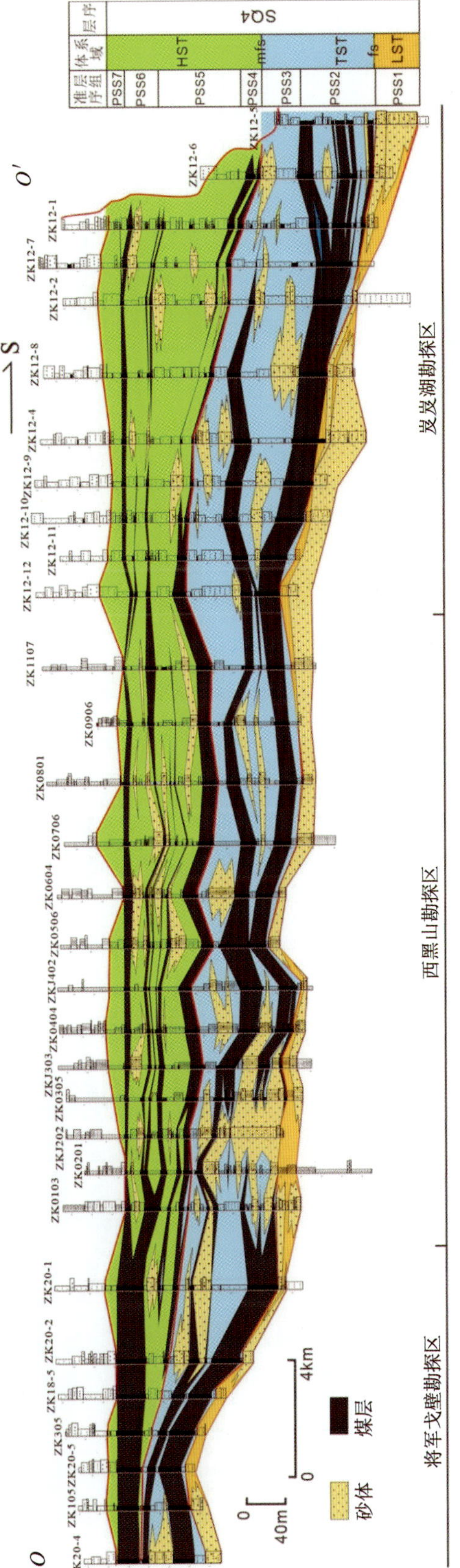

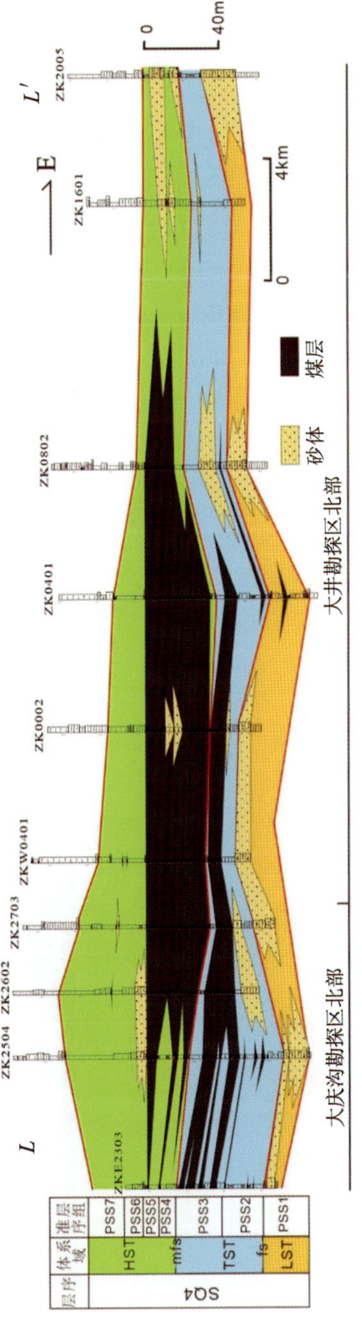

图 3-5-9 准东煤田大井矿区L-L′、西黑山矿区O-O′剖面层序地层格架及沉积剖面图

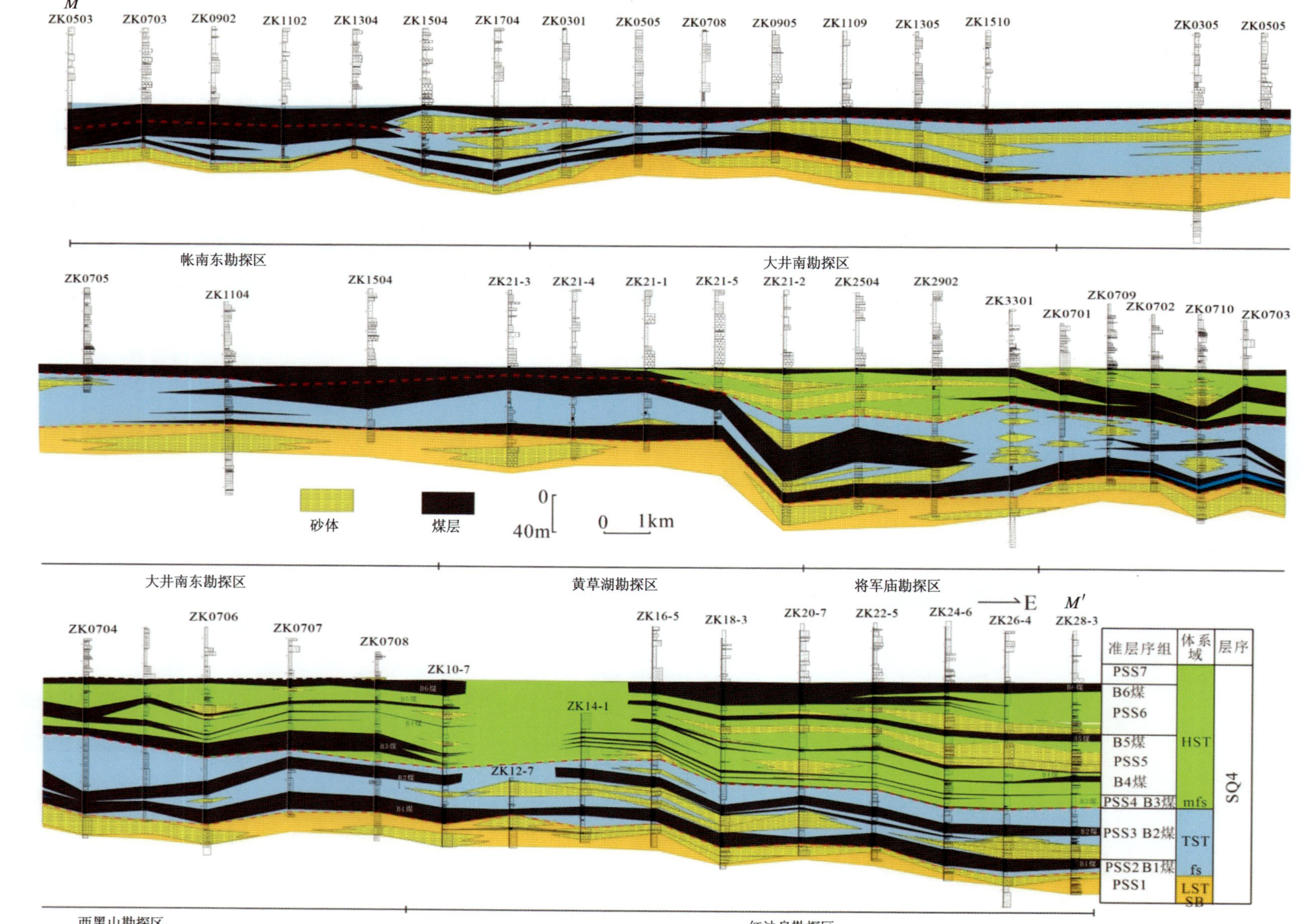

图 3-5-10 准东煤田将军庙-西黑山矿区M-M'剖面层序地层格架及沉积剖面图

12. *P*-*P*′剖面层序地层格架

该剖面为梧桐窝子勘查区南部近东西向剖面(图 3-5-11)。层序厚度变化大,由西到东呈现先增大后降低的分布趋势。低位体系域厚度一般为 40 余米,总体厚度分布变化不大;主要由三角洲前缘粗碎屑以及间湾的细碎屑沉积构成。湖扩体系域厚度范围 40～100m;由西向东逐渐增厚,在钻孔 ZK5404 处达最厚,然后向东呈减薄趋势;主要由浅湖相沉积和煤层组成,煤层在西部分叉明显、东部呈合并趋势。高位体系域厚度范围 70～200m,在钻孔 ZK5404 处最厚,向两边呈减薄趋势;主要由浅湖相、三角洲前缘沉积和煤层组成,煤层厚度薄,分叉合并明显,在钻孔 ZK5404 处煤层层数最多,向两侧呈合并趋势。

13. *Q*-*Q*′剖面层序地层格架

该剖面为梧桐窝子勘查区中部北西-南东向剖面(图 3-5-12)。层序厚度变化较大,由北西向南东具有增厚的趋势。低位体系域厚度一般为 15～20m,总体厚度分布变化不大;主要由辫状河和辫状河三角洲粗碎屑以及间湾的细碎屑沉积组成。湖扩体系域厚度范围 10～60m,由北西向南东逐渐增厚;主要由浅湖相沉积和煤层组成,在北西部煤层合并形成厚煤层,向南东方向分叉变薄。高位体系域厚度最大可达 200 余米,由北西向南东具有增厚的趋势;主要由浅湖相、三角洲前缘沉积和煤层组成;北西部煤层相对发育,厚度相对较厚,向南东方向煤层相对不发育,厚度薄,横向不稳定。

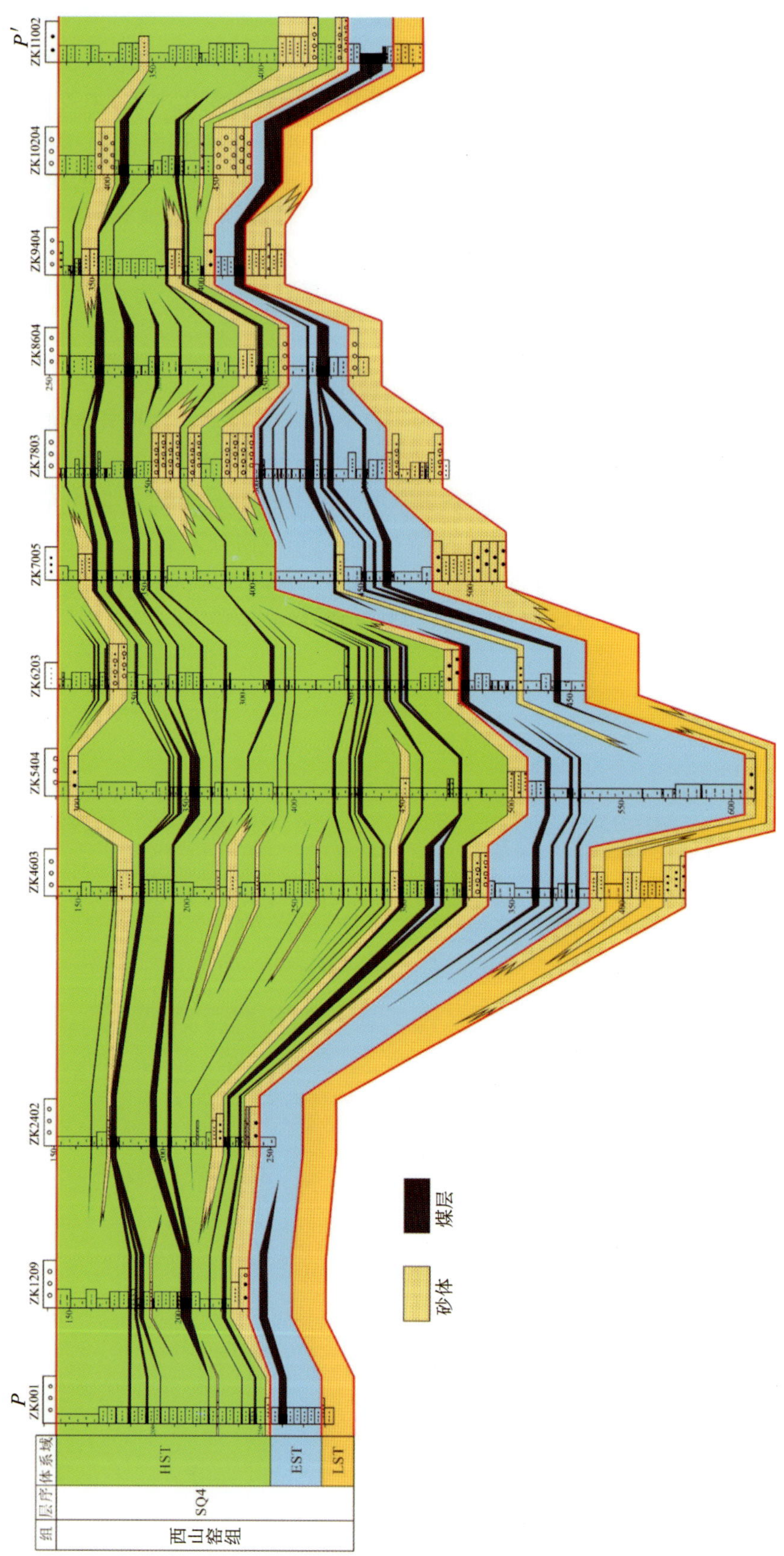

图 3-5-11 准东煤田梧桐窝子勘查区P–P'剖面层序地层格架及沉积剖面图

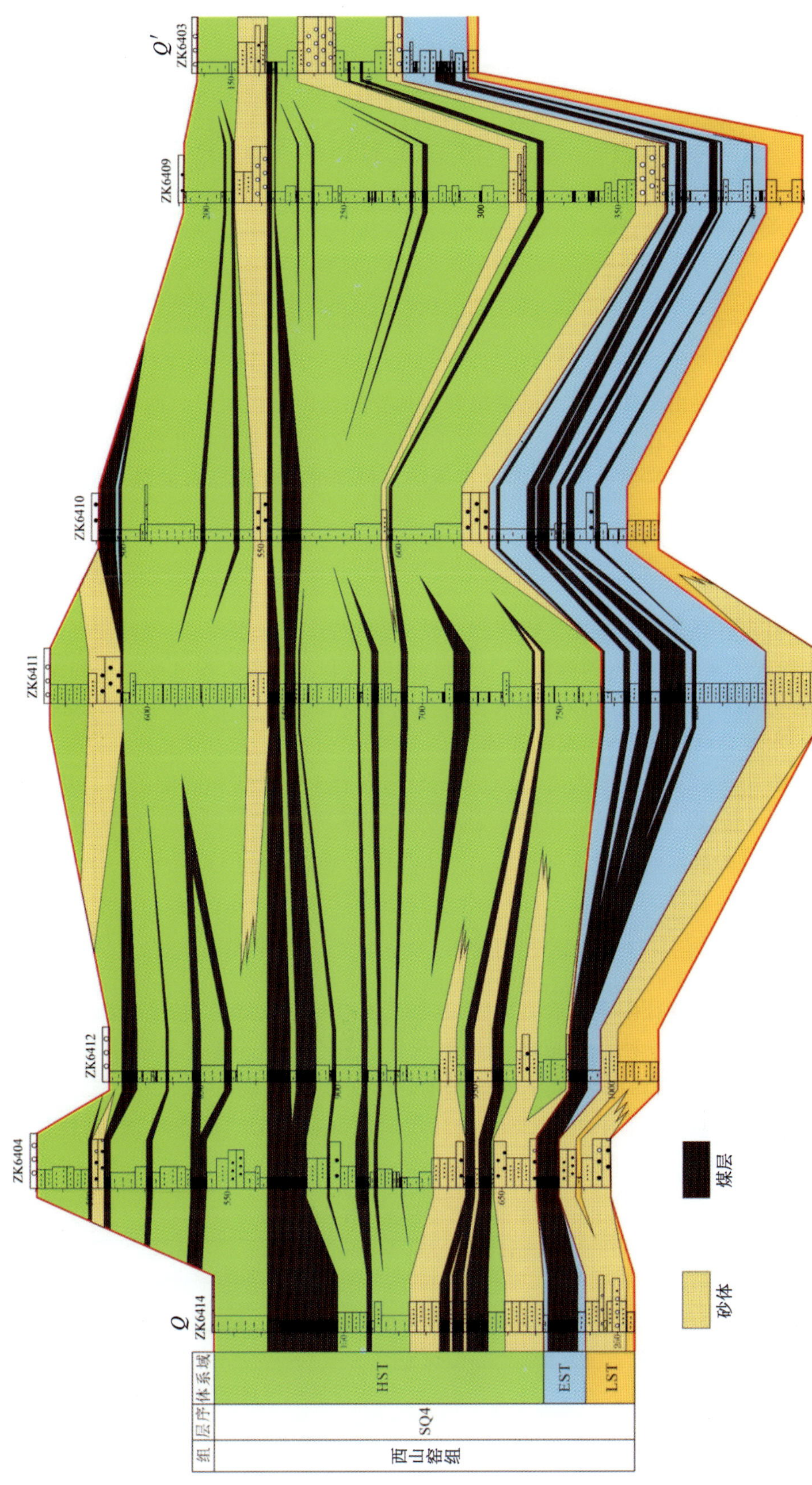

图 3-5-12 准东煤田老君庙-梧桐窝子勘查区 Q-Q' 剖面层序地层格架及沉积剖面图

第四章　含煤岩系沉积体系

第一节　岩石相

准东煤田含煤岩系主要由下侏罗统八道湾组和中侏罗统西山窑组组成。西山窑组是准东煤田的主要含煤地层，煤层埋藏浅，厚度比较稳定，八道湾组由于埋藏较深，仅少量钻孔控制，局部发现可采煤层。三工河组位于八道湾组和西山窑组之间，为非含煤地层。根据准东煤田已有的勘探成果资料，对西山窑组的岩石特征开展系统研究。

一、岩石特征

西山窑组主要由碎屑岩和煤层组成。碎屑主要发育细砾岩、含砾粗砂岩、各种粒级的砂岩、粉砂岩、粉砂质泥岩、泥岩和碳质泥岩。砂岩的颜色多为灰色、浅灰色和灰白色。粉砂质泥岩和泥岩多为灰色和深灰色。碳质泥岩为灰黑色和黑色。砂岩的颗粒成分以石英和岩屑为主，见有较多的煤屑；分选较差，颗粒多为次圆状—次棱角状；胶结物主要为泥质。

砂岩薄片鉴定表明砂岩成分主要为岩屑、石英、长石，含有少量炭屑和碳质条带。基质和颗粒支撑，泥质胶结。岩屑含量30%以上，以燧石和泥质岩屑为主。基质占25%以上。颗粒多为棱角—次棱角状，分选较差，结构成熟度及成分成熟度都较低。以上反映了碎屑供应的物源较近、盆地水浅、碎屑物快速供应、快速堆积的特征。

二、岩石相组成

岩石相是指由一定岩石特征限定的岩石单位，这些岩石特征包括颜色、粒度、成分、沉积构造和成层性等，每一种岩石相都代表着一种沉积成因。根据现代沉积学理论，通过对准东煤田68口钻孔、近4000m岩心的详细观察描述，在西山窑组内部共识别出14种能够反映沉积成因的岩石相类型，主要包括从块状或槽状交错层理的细砾岩、砂砾岩到各种交错层理发育的细—粗砂岩、砂泥岩互层、静水环境下沉积的泥岩和沼泽煤层等，并分为五大类(表4-1-1，图4-1-1)。

表4-1-1　准东煤田西山窑组岩石相类型划分

岩石相		沉积特征	成因构造	成因解释
砾岩相	细砾岩(Gm)	灰色、灰白色，颗粒支撑	块状层理	河道滞留沉积和高流态牵引流沉积
	砂砾岩(Sg)	灰色，多见炭屑	块状层理或槽状交错层理	高流态牵引流沉积或滞留沉积

续表 4-1-1

岩石相		沉积特征	成因构造	成因解释
砂岩相	含砾砂岩(Sg)	灰色、深灰色,偶含炭屑	块状层理或槽状交错层理	高流态牵引流沉积
	细—粗砂岩(Sc)	灰色、深灰色,杂基支撑,夹大量炭屑	块状层理、槽状交错层理、楔状交错层理	高流态牵引流沉积
	细—粗砂岩(St)	灰色、灰白色,分选好,杂基含量少	平行层理或槽状交错层理	高流态牵引流沉积
	细—中砂岩(Sb)	灰色、深灰色,杂基含量高,偶夹炭屑和透镜状煤屑	滑塌变形构造和包卷层理,局部含泥沙	滑塌沉积
	细—中砂岩局部粗砂岩(Sf)	深灰色,局部含炭屑	压扁层理、脉状层理	高流态牵引流于静水悬浮交替沉积
	细砂岩相(Sw)	灰色	平行层理、波状层理	水流与波浪共同作用
砂泥互层岩相	粉砂、细砂岩与泥岩互层(Ms)	灰色、深灰色	脉状层理、透镜状层理	悬浮沉积伴随洪水期低能牵引流沉积
	粉砂、细砂与泥岩韵律互层(Mf)	灰色、深灰色	粉砂及泥薄互层构造,水平层理	悬浮沉积伴随洪水期低能牵引流沉积
泥岩相	泥岩(Mc)	灰色,含炭屑和植物化石或偶见根系化石	块状层理或不明显水平层理	湖湾或漫滩沉积
	泥岩(Mh)	灰色	毫米级水平纹理或波状层理	静态水体的悬浮沉积
煤、碳质泥岩相		黑色		沼泽环境

1. 砾岩相

砾岩相可进一步划分为细砾岩相和砂砾岩相,细砾岩相主要为块状构造或发育递变层理,砂砾岩相主要为块状构造或发育槽状层理。该类岩石相主要发育于冲积平原河道的底部或下部,为滞留和牵引流沉积。

2. 砂岩相

砂岩相可进一步划分为 6 种岩石相类型,块状或槽状交错层理含砾砂岩相主要发育于辫状河三角洲平原河道,以及前缘水下河道,为河道下部的滞留和牵引流沉积。块状、槽状或楔状交错层理细—粗砂岩相主要发育于冲积平原或辫状河三角洲平原分流河道的上部或小型分流河道,为牵引流沉积。平行层理细—粗砂岩相主要发育于辫状河三角洲前缘水下分流河道,为高流态牵引流沉积。滑塌变形构造细—中砂岩相主要发育于辫状河三角洲前缘河口坝,由沉积物的重力滑塌形成。压扁和脉状层理细—中砂岩相局部粗砂岩相主要发育于辫状河三角洲前缘河口坝、冲积平原决口扇,为牵引流和低能水体作用形成;平行和波状层理细砂岩相主要发育于水下分流河道和决口扇河道的上部,由相对高流态的牵引流形成。

块状砾岩(Gm)：河道底部滞留沉积，夹炭屑，ZK513井

块状细砾岩(Gs)：水下分流河道底部滞留沉积，ZK24-1井

槽状交错层理粗砂岩(Sc)：夹炭屑和煤屑，三角洲平原分流河道沉积，ZK24-1井

平行层理中砂岩(St)：辫状三角洲前缘水下分流河道沉积，ZK0904井

细砂岩(Sb)：夹大量泥砾，河道边缘滑塌沉积，ZK24-1井

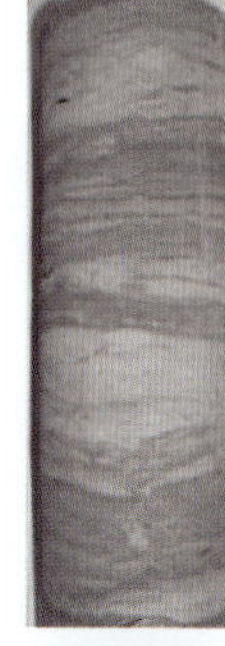
粉、细砂岩(Sf)：发育脉状层理和透镜状层理，河漫沉积，ZK0406井

细砂岩(Sw)：定向排列的炭屑层显示为波状层理，网状河流分流河道边缘沉积，ZK24-1井

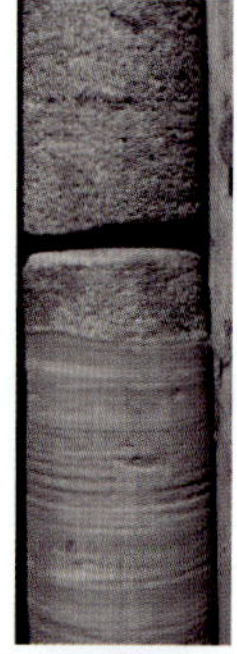
粗砂岩(St)：水下分流河道沉积，底部具冲刷面，ZK24-1井

粉、细砂岩(Sb)：发育滑塌变形层理，前缘河口坝沉积，ZK22-6井

块状泥岩(Mc)：发育植物根系化石，冲积平原沼泽沉积，ZK22-6井

粉、细砂岩和泥岩互层(Sw)：发育砂、泥薄互层构造，前辫状河三角洲沉积，ZK32-4井

泥岩(Mh)：发育水平纹理，浅湖沉积，XHj-2井

图 4-1-1 西山窑组典型岩石相

3. 砂泥互层岩相

砂泥互层岩相可划分为脉状和透镜状层理粉、细砂岩与泥岩互层相和水平层理粉、细砂岩与泥岩互层相，前者主要发育于辫状河三角洲前缘远端坝或滨岸坝，由湖水波浪流改造形成；后者主要发育于湖湾或三角洲间湾，由湖水改造在较深的水体中形成。

4. 泥岩相

泥岩相可划分为块状泥岩相、水平和微波状泥岩相，前者主要发育于冲积洪泛平原或三角洲平原，为洪泛期低能沉积，常具较高含量的粉砂质和植物根化石（根土岩）；后者主要发育于较深湖泊，为相对静水的低能沉积。

5. 煤、碳质泥岩相

煤主要发育于泥炭沼泽；碳质泥岩主要发育于覆水较深的沼泽湖。

第二节 沉积体系

根据钻井岩心岩相及其垂向上的组合特征，西山窑组主要发育辫状河流、辫状河三角洲、湖泊以及网状河沉积体系，盆地的总体沉积环境为浅湖-湖沼环境。这些沉积体系的岩石相组成和厚度变化特征见表4-2-1。

表4-2-1 西山窑组沉积体系类型及岩相组合特征

沉积相类型	亚相	微相	岩相及其组合	厚度(m)
辫状河流	河道	辫状河道	Gm/Gs/Sg/St/Mc/C	5～20
	冲积平原	冲积平原	Sf、Ms/Mc	5～8
辫状河三角洲-滨浅湖	三角洲平原	分流河道	Gm/Gs/Sg;St/Sc/Sb、Ms/C	5～20
		平原沼泽	C/Mc	0.5～30
		河漫泥	Ms/Mf/C	0.5～2
	三角洲前缘	河口坝	St/Sw	8～20
		水下分流河道	Gs/Sg/St/Sc/Sw	5～30
		分流河道间	Sw/Mf/Ms	2～5
		分流间湾	Ms/Mf/Mh	3～5
	前三角洲	前三角洲泥	Mf/Ms/Mh	3～10
	滨湖	滨湖沼泽	C/Mc	5～20
		冰壶沙坝	细—粗 St	10～30
	浅湖	浅湖泥	Mh/Mw	1～5
网状河流	分流河道	分支河道	中、细 St/Sc/Sf	3～8
	堤岸沉积	天然堤	Sf/Ms	1～3
		决口扇	St/Sb/Ms	2～5
	泛滥盆地	河漫湖泊	Ms/Mf/Mh	1～8
		湿地沼泽	C/Mc	0.5～5
		泛滥平原	Ms/Mc	0.5～3

一、辫状河流体系

辫状河流体系主要发育于西山窑组下部和中下部。在西山窑组下段沉积期，辫状河流体系全区广泛发育；在中下段和上段沉积期，辫状河流体系主要发育于准东煤田的东部。这些辫状河流体系由该煤田的北部向南延伸，进入浅湖形成辫状河三角洲；盆地北部由于抬升剥蚀，未发现边缘相冲积扇沉积。研究区辫状河流体系主要由含砾粗砂岩、粗砂岩和中—细砂岩、粉砂岩和粉砂质泥岩组成。垂向层序表现为多个向上变细的旋回组合，旋回底部具明显的冲刷接触关系。根据对钻井岩心和测井资料的综合分析，其沉积亚相可划分为河道和洪泛平原两种亚相类型。辫状河道亚相发育，而洪泛平原亚相相对不发育。

1. 辫状河道亚相

辫状河道亚相主要发育于冲积扇体系下游的冲积平原区，沉积物主要由灰色、深灰色细砾岩—砂砾岩(Gm/Gs)、砾状砂岩(Sg)和细—粗砂岩(St/Sc)组成，偶见碳质泥岩和泥岩夹层(图 4-2-1)。发育块状层理、大型槽状交错层理、楔状交错层理、平行层理以及冲刷充填构造，岩石中多见大量的炭屑、煤质碎块和泥砾。单一河道沉积显示明显的正旋回，底部一般为河道滞留沉积的细砾岩，发育冲刷面，向上过渡为粗砂岩和细砂岩(Sg/St/Sc)，顶部发育废弃河道粉砂岩或碳质泥岩(Mc/C)沉积结束，顶部多为下期河道冲刷，单一河道沉积旋回厚度一般为 5～8m。辫状河多期河道往往相互冲刷叠置，形成复合砂体，厚度可达 20m 以上。

2. 洪泛平原亚相

研究区内，洪泛平原亚相主要为灰色、深灰色粉砂岩、细砂岩、粉砂质泥岩和煤层沉积，岩石中多见植物叶片化石和炭屑。发育块状层理或不明显的小型交错层理、脉状层理或透镜状层理。顶部发育煤层或碳质泥岩。

二、辫状河三角洲-滨浅湖沉积体系

辫状河三角洲主要发育于西山窑组下段和中下段。西山窑组下段沉积时期，辫状河三角洲主要分布在该煤田的南部；中下段沉积时期主要分布在该煤田的东部和西部，与滨、浅湖沉积交互沉积。辫状河三角洲的垂向层序表现为下部具倒粒序、上部具正粒序的旋回结构。由于湖泊水体较浅，三角洲前缘沉积相对较薄，水下分流河道发育；三角洲平原沉积相对较厚，但常被浅湖泥岩沉积覆盖。其三角洲平原、三角洲前缘和前三角洲亚相具有下列特征。

1. 辫状河三角洲平原亚相

辫状河三角洲平原亚相主要由分流河道、河漫沼泽和河漫泥质沉积 3 种微相类型(图 4-2-2)。

1)分流河道

分流河道微相在辫状河三角洲平原亚相中占绝对优势，岩性较粗，以灰色、深灰色细砾岩(Gm/Gs)、含砾砂岩(Sg)、细—粗砂岩(St/Sc/Sb)为主，偶见泥岩或碳质泥岩薄层，发育块状层理、大型槽状交错层理、楔状交错层理及平行层理，多见定向排列的炭屑、碳质团块和泥砾。单次分流河道沉积底部一般为滞留沉积，发育不厚(<2m)的细砾岩，具冲刷面，向上粒度变细过渡为粗砂岩、中砂岩和细砂岩，顶部一般发育薄层的粉砂岩或碳质泥岩等废弃河道沉积，单层厚度一般为 1～5m 不等。由于河道的频繁冲刷迁移，分流河道砂体往往形成连续叠置的复合砂体，厚度可达数十米，砂体之间由薄层的泥岩或碳质泥岩分隔，总体表现为正粒序。自然伽马多表现为锯齿状的箱型或复合钟型，电阻率曲线表现为高值、微齿的复合钟型或箱型。

2)河漫滩微相

多发育于分流道间或废弃河道中，主要为灰色、深灰色泥岩、粉砂岩(Ms/Mf)，夹细砂岩薄层，偶见透镜状层理和压扁层理，厚度一般小于 5m，多见植物叶片化石和生物扰动构造。自然伽玛曲线表现为高值，自然电位和电阻率曲线表现为齿锯齿状低值。

三角洲平原亚相的各个微相类型在岩性剖面上呈典型的组合特征(图 4-2-2)，在一个三角洲平原沉

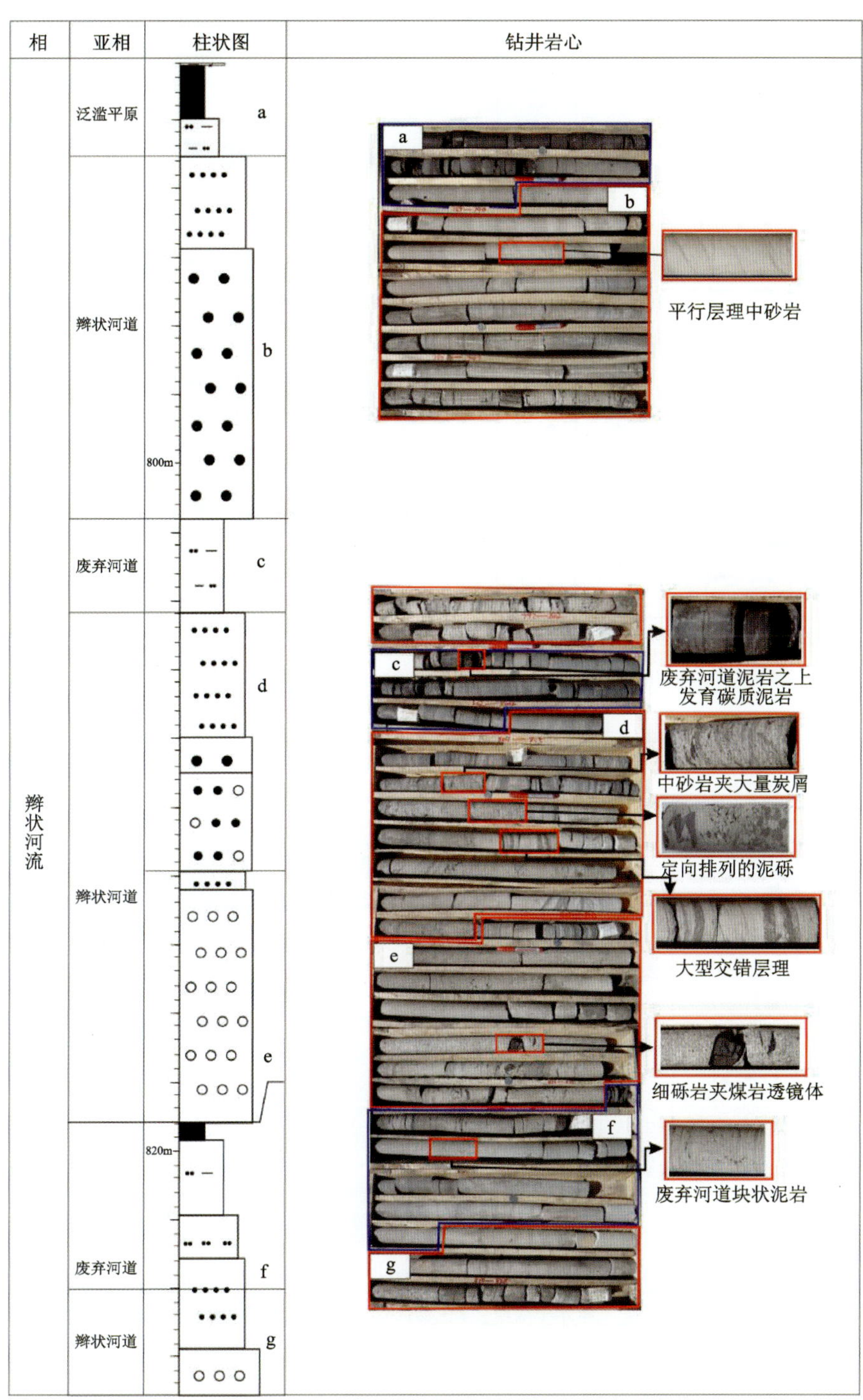

图 4-2-1　将军戈壁 ZK24-1 钻孔西山窑组辫状河沉积特征

积正旋回中，底部多发育分流河道微相(2A)，其上为河漫泥微相(2C)，顶部多发育沼泽微相(2B)。由于分流河道的冲刷侵蚀，河漫泥微相和沼泽微相多发育不完整，区域性厚煤层多发育于废弃的三角洲朵叶之上。

2. 辫状河三角洲前缘亚相

辫状河三角洲前缘是三角洲的水下延伸，可识别出水下河口坝、分流河道、水下天然堤、分流间湾 4 种微相类型(图 4-2-3)。

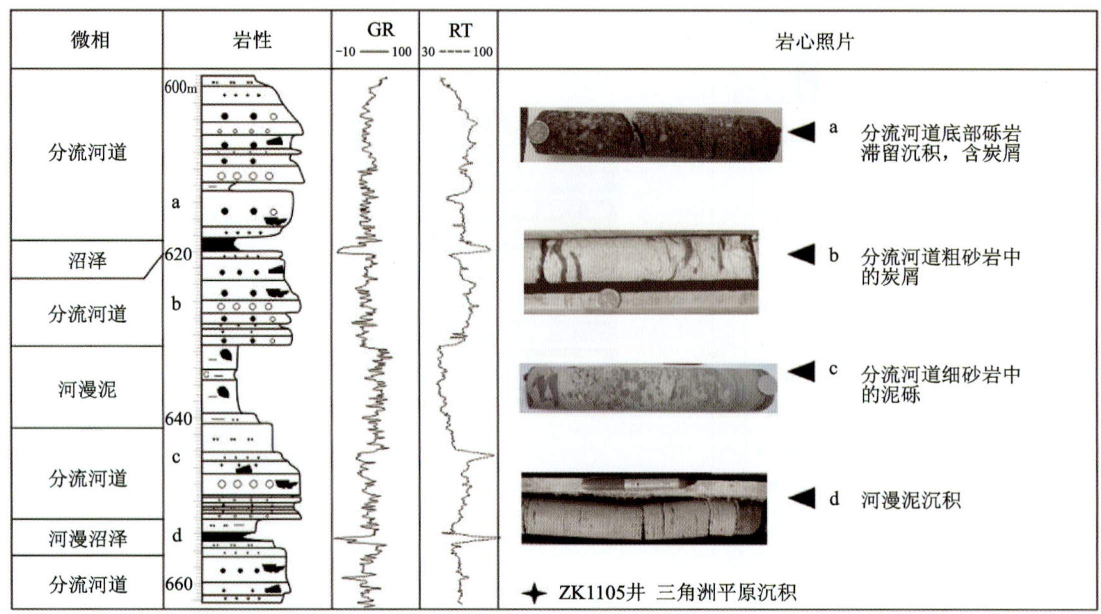

图 4-2-2 西黑山 ZK1105 钻孔西山窑组辫状河三角洲平原沉积特征

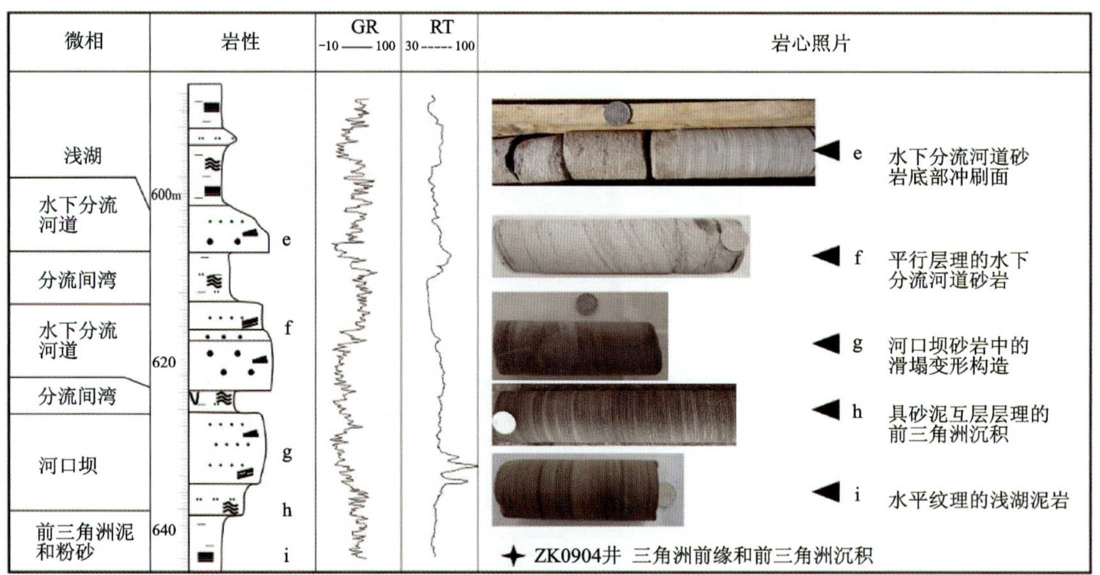

图 4-2-3 西黑山 ZK0904 钻孔西山窑组辫状河三角洲前缘和前三角洲沉积特征

1)河口坝微相

研究区内辫状河三角洲河口坝微相识别特征明显，厚度一般在 2～10m 不等，个别井段厚达 20m，岩性以灰色、灰白色中细砂岩和粉砂岩(St/Sw)为主，垂向上向上明显具变粗的反粒序特征，其自然伽马和电阻率曲线均表现为漏斗状，且齿化强烈。河口坝多发育小到中型交错层理、平行层理、波状层理及滑塌变形等沉积构造，反映了河口区复杂的水动力环境。

研究区内辫状河三角洲河口坝微相识别特征明显，厚度一般在 2～10m 不等，个别井段厚达 20m，岩性以灰色、灰白色中细砂岩和粉砂岩(St/Sw)为主，垂向上向上明显具变粗的反粒序特征，其自然伽马和电阻率曲线均表现为漏斗状，且齿化强烈。河口坝多发育小到中型交错层理、平行层理、波状层理及滑塌变形等沉积构造，反映了河口区复杂的水动力环境。

2)水下分流河道微相

水下分流河道是三角洲平原分流河道入湖后在水的延续部分，其沉积特征与三角洲平原分流河道极为相似，岩性主要由灰色、灰白色砂砾岩(Gs)、含砾砂岩(Sg)、细—粗砂岩(St)以及粉砂岩、细砂岩(Sw)组成，岩石中杂基含量与辫状河三角洲平原分流河道微相相比大大减少，且少见炭屑、碳质团块，偶见泥砾。单一水下分流河道沉积在垂向上表现为明显的正粒序，底部为砂砾岩滞留沉积，向上过渡为粗砂岩和中、细砂岩或粉砂岩；发育大—小型交错层理、平行层理以及冲刷充填构造。在测井曲线上，自然伽马曲线表现为(锯齿状)箱型、钟型或两者的组合，电阻率曲线表现为高值微齿状箱型或钟型。下伏为浅湖相泥岩沉积。

3)水下分流河道间

岩性主要为灰色粉砂岩、细砂岩(Sw)和泥岩(Mf/Ms)，发育水平层理、小型交错纹理、波状层理以及泥岩和粉砂岩的薄互层构造，偶见滑塌层理和生物扰动构造，垂向上与水下分流河道相邻。自然伽马曲线表现为微齿高值，电阻率低值。

4)分流间湾微相

岩性主要为灰色、深灰色泥岩、粉砂质泥岩和泥质粉砂岩(Ms/Mf/Mh)，厚度在0.8～8m不等，分布于三角洲朵叶之间，发育水平纹理、波状纹理，自然伽马曲线表现为高值，电阻率低值。

3. 前辫状河三角洲亚相

前辫状河三角洲主要为灰色、深灰色泥岩、粉砂质泥岩、泥质粉砂岩(Mf/Ms)，夹粉、细砂岩薄层(Sw)，一般厚度5～10m，纵向上一般与前缘河口坝相邻，横向上向浅湖泥质沉积过渡，发育水平层理以及泥岩和粉砂岩的薄互层构造，测井曲线上，自然伽马值，低的电阻率值，与浅湖相泥岩难以区分。

4. 滨、浅湖亚相

西山窑沉积期，研究区主要为浅水湖泊环境，辫状河三角洲广泛发育，湖泊相在垂向上与辫状河三角洲相交互，侧向上与辫状河三角洲相共生，可以识别出滨湖和浅湖两种亚相类型，其中滨湖亚相又可分为滨湖沼泽(C)和滨湖砂坝(St)两种微相，浅湖亚相主要为浅湖泥(Mh、Mw)微相。

1)滨湖沼泽微相

滨湖沼泽主要由煤层和(碳质)泥岩夹矸层(C)组成，单层煤层厚度大，一般为3～20m，最厚达80余米。煤层在测井曲线上反映特征明显，具有低密度、极低的自然伽马和高的视电阻率，测井曲线形态与平原相沼泽相同，识别特征明显。滨岸沼泽主要发育于湖泊滨岸带受波浪作用微弱的地区，沼泽发育主要受湖平面变化的影响，枯水期沼泽向湖泊方向推进，洪水期则向陆方向退覆，洪水期湖平面的快速上升增加煤层中的夹矸和灰分。因此，滨湖沼泽煤层多发育于滨、浅湖泥岩之上，顶板多为浅湖泥岩，煤层底板植物根系化石少见，且夹矸层多为泥岩和碳质泥岩，与三角洲平原沼泽煤层不同。

2)滨湖砂坝微相

滨湖砂坝主要由灰白色细—粗砂岩(St)组成，发育平行层理和楔状交错层理，厚度一般为5～20m。垂向上滨湖砂坝底部或发育突变，向上粒度变细，顶部发育浅湖相泥岩。测井曲线上具有箱型或钟型，中低自然伽马和高的视电阻率。滨湖砂坝发育于滨湖地带波浪作用相对较强的地区，波浪的淘洗作用对早期的三角洲砂体或滨岸砂体冲洗作用使砂岩具有较高的成分成熟度和结构成熟度。

3)浅湖泥微相

浅湖泥主要由灰色、深灰色泥岩、粉砂质泥岩(Mh/Mf)及粉砂岩组成，偶见细砂岩薄层，厚度从0.5～5m不等，发育水平纹理，侧向上与前辫状河三角洲过渡。测井曲线上，自然伽马高值，电阻率低值，均表现出低幅度起伏。

三、网状河流

网状河流发育于中上段，为低能量河道及湿地的综合体，其河道具有低坡降、低弯度、侧向上受限制、平面上相互连通，并且稳定发育的多河道特征(朱爱国等，2005)。现代的网状河流的例子较多，包括长江三角洲平原、三江平原以及嫩江齐齐哈尔段(张周良和刘少宾，1994)。准东煤田西山窑组可识别出河道、堤岸和泛滥平原3种亚相以及相应的微相类型。

1. 河道亚相

分支河道。网状河分支河道微相以中—细砂岩(St/Sc/Sf)为主，砂层厚度一般在4～10m之间，岩石中含大量呈纹层状分布炭屑，偶见定向排列的泥砾，上下都为泥质细粒沉积物所包围。单一水下分流河道沉积在垂向上表现为明显的正粒序，底部为中细砂岩，发育不明显的冲刷面，向上过渡为粉砂岩、细砂岩，发育小型交错层理和平行层理。分支河道砂岩在自然伽马和视电阻率曲线上表现为箱型或钟型的特征。

2. 堤岸亚相

网状河流体系广泛发育堤岸沉积，按其沉积物特征可识别出天然堤和决口扇两种微相类型。

1)天然堤

天然堤发育于河道两侧，地貌上呈突起，多生长植物。洪水期河流漫过天然堤形成越岸沉积，岩性以泥质粉砂岩(Ms)、粉砂岩、细砂岩(Sf)为主，含植物碎片，发育透镜状层理、波状层理和水平层理等。垂向上天然堤以泥质粉砂岩和粉砂岩沉积为主，夹细砂岩薄层，粒度变化不明显，侧向上随着与河道距离增加粒度减小。测井曲线显示锯齿状低值，偶见尖峰状高值。

2)决口扇

决口扇是天然堤岸决口在泛滥盆地中形成的一种越岸扇状沉积物。研究区内决口扇不发育，只有个别钻孔中出现。岩性以中细砂岩(St/Sb)和砂质泥岩(Ms)为主，垂向上过表现为明显的正韵律特征，底部可见小型的冲刷面。

3. 泛滥平原亚相

在网状河体系中，发育面积最广阔的是泛滥平原沉积，网状分支河道穿插迂回在泛滥平原上。根据沉积物特征可划分为河漫湖泊、泥炭沼泽和泛滥平原3种微相类型。

1)河漫湖泊

河漫湖泊是泛滥平原中低洼积水地带，与正常湖泊相比，它的规模小，水体浅(1～3m)，发育时间短，受河道的影响较大，常被河道带来的碎屑沉积物淤浅成泥炭沼泽或被河道占据。河漫湖泊以悬浮沉积为主，岩性主要为深灰色泥岩和粉砂质泥岩(Ms/Mf/Mh)，偶夹粉砂岩、细砂岩和碳质泥岩薄层，发育水平纹理、透镜状层理等，岩石中多见植物叶片化石，局部可见生物扰动构造。

2)泥炭沼泽

河漫沼泽分布于分支河道和河漫湖泊之间的湿地环境。这里具有较高的地下水位，有利于植物生长，常被密集的植被覆盖，形成碳质泥岩和煤层(C)沉积，湿地沼泽形成的煤层厚度一般为3～5m，最厚不超过8m，煤层中频繁出现泥质和砂质夹矸层，横向连续性较好。

3)泛滥平原

泛滥平原发育于分支流河道之间，主要是洪水期水漫过天然堤在泛滥盆地中形成的细粒沉积，岩性主要为灰色泥岩、粉砂质泥岩或泥质粉砂岩(Mc/Ms)，偶见透镜状层理和压扁层理，厚度一般小于5m，多见植物叶片化石和炭屑。

第三节 沉积体系的空间配置

依据准东煤田岩石相、沉积体系和层序地层分析，准东煤田西山窑组（SQ4）沉积期岩相古地理总体属于温暖、潮湿的山前滨浅湖-泥炭沼泽环境。物源主要来自煤田东北部的克拉美丽山。本次以准层序组为研究单元揭示沉积体系的空间展布和垂向演化特征。

一、低位体系域

西山窑组（SQ4）的低位体系域厚度相对较薄，发育一个准层序组（PSS1）。低位体系域处于盆地长期基准面下降期，基准面下降导致河流作用加强，所形成的 PSS1 进积准层序组主要由辫状河冲积平原和浅水辫状河三角洲沉积体系构成，发育西山窑组 B0 煤组。物源水系从研究区东北部的克拉美丽山所携带的大量碎屑沉积物向南部湖泊推进，湖面向研究区南部收缩，局部被分割成孤立的蓄水洼地。煤田北部主要形成辫状河冲积平原，个别钻孔揭露西山窑组底部与三工河组呈侵蚀不整合接触，见冲刷侵蚀面，发育大量砾岩（砾石直径达 70mm 以上）、砂砾岩等河道滞留沉积和砂岩等粗碎屑物沉积。研究区南部主要发育辫状河三角洲和滨浅湖沉积，多数钻孔揭露西山窑组底部与下伏三工河组为整合接触，发育完整的河口坝砂岩，显示明显的倒粒序旋回特征，沉积物粒度也比研究区北部细。根据控制性钻孔揭露，PSS1 进积准层序组在整个研究区内都有发育，厚度一般为 20～60m，其中在东北部和西北部最厚，粗碎屑沉积物厚度最大可达 80m，向南部、西南部逐渐变薄，最薄处仅为数米，也说明物源区主要在研究区北西和北东方向。

二、湖扩体系域

湖扩体系域由 2 个准层序组（PSS2 和 PSS3）构成。湖扩体系域形成时期，基准面（湖平面）由下降转为逐渐上升，物源碎屑供应相对减少，准层序组具退积特征。退积准层序组 PSS2 形成于湖扩体系域早期，主要发育沼泽和滨浅湖泥岩沉积和少量的辫状河粗碎屑物沉积。随着湖盆淤浅，坡度减小，沉积物供应大大减少，上升的基准面最终使淤浅的湖盆处于浅覆水或周期性覆水状态，在温暖潮湿的气候条件下普遍沼泽化，形成全区较为发育的 B1 煤。辫状河流形成的粗碎屑物此时主要分布在研究区的东北部部分地区。PSS2 晚期，在该煤田的东南部由于基底的快速沉降，可容纳空间的快速增长，湖水淹没泥炭沼泽，聚煤作用终止。

PSS3 早中期，该煤田的东南部处于浅覆水状态，此时广泛发育滨浅湖沉积，中晚期河流作用再次加强，广泛发育辫状河流、辫状河三角洲和滨浅湖沉积（图 4-3-1）；中部、西部和北部局部被水淹，形成薄的泥岩、碳质泥岩和粉砂岩。辫状河流主要分布在该煤田东部北侧，辫状河三角洲和滨浅湖沉积分布于南部，沉积物主要来自东北侧。PSS3 晚期，湖盆再次淤浅而普遍沼泽化，形成 B2 煤层。PSS3 末期，湖平面再次大面积扩张，淹没整个煤田，但在该煤田中部仅局部被淹，形成薄的泥岩或碳质泥岩夹层。

三、高位体系域

高位体系域发育 4 个准层序组（PSS4～PSS7）。PSS4 发育于高位体系域早期以加积准层序为主，沿煤田北部边界发育辫状河三角洲（图 4-3-2），泥炭沼泽形成于辫状河三角洲平原和浅湖环境；在该煤田的中部和中西部，主要发育泥炭沼泽；西部发育辫状河三角洲，泥炭沼泽形成于辫状河三角洲平原和浅湖环境。该准层序顶部发育广泛分布的 B3 煤层。

PSS5 和 PSS6 准层序组发育高位体系域中期，以加积准层序为主，主要发育网状河和浅湖沉积体系（图 4-3-3）。在该煤田的东南部网状河发育，所形成的煤层相对较薄，分叉合并频繁；中部、西部和北部主要发育泥炭沼泽。

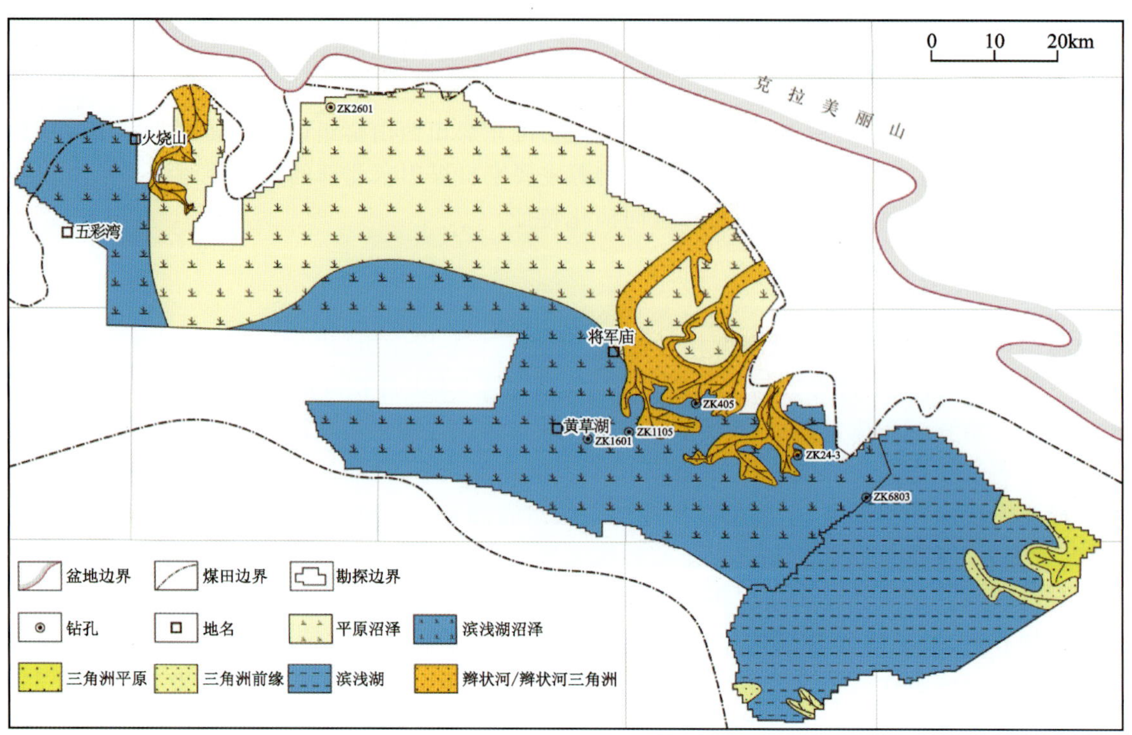

图 4-3-1 准东煤田 PSS3 沉积期沉积体系展布特征

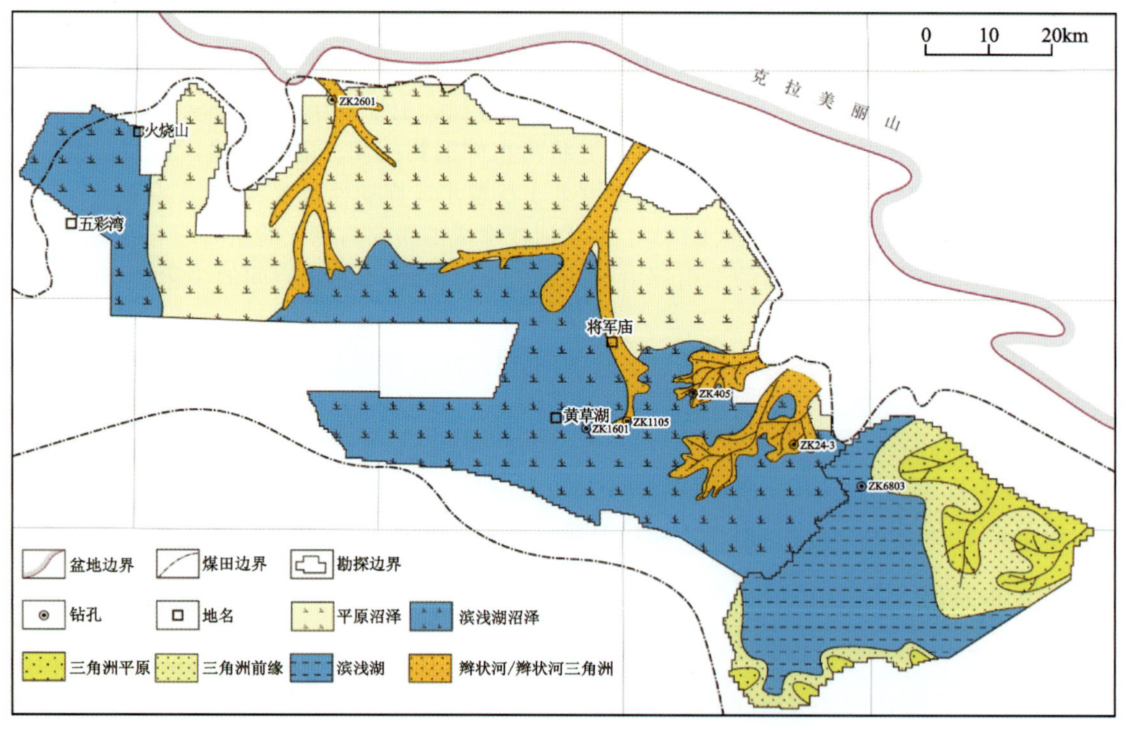

图 4-3-2 准东煤田 PSS4 沉积期沉积体系展布

PSS7 准层序组发育于高位体系域晚期，河流的进积作用明显加强，广泛发育辫状河三角洲、滨浅湖相泥岩和粉砂质泥岩沉积。

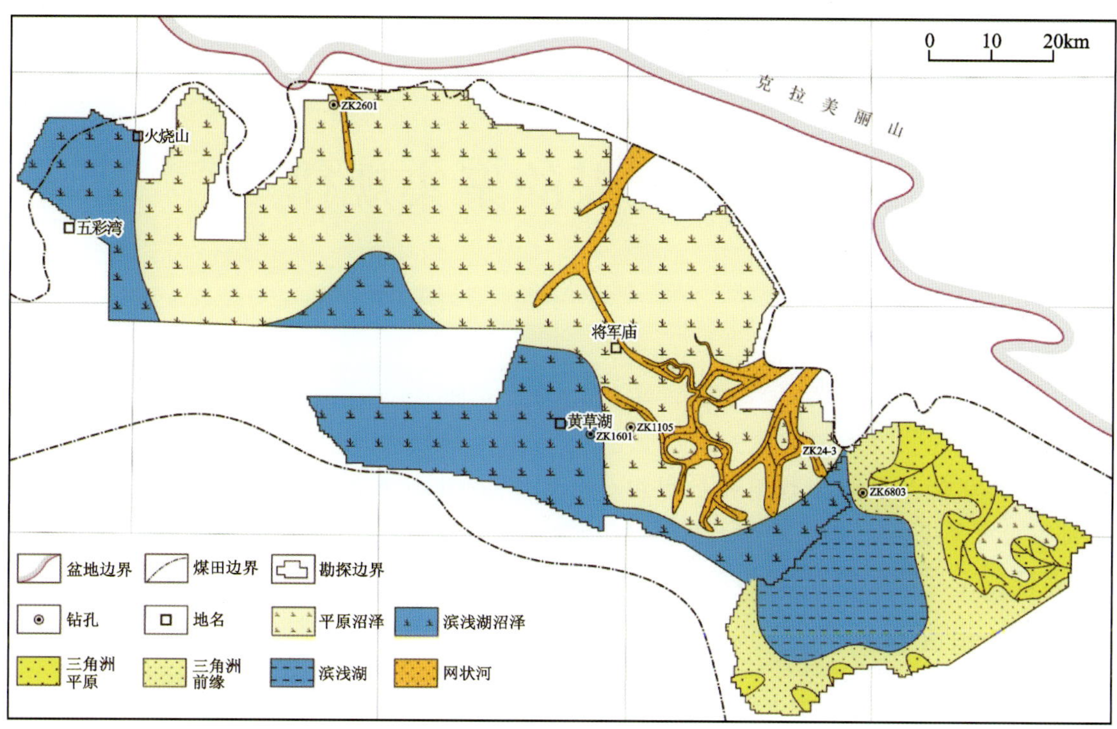

图 4-3-3 准东煤田 PSS5+PSS6 沉积期沉积体系展布

第五章 煤的聚集规律

第一节 含煤性特征

准东煤田共发育A煤组、B煤组和C煤组3个含煤组，其中A煤组赋存于八道湾组，为次要含煤组，仅局部发育可采煤层；B煤组赋存于西山窑组，为主要含煤组，全区发育可采煤层；C煤组赋存于石树沟群下亚群，为次要含煤组，局部发育薄煤层，不具工业开发价值。

一、八道湾组A煤组

A煤组多出现于八道湾组中上部，煤层横向分布不稳定，常呈透镜状分布。五彩湾矿区的沙丘河—火烧山一带煤层发育较好，含煤1～8层，局部可采1～3层，可采总厚度0.83～13.04m。另外，大井矿区含煤1～4层，可采1层，可采总厚度0.85～5.98m；将军庙矿区含煤1～4层，可采1层，可采总厚度1.40～4.15m；西黑山矿区含煤1～2层，可采1层，可采总厚度0.98～4.70m；老君庙矿区含煤1～2层，可采1～2层，可采总厚度0.80～12.27m；梧桐窝子勘查区含煤1～4层，可采1～2层，可采总厚度0.85～6.35m(表5-1-1)。这些可采煤层以薄—中厚煤层为主，一般不含夹矸或含1～2层夹矸，结构较简单，属局部可采的不稳定煤层。

表5-1-1 准东煤田八道湾组含煤特征

矿区/勘查区	地层厚度(m)	煤层层数	煤层厚度(m)	可采层数	主要可采煤层	可采厚度(m)
五彩湾	302.01～371.15	1～8	0.60～15.88	1～3	A2、A1	0.83～13.04
大井	6.60～151.41	1～4	0.25～5.98	1	A2	0.85～5.98
将军庙	19.69～158.30	1～4	0.50～5.18	1	A2	1.40～4.15
西黑山	47.71～95.91	1～2	0.30～6.24	1	A2	0.98～4.70
老君庙	3.44～128.18	1～2	0.45～12.57	1～2	A2、A1	0.80～12.27
梧桐窝子	33.60～120.23	1～4	0.30～7.69	1～2	A2、A1	0.85～6.35

二、西山窑组B煤组

B煤组是准东煤田的主要煤层组，全区可采。研究区内，煤层层数和厚度横向变化大，煤层层数范围1～30层，煤层厚度0.35～96.44m。总体来看，由西向东煤层层数明显增多，单层煤层厚度变薄。以大井矿区最佳，五彩湾矿区和西黑山矿区次之，老君庙矿区再次之，梧桐窝子勘查区最差(表5-1-2)。

1.五彩湾矿区

含煤层1～7层，煤层累计厚度0.35～88.30m，平均累计总厚度60.15m。其中可采煤层1～3层

(B2、B1、B0)，累计厚度1.17～87.36m，平均可采厚度54.83m，局部合并为1层，最厚可达87.4m(表5-1-2)。可采煤层层数在中部相对较多(1～4层)，向东、西和南方向减少(1～2层)(图5-1-1)。可采煤层累计厚度东部最厚，向南和西厚度明显变薄(图5-1-2)。可采煤间距小，含夹矸1～3层，结构简单—较简单，为全区厚度稳定的巨厚煤层。

表5-1-2 准东煤田西山窑组含煤特征

矿区/勘查区	地层厚度(m) 平均厚度(m)	煤层层数	煤层厚度(m) 平均厚度(m)	可采层数	主要可对比煤层	可采厚度(m) 平均厚度(m)
五彩湾	36.92～197.92 136.08	1～7	0.35～88.30 60.15	1～3	B2、B1	1.17～87.36 54.83
大井	18.86～176.69 99.42	1～12	0.42～96.44 57.16	1～4	B2、B1	1.12～79.84 51.13
将军庙	45.0～308.0 151.0	1～10	0.35～70.53 47.76	1～4	B5、B3、B2、B1	0.80～56.92 43.34
西黑山	127.78～290.39 197.74	40	0.35～72.43 53.08	7	B6、B3、B2、B1	0.80～65.83 49.77
老君庙	17.46～385.52 220.49	26	28.23 (平均)	2～17	B7、B4、B3、B1	27.85(平均)
梧桐窝子	131.41～360.36 224.07	38	19.64 (平均)	17	B21、B18、B15、B12	15.69(平均)

2. 大井矿区

含煤层1～12层，煤层累计厚度0.42～96.44m，平均累计总厚度57.16m。其中可采煤层1～4层，主要可采煤层2层，累计厚度1.12～79.84m，平均可采厚度51.13m(表5-1-2)。在矿区中部合并为1层巨厚煤层，单层厚度可达79.84m。可采煤层层数中部少，1～2层；西部增多可达4～7层；东部2～4层(图5-1-1)。可采煤层累计厚度中东部最厚，向北、南和东厚度明显变薄(图5-1-2)。煤层结构简单—较简单，为全区可采的稳定—较稳定巨厚煤层。

3. 将军庙矿区

含煤层1～10层，煤层累计厚度0.35～70.53m，平均累计总厚度47.76m。其中可采煤层1～4层，主要可采煤层2层，累计厚度0.80～56.92m，平均可采厚度43.34m(表5-1-2)。可采煤层层数西部少(1～2层)，局部合并为单一巨厚煤层；东部增多，可达4～7层，局部可达7～10层(图5-1-1)。可采煤层累计厚度西部相对较薄、东部相对较厚(图5-1-2)。煤层结构简单—复杂，为全区可采的较稳定巨厚煤层和厚煤层。

4. 西黑山矿区

含煤层40层，煤层累计厚度0.35～72.43m，平均累计总厚度53.08m。其中可采—局部可采煤层7层，累计厚度0.80～65.83m，平均可采厚度49.77m(表5-1-2)。可采煤层层数大部分区域都在4层以上，局部达10余层(图5-1-1)。可采煤层累计厚度西部相对较厚、东部相对较薄(图5-1-2)。其中B1煤层平均可采厚度13.08m，结构简单—较复杂，为大部可采的稳定—较稳定煤层；B2煤层平均可采厚度11.57m，结构简单—较复杂，为大部可采的稳定—较稳定煤层；B3煤层平均可采厚度7.48m，结构简

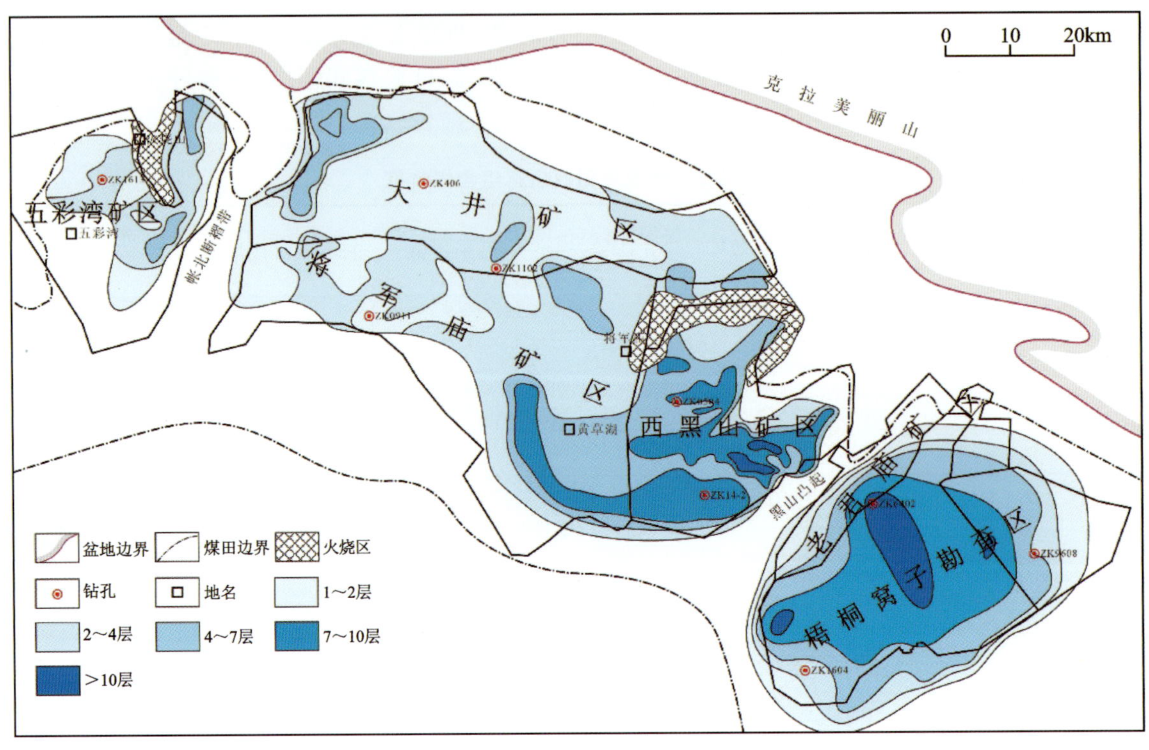

图 5-1-1 准东煤田西山窑组煤层层数分布图

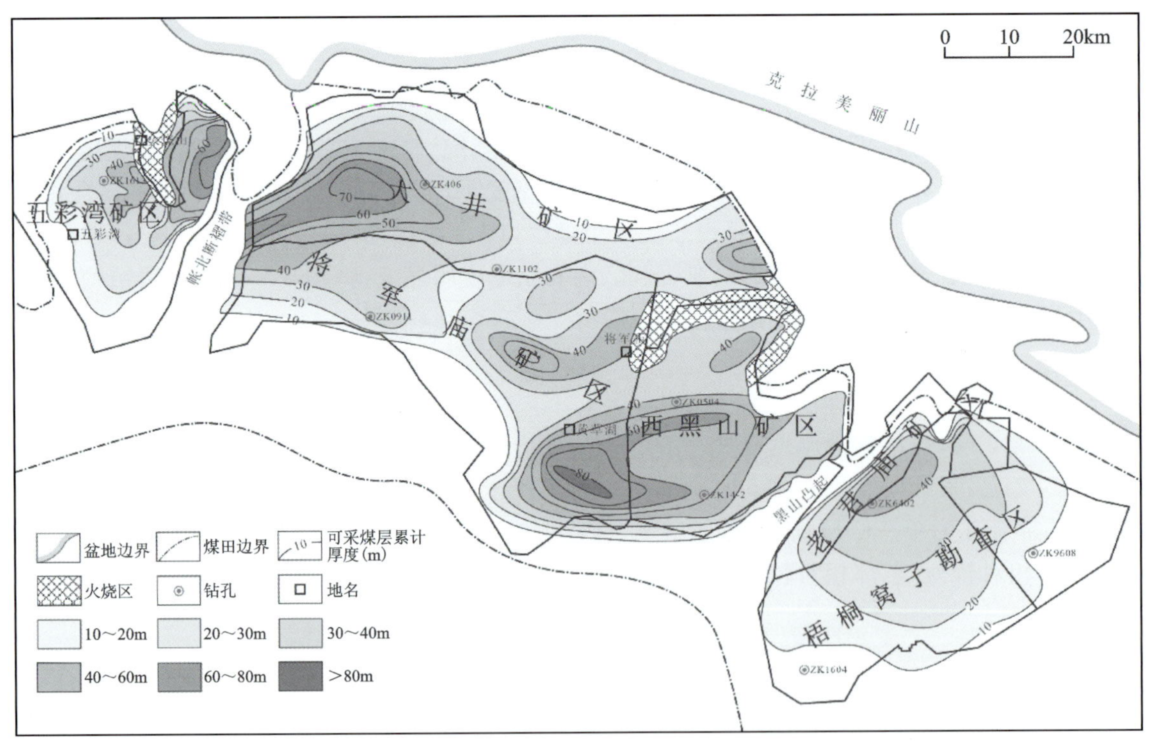

图 5-1-2 准东煤田西山窑组可采煤层累计厚度图

单一较复杂，为大部可采的稳定—较稳定煤层；B4 煤层平均可采厚度 5.89m，结构简单—较复杂，为大部可采的较稳定—不稳定煤层；B5 煤层平均可采厚度 6.82m，结构简单—较复杂，为大部可采的较稳定—不稳定煤层；B6 煤层平均可采厚度 8.57m，结构简单，为大部可采的稳定—较稳定煤层。

5. 老君庙矿区

含煤层 26 层，煤层平均累计总厚度 28.23m。其中可采—局部可采煤层 2～17 层，平均可采厚度 27.85m。自矿区边缘向中部，煤层层数明显增多(图 5-1-1)。可采煤层厚度在矿区中部最厚，向北东和南西方向减薄(图 5-1-2)。B1 煤层平均可采厚度 9.71m，结构复杂，为全区—大部可采的稳定—较稳定煤层。

6. 梧桐窝子勘查区

含煤层 38 层，煤层平均累计总厚度 19.64m。其中可采—局部可采煤层 17 层，平均可采厚度 15.69m。北部及东部煤层较厚，含煤 11～13 层，向南西煤层变薄变少，仅含煤 2 层(图 5-1-1)。可采煤层厚度西北部较厚，往南东方向呈减薄趋势(图 5-1-2)。B1 煤层平均可采厚度 1.72m，结构简单—较简单，为大部可采的较稳定煤层；B12 煤层平均可采厚度 2.90m，结构简单—复杂，为全区—大部可采的较稳定煤层；B12′煤层平均可采厚度 3.21m，结构较简单—复杂，为全区可采的较稳定煤层；B15 煤层平均可采厚度 2.99m，结构简单—复杂，为全区—大部可采的较稳定煤层；B15′煤层平均可采厚度 2.96m，结构较简单，为全区可采的较稳定煤层；B17 煤层平均可采厚度 2.49m，结构简单，为全区—大部可采的较稳定煤层；B18 煤层平均可采厚度 3.95m，结构简单，为全区—大部可采的较稳定煤层。

三、石树沟群 C 煤组

C 煤组为准东煤田次要煤组，在该煤田内分布不稳定，呈透镜状断续分布。在五彩湾矿区含煤 1～4 层，局部可采 1～2 层，可采总厚度 0.80～2.35m，平均可采厚度 1.98m；大井矿区含煤 1～2 层，局部可采 1 层，可采厚度 0.80～2.67m，平均可采厚度 1.38m；将军庙矿区含煤 1～2 层，局部可采 1 层，可采厚度 0.80～2.26m，平均可采厚度 1.53m；西黑山矿区含煤 1 层，煤层厚度 0.27～0.61m，为不可采煤层；老君庙矿区含煤 1 层，局部可采，可采厚度 0.80～4.83m，平均可采厚度 1.78m；梧桐窝子勘查区含煤 1～2 层，局部可采 1 层，可采厚度 0.85～6.84m，平均可采厚度 3.46m(表 5-1-3)。

表 5-1-3 准东煤田石树沟组含煤特征

矿区/勘查区	地层厚度(m) 平均厚度(m)	煤层层数	煤层厚度(m) 平均厚度(m)	可采层数	主要可采煤层	可采厚度(m) 平均厚度(m)
五彩湾	45.71～241.07 126.29	1～4	0.59～4.29 2.58	1～2	C1	0.80～2.35 1.98
大井	18.09～372.14 215.89	1～2	0.32～2.67 1.84	1	C1	0.80～2.67 1.38
将军庙	43～404 226	1～2	0.30～3.03 0.87	1	C1	0.80～2.26 1.53
西黑山	253.41～495.14 368.56	1	0.27～0.61 0.44			
老君庙	4.3～618.81 150	1	0.30～4.83 2.55	1	C1	0.80～4.83 1.78
梧桐窝子	7.70～793.13 194.86	1～2	0.30～6.84 0.44	1	C1	0.85～6.84 3.46

第二节 煤层对比

在研究区不同矿区单井层序划分和全区层序地层格架对比的基础上，对全区主要可采煤层进行对比(表 5-2-1)。从区域煤层发育特征来看，西山窑 B 煤组由 6 个煤层组组成(编号分别为 B1、B2、B3、B4、B5、B6，表 5-2-1)。在五彩湾、大井和将军庙矿区西部，主要可采煤层组为 2 个，编号为 B1 和 B2，局部区域这两个煤层组合并为单一的巨厚煤层。在西黑山矿区，主要可采煤层组为 6 个，编号为 B1、B2、B3、B4、B5、B6，B1 和 B2 相当于西部五彩湾和将军庙矿区西部、北部大井矿区 B1 煤层组，B3、B4、B5 和 B6 相当于西部五彩湾和将军庙矿区西部、北部大井矿区 B2 煤层组。老君庙和梧桐窝子矿区可采煤层层数多，横向稳定性差，多呈透镜状分布。总体来看，老君庙的的 B1 煤层和梧桐窝子的 B12 煤层相当于西黑山的 B1 煤层，老君庙的 B3 煤层和梧桐窝子的 B15 煤层相当于西黑山的 B2 煤层，老君庙的 B4 煤层和梧桐窝子的 B18 煤层相当于西黑山的 B4 煤层，老君庙的 B7 煤层和梧桐窝子的 B21 煤层相当于西黑山矿区的 B6 煤层(表 5-2-1)。

表 5-2-1　准东煤田西山窑组主要可采煤层对比

统一煤层编号	矿区/勘查区名称及各区原煤层编号					
	五彩湾矿区	大井矿区	将军庙矿区	西黑山矿区	老君庙矿区	梧桐窝子勘查区
高位体系域	B2	B2	B6	B6	B7	B21
				B5		
			B3	B4	B4	B18
				B3		
湖扩体系域	B1	B1	B2	B2	B3	B15
			B1	B1	B1	B12

基于大量勘探钻孔资料的统计和分析，绘制了准东煤田西山窑组可采煤层累计厚度图(图 5-1-2)和主要可采煤层厚度图(图 5-2-1、图 5-2-2、图 5-2-3、图 5-2-4)。准东煤田可采煤层累计厚度自煤田边缘向煤田中心增厚。以可采煤层累计厚度 40m 为阈值圈定富煤中心，自西向东准东煤田共出现 5 个富煤中心，分别为五彩湾矿区中东部、大井矿区西部、将军庙矿区中部、将军庙-西黑山矿区南部以及老君庙矿区(图 5-1-2)。

B1 煤层分布于整个准东煤田，在五彩湾、大井、将军庙、西黑山、老君庙矿区以及梧桐窝子勘查区 B1 煤层平均厚度为 18.21m、41.40m、18.42m、13.08m、10.51m 和 2.95m，呈现出煤田中西部高于东部的分布特征。五彩湾、大井、西黑山、将军庙、老君庙等矿区以巨厚煤层为主，局部为厚煤层、中厚煤层和薄煤层；在梧桐窝子勘查区以中厚煤层为主，局部为巨厚煤层、厚煤层和薄煤层(图 5-2-1)。

B2 煤层分布于整个准东煤田，在五彩湾、大井、将军庙、西黑山、老君庙矿区以及梧桐窝子勘查区 B2 煤层平均厚度为 32.62m、11.14m、3.88m、11.57m、4.85m 和 2.91m。在五彩湾和大井矿区，B2 煤层为厚煤层和巨厚煤层；在将军庙矿区和西黑山矿区以厚煤层和巨厚煤层为主，局部中厚煤层和薄煤层；在老君庙矿区以厚煤层为主，局部中厚煤层薄煤层和巨厚煤层；在梧桐窝子勘查区以中厚煤层和薄煤层为主，局部巨厚煤层和厚煤层(图 5-2-2)。

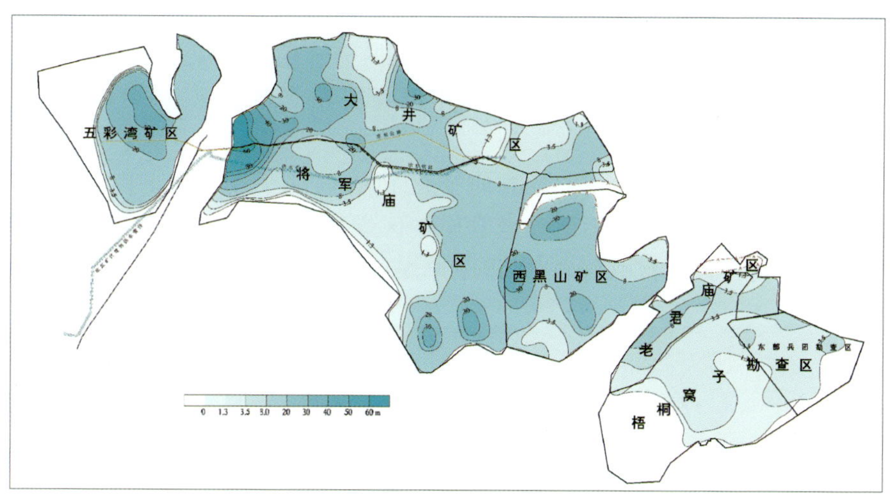

图 5-2-1 准东煤田 B1 煤层厚度等值线图

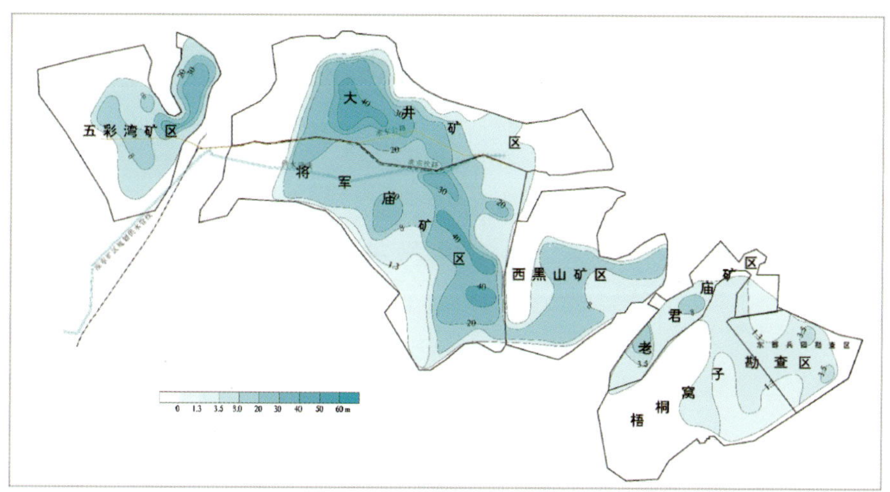

图 5-2-2 准东煤田 B2 煤层厚度图

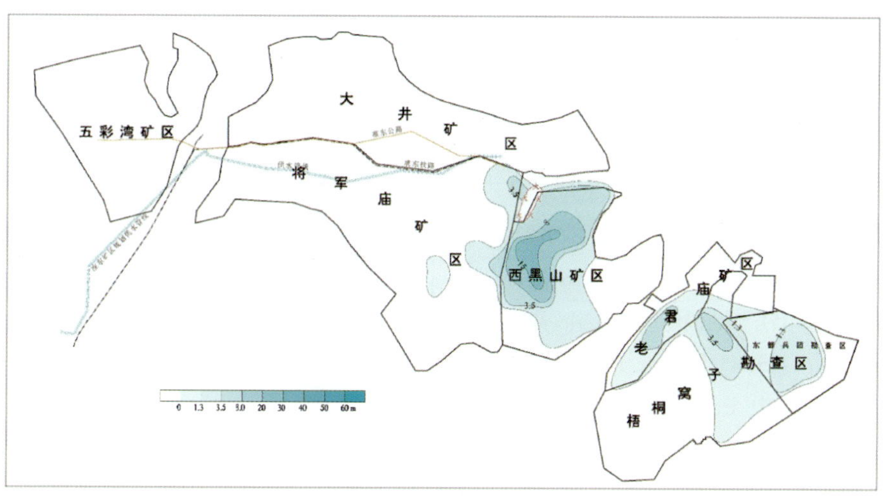

图 5-2-3 准东煤田 B3 煤层厚度图

B3 煤层主要分布在将军庙、西黑山、老君庙矿区以及梧桐窝子勘查区，平均厚度分别为 3.88m、7.48m、2.61m 和 4.60m。将军庙矿区、西黑山矿区和梧桐窝子勘查区煤层以厚煤层为主，局部为巨厚煤层、中厚煤层及薄煤层；老君庙矿区煤层较薄，以中厚煤层和薄煤层为主，局部为厚煤层和巨厚煤层（图 5-2-3）。

B6 煤层主要分布在将军庙、西黑山、老君庙矿区和梧桐窝子勘查区，平均厚度分别为 8.65m、7.99m、15.50m 和 2.47m。将军庙、西黑山和老君庙矿区煤层较厚，以巨厚煤层为主，局部为厚煤层和中厚煤层及薄煤层；梧桐窝子勘查区煤层较薄，以中厚煤层和薄煤层为主，局部为厚煤层（图 5-2-4）。

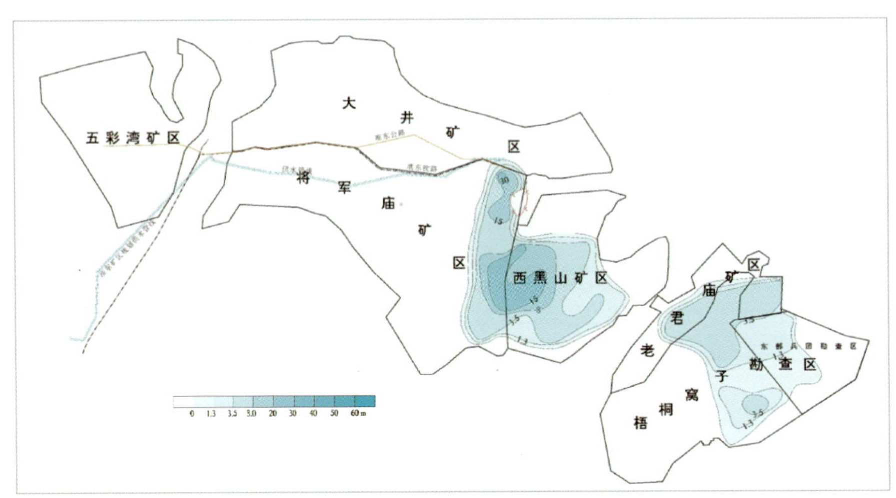

图 5-2-4　准东煤田 B6 煤层厚度图

第三节　层序格架下的聚煤特征

西山窑组 B 煤组全区广泛发育，但由于盆地不同部位基底沉降差异、湖平面变化和物源碎屑供应所引起的可容纳空间变化，在盆地的不同部位和演化阶段存在较大差异，其泥炭沼泽的聚集强度和垂向演化特征在该煤田的不同区域具有明显变化。

综合研究区西山窑组层序地层单元的划分、含煤性特征和煤层对比，西山窑组低位体系域（LST）由 PSS1 准层序组构成，发育 B0 煤组；湖扩体系域（EST）由 PSS2 和 PSS3 准层序组构成，分别发育 B1 煤组和 B2 煤组；高位体系域（HST）由 PSS4、PSS5、PSS6 和 PSS7 准层序组构成，其中 PSS4 准层序组发育 B3 煤组，PSS5 准层序组发育 B4 和 B5 煤组，PSS6 准层序组发育 B6 煤组（图 5-3-1）。

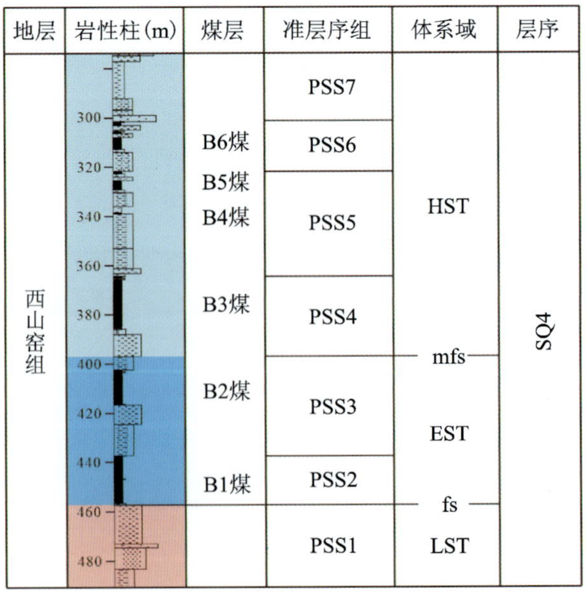

地层	岩性柱(m)	煤层	准层序组	体系域	层序
西山窑组	300–480		PSS7	HST	SQ4
		B6煤	PSS6		
		B5煤 B4煤	PSS5		
		B3煤	PSS4		
				mfs	
		B2煤	PSS3	EST	
		B1煤	PSS2		
				fs	
			PSS1	LST	

图 5-3-1　准东煤田西山窑组准层序组与相应煤层组

一、低位体系域与煤的聚集

低位体系域处于盆地周缘相对快速抬升，基准面（相对湖平面）下降期（图 5-3-2）。盆地边缘暴露，伴随着大规模的河流侵蚀下切以及向盆地方向推进，形成由辫状河及辫状河三角洲粗碎屑物组成的低位体系域进积准层序组（PSS1）。该时期沉积物供给速率超过盆地沉降速率，可容纳空间的增长速率低于沉积物的堆积速率，不利于泥炭沼泽的持续发育和形成广泛分布的厚煤层。局部的泥炭沼泽发育于废弃的辫状河三角洲平原。

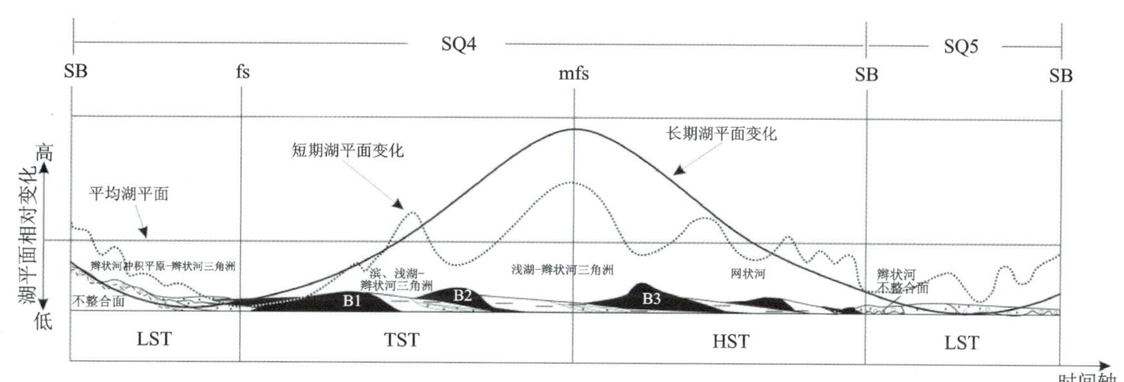

图 5-3-2 湖平面变化与聚煤作用的联系

发育于低位体系域的 B0 煤组主要分布在煤田的西部和南部，主要发育在废弃的辫状河三角洲平原上。该煤层组煤层厚度薄，横向分布不稳定，一般不具工业开采价值。

二、湖扩体系域与煤的聚集

湖扩体系域处于盆地整体沉降，基准面（相对湖平面）不断上升期（图 5-3-2）。在低位体系域晚期盆地淤浅的基础上，盆地水进，沉积物输入相对减少。如果该时期可容纳空间增长速率逐渐接近并略微超过泥炭堆积速率，逐渐上升的地下水位为泥炭的生成和保存提供了良好条件，有利于形成厚的泥炭聚集。随着水进不断向盆地边缘推进，泥炭沼泽不断向盆地边缘扩展。当盆地水进增快，可容纳空间增长速率超过泥炭堆积速率，会使泥炭沼泽淹没，形成浅湖沉积，而在垂向上出现多个含煤准层序。由于盆地内不同位置基底沉降速率的差异，在基底沉降速率相对低的区域，常有多个准层序煤层的叠加，形成厚煤层或巨厚煤层。

西山窑组湖扩体系域发育两个煤层组（B1 和 B2 煤组）。在煤田西部五彩湾矿区，B1 和 B2 煤组合并形成稳定分布的巨厚煤层（B1）（图 3-5-6），相对富煤中心位于该矿区的中部，向周边具有明显变薄的趋势（图 5-3-3）。在煤田中西部大井矿区，B1 和 B2 煤组局部合并形成厚煤层（B1），在大井矿区具有向北和向南分叉变薄的趋势（图 3-5-7），相对富煤中心位于大井矿区的西部，煤层最厚处可达 40m 以上（图 5-3-3）。在将军庙矿区的黄草湖、将军庙和南黄草湖勘探区这两个煤层组发育不稳定，分叉合并明显，局部合并形成厚煤层（图 3-5-8），富煤中心位于矿区东部地区（图 5-3-3）。在西黑山矿区的西黑山、岌岌湖和红沙泉勘探区，B1 和 B2 煤组为两个独立的煤层组，煤层发育稳定（图 3-5-9、图 3-5-10），富煤中心位于矿区西部（图 5-3-3）。在老君庙矿区和梧桐窝子勘查区，湖扩体系域煤层相对较薄，富煤中心位于老君庙矿区的中部（图 5-3-3）。

三、高位体系域与聚煤规律

高位体系域处于盆地构造活动相对稳定期，盆地整体沉降，基准面（相对湖平面）相对稳定（图 5-3-2）。

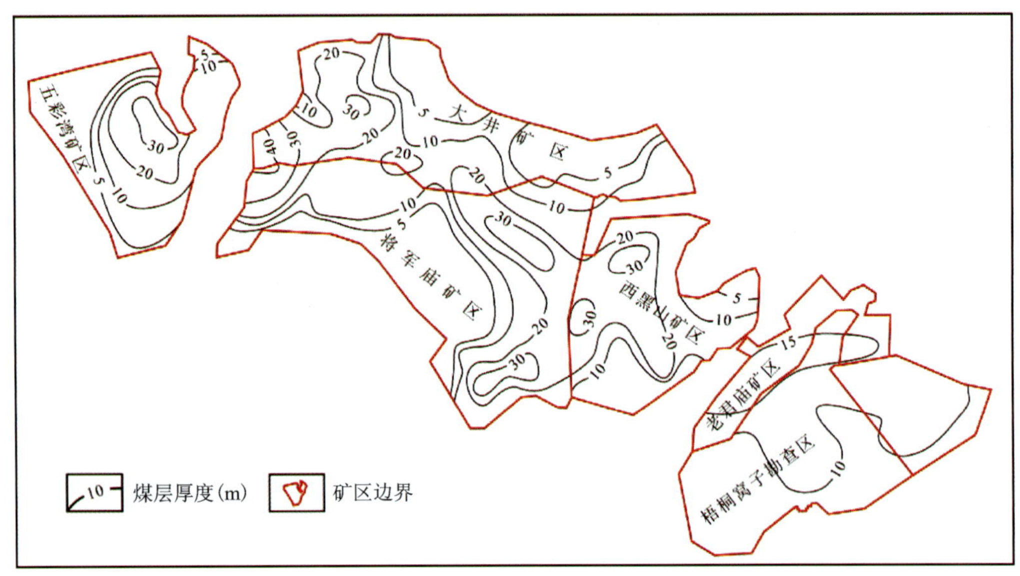

图 5-3-3　准东煤田西山窑组湖扩体系域煤层厚度等值线图

高位体系域早期，泥炭沼泽在靠盆地一侧由于短期的水进，易于使泥炭沼泽淹没，形成薄煤层或分叉煤层；靠盆地边缘一侧，或在基底沉降速率相对低的区域，形成厚—巨厚煤层。高位体系域晚期，基准面（相对湖平面）下降，一般形成相对薄的煤层，有时被上部低位体系域辫状河道冲刷侵蚀。

西山窑组高位体系域发育 4 个煤层组(B3、B4、B5、B6)(图 5-3-1)。这些煤层在五彩湾矿区、大井矿区西部合并形成厚—巨厚煤层(图 3-5-6、图 3-5-7)。对比于湖扩体系域聚煤中心，五彩湾矿区高位体系域富煤中心向东北迁移，但煤层具有向西和向南分叉变薄尖灭的趋势(图 5-3-4)。在大井矿区，富煤中心位置较湖扩体系域向北迁移(图 5-3-4)，煤层分布范围更广且更稳定，具有向北和向南分叉变薄尖灭的趋势(图 3-5-7)。在黄草湖、石浅滩和将军戈壁勘探区这些煤层组合并形成稳定分布的巨厚煤层，向南黄草湖、西黑山和红沙泉勘探区分叉变薄，形成相互独立的煤层组(图 3-5-8)。将军庙和西黑山矿区的富煤中心位于将军庙矿区东部和西黑山矿区西部，与湖扩体系域相比其聚煤程度更强(图 5-3-4)。在老君庙矿区，煤层常合并形成厚—巨厚煤层，向梧桐窝子勘查区煤层分叉和减薄(图 3-5-12)，富煤中心位于老君庙矿区的中部(图 5-3-4)。

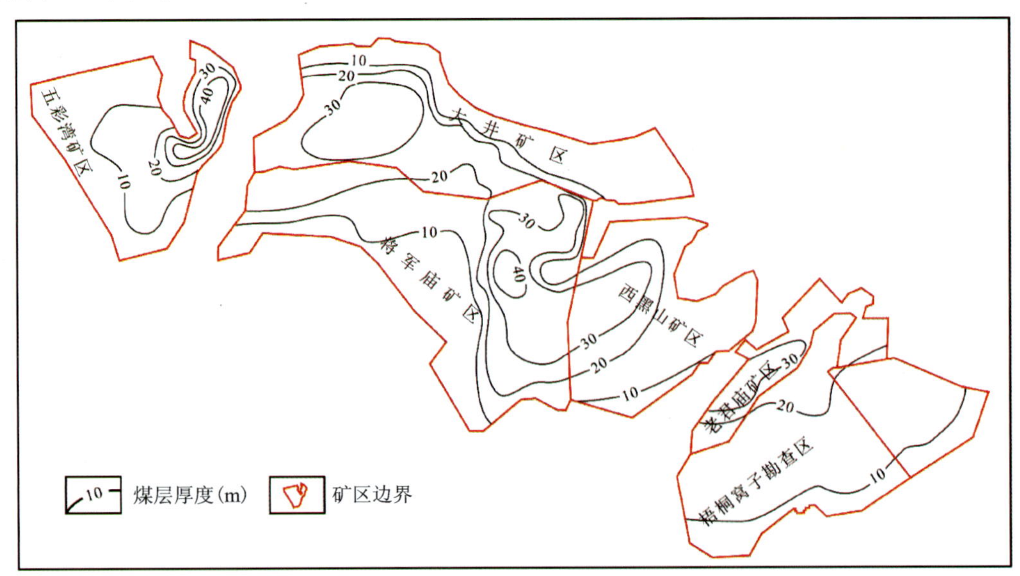

图 5-3-4　准东煤田西山窑组高位体系域煤层厚度图

由此可以看出，准东煤田西山窑组湖扩体系域和高位体系域的聚集规律具有下列特征。

(1)煤层主要发育在湖扩体系域和高位体系域，在湖扩体系域时期，随湖平面的不断上升，聚煤作用强度总体由盆内向边缘不断推进。在高位体系域，聚煤作用强度总体由盆缘向盆内迁移。

(2)高位体系域发育的煤层比湖扩体系域发育的煤层横向分布更稳定，分布面积更大。

(3)煤田内发育的坡折带对煤的聚集规律具有重要影响：在坡折带隆起区，煤层层数少，但单层煤厚度大；在坡折带凹陷区，煤层层数多，但单层煤厚度相对较薄。

第四节 聚煤作用控制因素

煤层是沼泽中的泥炭(死亡的植物残体)在适宜的气候、海(湖)平面变化、沉积古地理和构造条件下不断聚积的产物。泥炭沼泽中的植物残体(泥炭层)堆积并最终形成煤层取决于两个基本条件：①沼泽中繁盛的植物群落产生大量的泥炭；②泥炭层堆积要有充分的空间和良好的保存条件。西山窑组沉积期，准东煤田湖盆水浅，气候温暖潮湿，植物大量繁盛，为聚煤提供了重要的物质基础。泥炭堆积所需的空间和保存条件受构造沉降、湖平面变化和沉积物供给等因素的综合控制。

一、聚煤作用与湖平面变化的关系

泥炭沼泽的形成除必须具备适合的古气候和古植物群落外，水深条件起着关键性作用。泥炭的不断堆积和保存需要泥炭的生长速率与可容纳空间的增长速率保持好的一致性。近海含煤盆地的层序地层学研究表明海平面的周期性变化对煤层的形成起着重要的控制作用(Diessel，1992，1998，2007；Bohacs and Suter，1997；邵龙义 1999，2003；Diesseletal.，2000；李增学等，2000，2001)。一些陆相含煤盆地的研究也表明湖平面变化同样对煤层的形成起着重要的控制作用(李思田等，1995；杨明慧和夏文臣，1998；王双明和张玉平，1999；文怀军，2006；黄曼等，2007)。

湖平面的变化与海平面的变化相比，其影响和控制因素相对复杂，它与全球海平面的周期性变化没有明显的对应关系，主要受盆地形成演化的构造因素、古气候、物源供给条件等控制。准东煤田沉积作用具有多物源、近物源和沉积速率高等特点。西山窑组沉积期盆地基本处于淤浅阶段，盆地基底平坦，加之构造活动相对微弱(张朝军等，2006)，气候温暖潮湿(鲍志东等，2005；吴孔友等，2005)，湖平面的变化往往是湖盆快速扩张和淤浅萎缩的重要主控因素。在每一次相对湖平面由下降到上升的转折期可容纳空间增加速率逐渐接近或略高于泥炭堆积速率，从而在进积和退积转换期的三角洲平原或淤浅的滨浅湖区形成具有经济价值的煤层。例如，准东煤田的 B1 和 B2 煤层组就形成于相对湖平面下降和上升的转折期(图 5-3-2)。

湖平面的大面积萎缩与沉积物供给具有较大关系，河流带来的大量碎屑沉积物使盆地淤浅，为大面积泥炭沼泽发育提供了基底条件，在温暖潮湿的气候条件下繁盛的植物群落在淤浅的湖盆中滋生，形成大面积发育的湿地或干燥的森林沼泽，从而形成具有重要经济价值的煤层。沼泽发育后期，随着湖平面快速扩张，湖水漫过泥炭沼泽，聚煤作用终止。西山窑组含煤准层序组顶、底面一般以洪泛面为界，下部一般为滨、湖相泥岩或辫状河三角洲前缘水下沉积，向上逐渐淤浅，顶部发育区域稳定分布的煤层，煤层顶板多为湖相泥岩，代表成煤沼泽末期湖泊快速扩张，湖水淹没沼泽，聚煤作用终止。而湖平面快速扩张和萎缩也往往造成区域性厚煤层向盆地方向分叉变薄，甚至尖灭，而在盆地坡折位置，煤层合并加厚(图 5-4-1)。这也是为什么区域性分布的厚煤层往往沿着盆地坡折向陆一侧发育的原因。

二、聚煤作用与基底沉降的关系

基底沉降是盆地沉积充填的重要条件，如果没有基底沉降，有限的可容纳空间最终将被填满，先前

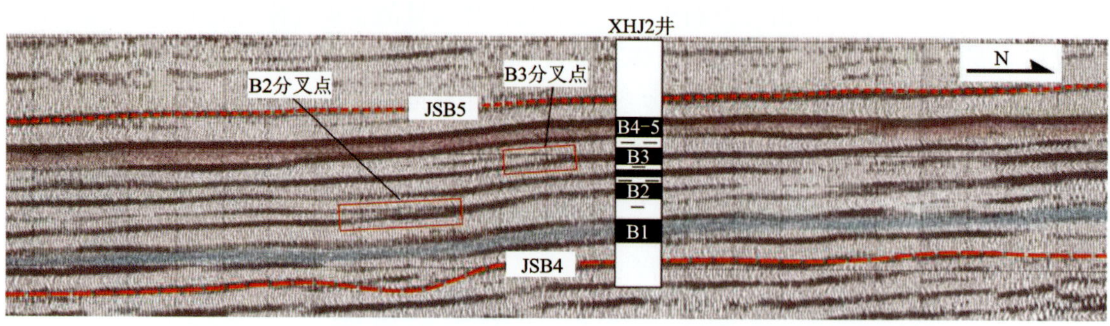

图 5-4-1 煤层在盆地坡折位置向盆地方向分叉尖灭、向陆方向合并加厚

的沉积物必定遭受后期剥蚀。泥炭沼泽中植物残体的堆积和保存除了要求泥炭层表面低于地下水以外，稳定的基底沉降条件必不可少。假定地下水位不变，当泥炭堆积速率超过构造沉速率时，低位富营养沼泽将逐渐演化为凸起的贫营养沼泽，最终泥炭层表面暴露在空气中遭受氧化，沼泽发育终止；反之，基底沉降将使泥炭沼泽区覆水或发育粗碎屑沉积物。

西山窑组沉积期准东煤田整体处于陆内坳陷盆地发育阶段，盆地沉降主要受重力均衡作用影响，基底沉降速率相对较低，有利于大面积聚煤作用的发生。西山窑组低位体系域时期，盆地基底整体沉降，地层厚度分布变化不大；湖扩体系域时期，煤田西南部盆地基底沉降速率相对较快，在煤田内部形成明显的坡折带(图 5-4-1)，在坡折带之下凹陷区，基底沉降相对较快，泥炭的生长速率低于基底沉降，沼泽常常被水淹，形成多个由无机碎屑成分构成的小层序，煤层层数多，单层厚度相对较薄；煤田西部和中部，以及东部的北侧处于坡折带之上，基底沉降相对较小，泥炭的生长速率与基底沉降保持好的一致性，有利于厚煤层的形成。

三、聚煤作用与沉积体系分布的关系

盆地可容纳空间的变化不仅与基底的构造沉降和湖平面的变化有关，而且受控于物源碎屑的供给，当物源碎屑供给量低于构造沉降和湖平面上升时，湖泊水体不断加深，反之湖泊水体不断变浅。因此，三角洲的不断建造和物源碎屑供给的减弱，都使湖泊水体变浅或冲积平原覆水而发育泥炭沼泽。在泥炭沼泽发育期间，物源碎屑体系的活动对泥炭沼泽的横向稳定性也产生重要影响，强烈的物源碎屑活动造成泥炭沼泽横向分布不稳定。

准东煤田在低位体系域时期，物源碎屑体系发育，形成广泛发育的辫状河冲积平原，泥炭沼泽持续时间短，横向分布不稳定。在湖扩体系域和高位体系域时期，煤田的西部和东部处于坡折带上部的隆起区，物源碎屑体系不发育，泥炭沼泽持续时间长，形成厚煤层和巨厚煤层。而在煤田的东部处于坡折带下部的凹陷区，物源碎屑体系发育，泥炭沼泽发育相对不稳定。

第六章　煤质特征

第一节　煤的岩石学特征

煤的岩石学特征可分为煤的宏观岩石学和显微岩石学特征，其中煤的宏观岩石类型和显微组分组成、结构构造、物理性质不仅是表征煤质特征的重要参数之一，也是研究煤的形成条件和成煤作用过程的重要参数，此外，其也可应用于煤层气储层评价、煤炭的洗选评价等方面。煤中显微组分组成及其含量特征对煤的化学性质具有重要影响。

此次研究除对大量煤田勘探钻孔样品测试结果的归纳、总结和分析外，选择不同勘探区的10口钻孔进行了系统的煤分层取样，并进行煤岩学、煤化学、矿物学、地球化学等的深度剖析，以便查明煤质的区域变化特征和空间分布规律。取样钻孔柱状见图6-1-1，取样钻孔的平面位置见图3-5-1。

一、煤的宏观岩石学特征

1. 煤的物理性质

准东煤田八道湾组、西山窑组和石树沟群各煤层的物理性质基本相同，煤呈黑色，块状，条痕灰黑色、黑褐色，暗淡光泽—沥青光泽，顺层面裂开可见丝绢光泽，断口具有平坦状、参差状和菱角状，节理不发育或较发育，煤较坚硬。

2. 宏观煤岩类型

八道湾组煤层的宏观煤岩类型在准东煤田东部主要为暗淡煤，在西部主要为光亮煤。宏观煤岩组分以暗煤为主，亮煤较少。

西山窑组煤层宏观煤岩类型以暗淡煤和半暗煤为主，半亮煤次之，夹少量光亮煤。暗淡煤多呈片状或叶片状，夹大量丝炭和少量镜煤线理。半暗煤具线理状结构和细条带状结构。半亮煤具中—细条带状结构。光亮煤具中—宽条带状结构。平面上，该煤田西部厚煤层以暗淡煤和半暗煤为主，夹少量的半亮煤和光亮煤；东部煤层以半暗煤为主，暗淡煤次之，夹少量光亮煤和半亮煤。如准东煤田东部西黑山勘探区ZK0402钻孔煤层的宏观煤岩类型垂向演化呈现出B1和B2煤组，煤层以半暗煤为主，镜煤通常呈线理状、细条带状或透镜状，含较多线理状丝炭，局部见泥质条带和泥质鲕粒；B3煤层宏观煤岩类型以暗淡煤为主，煤层中夹光亮煤薄层，含较多丝炭，少量镜煤条带，形成细条带状和线理状结构；B4-5煤组上部和下部为半暗煤，呈线理状—细条带状结构，中部为暗淡煤，呈片状结构，含较多线理状丝炭；顶部的B6煤层下部为线理状—细条带状结构的半暗煤，中部为线理状暗淡煤，顶部为细条带状的半亮煤(图6-1-2)。准东煤田西部五彩湾勘探区ZK1805钻孔发育1层巨厚煤层，煤层的宏观煤岩类型垂向演化呈现出下部煤层以半暗煤、暗淡煤和半亮煤为主，上部煤层以半暗煤为主，夹半暗煤和半亮煤(图6-1-3)。

石树沟群煤层宏观煤岩类型主要为暗淡煤，其宏观煤岩组分以暗煤为主，亮煤较少。

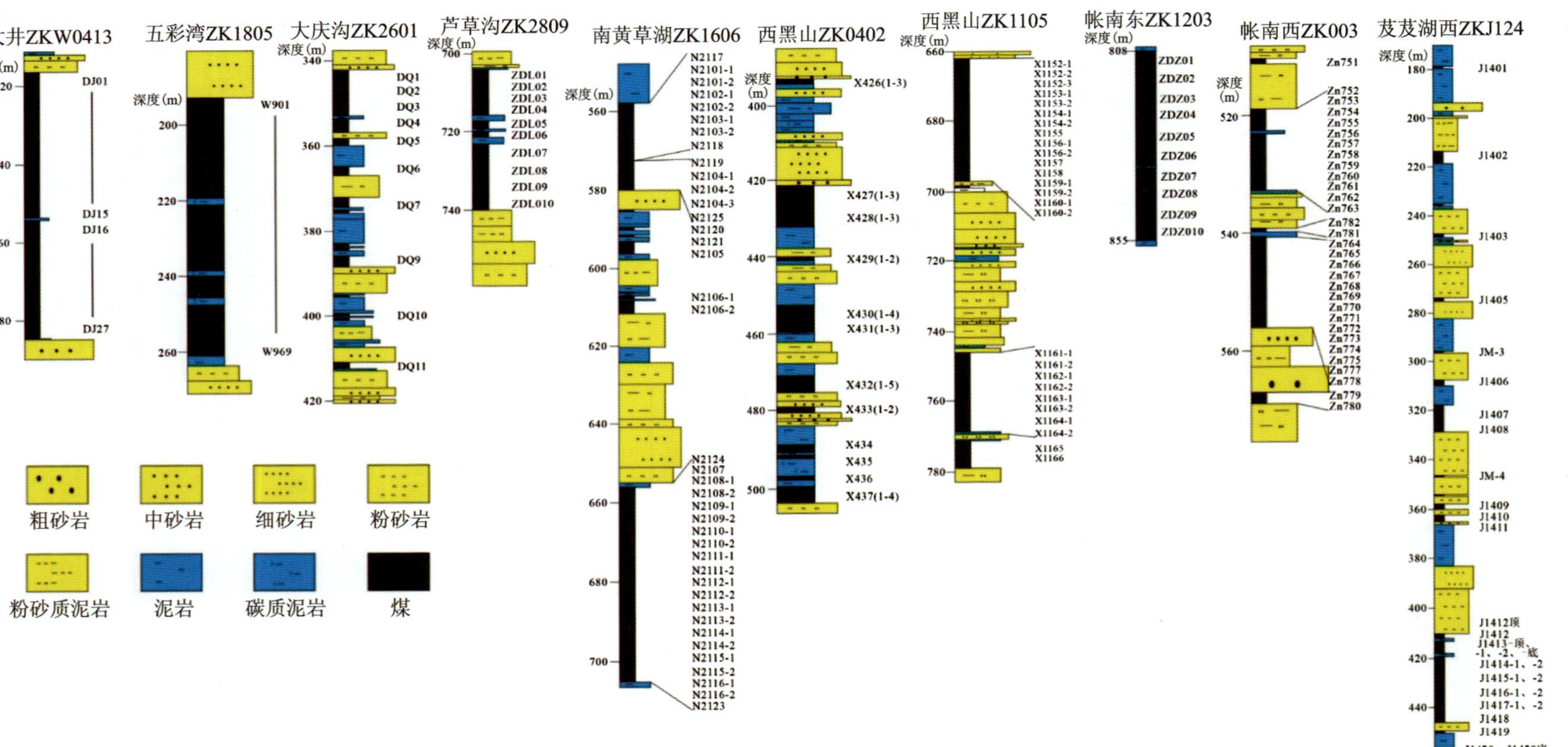

注：大井ZKW0413采自大井矿区大井勘探区，五彩湾ZK1805采自五彩湾矿区五彩湾勘探区，大庆沟ZK2601采自大井矿区大庆沟勘探区，南黄草湖ZK1606采自将军庙矿区南黄草湖勘探区，西黑山ZK0402采自西黑山矿区西黑山勘探区，西黑山ZK1105采自西黑山矿区西黑山勘探区，帐南东ZK1203采自将军庙矿区帐南东勘探区，帐南西ZK003采自五彩湾矿区帐南西勘探区，芨芨湖西ZKJ124采自西黑山矿区芨芨湖西勘探区。

图 6-1-1　准东煤田不同勘探区采样钻孔柱状及样品采集

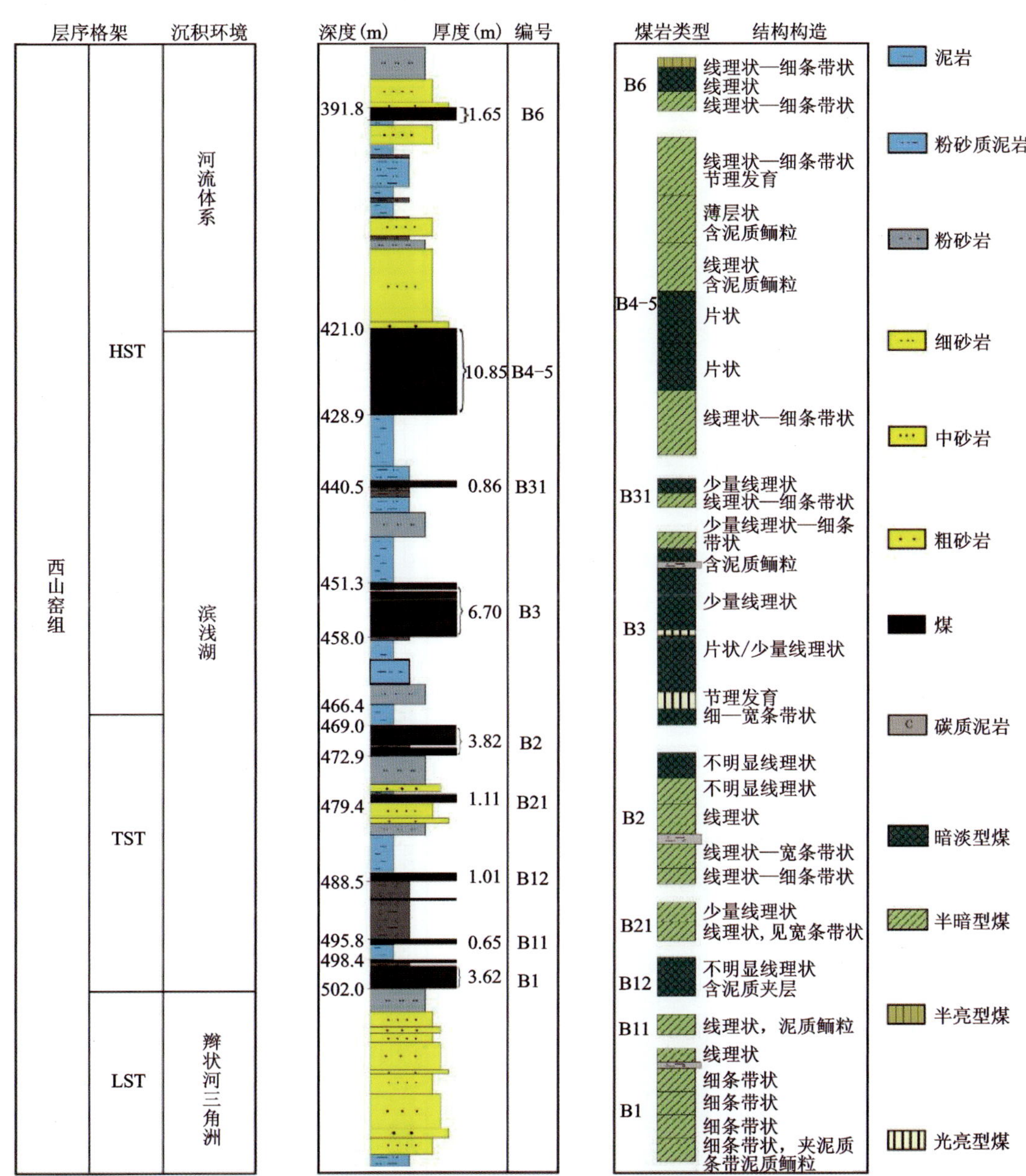

图 6-1-2 准东煤田西黑山勘探区 ZK0402 钻孔煤的宏观煤岩类型组成

二、煤的显微组分

1. 煤的显微组分组成

准东煤田勘探成果资料统计表明，八道湾组煤的显微组分主要由镜质组组成，其次为惰质组，壳质组含量很低；西山窑组煤中显微组分以惰质组为主，其次为镜质组，壳质组含量很低。例如五彩湾矿区八道湾组煤层的镜质组含量(体积分数)为 65.8%～80.5%(平均 72.8%)，高于西山窑组煤的镜质组含量(3.2%～76.6%，平均 26.4%)。

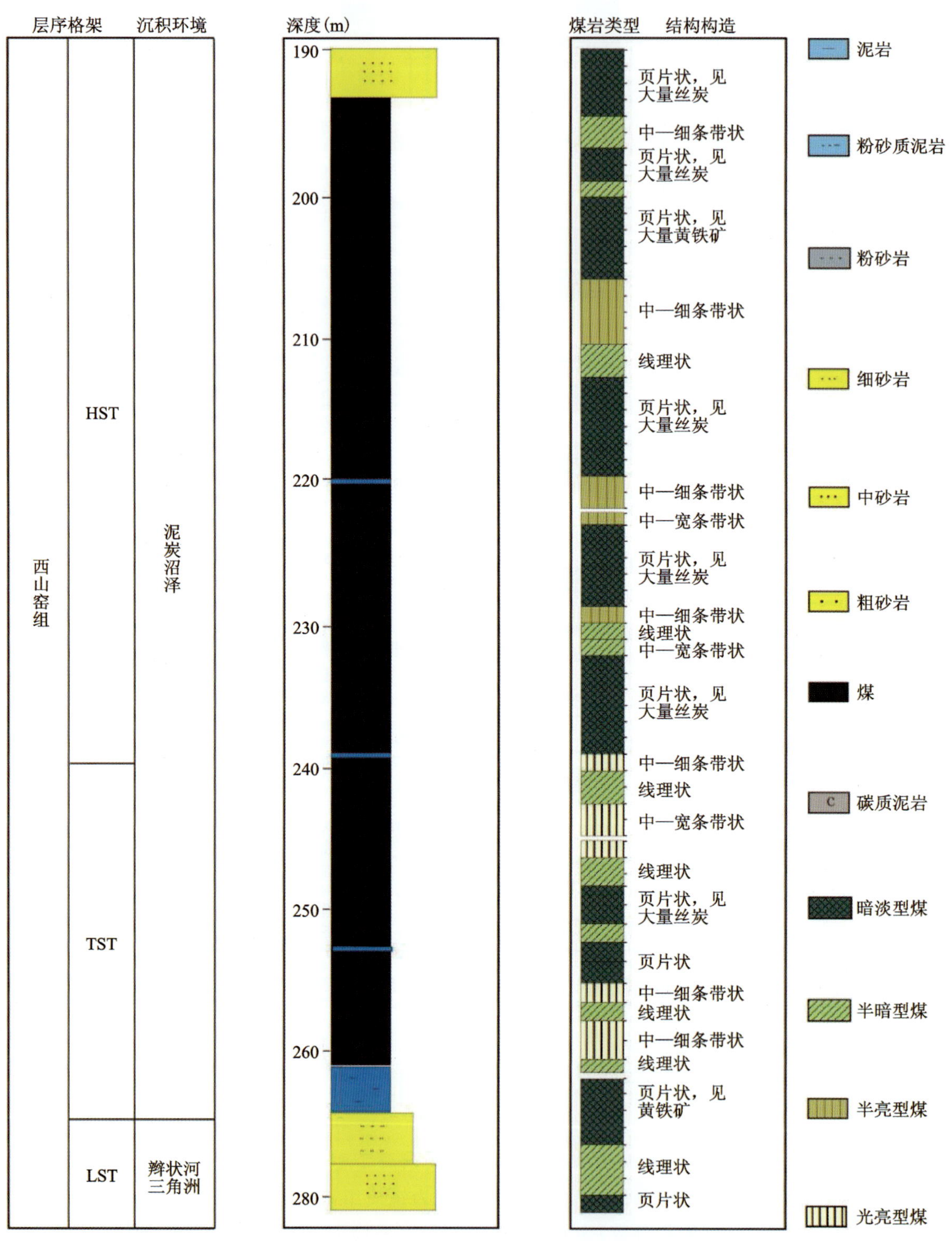

图 6-1-3 准东煤田五彩湾勘探区 ZK1805 钻孔煤的宏观煤岩类型组成

从准东煤田不同矿区/勘查区钻孔中西山窑组煤层的分层取样测试分析结果来看(表 6-1-1)，中部的大井矿区惰质组含量(体积分数)最高(70.6%)，向西部的大庆沟(64.0%)、五彩湾(63.5%)、帐南西

(64.0%)和芦草沟(57.7%),以及向东部的南黄草湖(59.0%)、西黑山(51.8%)和岌岌湖(46.1%)惰质组含量具明显的降低趋势,总体来看煤田西部惰质组含量高于煤田东部,镜质组含量具有与惰质组含量相反的分布特征。

表 6-1-1　准东煤田主要勘探区钻孔主要煤层显微组分平均含量(体积分数)　　单位:%

勘探区 钻孔	芦草沟勘探区 ZK2809			五彩湾勘探区 ZK1805			帐南西勘探区 ZK003			大庆沟勘探区 ZK2601			岌岌湖西勘探区 ZKJ124		
含量	最大	最小	平均	最大	最小	平均	最大	最小	平均	最大	最小	平均	最大	最小	平均
镜质组	79.9	28.3	42.1	71.7	14.7	36.5	66	14	35.0	48.9	15.7	36.0	91.7	25.6	53.9
惰质组	71.2	19.7	57.7	85.2	28.3	63.5	85	33	64.0	84.3	51.1	64.0	72.4	8.1	46.1
壳质组			<0.2			<0.2			<0.2				0.45	0.0	<0.2
勘探区 钻孔	大井勘探区 ZKW0413			南黄草湖勘探区 ZK1606			西黑山勘探区 ZK0402			西黑山勘探区 ZK1105					
含量	最大	最小	平均	最大	最小	平均	最大	最小	平均	最大	最小	平均			
镜质组	42	16	29.4	98.4	14.4	40.9	76.3	26.7	47.9	60	33	47			
惰质组	84	58	70.6	85.1	1.6	59.0	73.2	23.6	51.8	66	40	53			
壳质组			<0.2				2.3	0	0.2			<0.2			

准东煤田八道湾组和西山窑组煤中显微组分组成主要受控于盆地基底沉降速率。盆地基底的构造沉降速率不仅对泥炭的聚集起着重要的控制作用,而且对泥炭沼泽的覆水程度和类型起重要的控制作用。在具有伸展或前陆冲断陡坡带背景的盆地构造部位,与大型坳陷或前陆盆地的后隆区相比,具有相对高的基底沉降速率,当泥炭层的生长速率与基底构造沉降速率保持好的一致性时,泥炭沼泽覆水相对较深,泥炭层埋藏速率相对较快,所形成的煤层一般具有相对高的镜质组含量和灰分产率。例如,我国东北早白垩世、古近系和云南新近系断陷盆地中煤层的镜质组含量一般都在90%以上。在大型坳陷或前陆盆地的后隆区,盆地基底沉降速率较慢,泥炭覆水较浅,煤一般具有较高的惰质组含量。例如鄂尔多斯盆地侏罗系煤层中惰质组含量一般为20%~40%,局部可达60%以上。准东煤田西山窑组煤层具有相对高的惰质组含量,这与准东煤田处于隆起带具有相对慢的基底沉降速率有关。准东煤田东部西山窑组地层厚度明显大于中部和西部,表明煤田东部盆地基底沉降速率高于西部和中部,引起准东煤田中部大井和西部五彩湾矿区煤中惰质组含量高于东部煤中惰质组含量。同样的,准东煤田八道湾组沉积期盆地基底沉降速率高于西山窑组,故八道湾组煤中镜质组含量高于西山窑组。

2. 煤的显微组分垂向分布

此次对准东煤田不同勘探区的9口钻孔中西山窑组煤层的显微组分进行了定量统计,并对其垂向分布进行了分析。

1)芦草沟勘探区 ZK2809 钻孔

芦草沟勘探区位于五彩湾矿区。钻孔中煤的显微组分以惰质组含量为主,含量在19.7%~71.2%之间,平均为57.7%;镜质组含量次之,含量在28.3%~79.9%之间,平均为42.1%;壳质组含量不超过0.2%。镜质组以结构镜质体和基质镜质体为主,碎屑镜质体和均质镜质体次之,见少量团块镜质体和胶质镜质体。惰质组以丝质体和半丝质体为主,碎屑惰质体次之,见少量粗粒体和微粒体(图 6-1-4)。

芦草沟勘探区 ZK2809 钻孔发育1层厚煤层,该煤层中部夹3层夹矸层。煤层中部 ZDL06 分层样中镜质组含量高于惰质组含量,其他煤分层的显微组分以惰质组为主,镜质组次之(图 6-1-4)。总体而

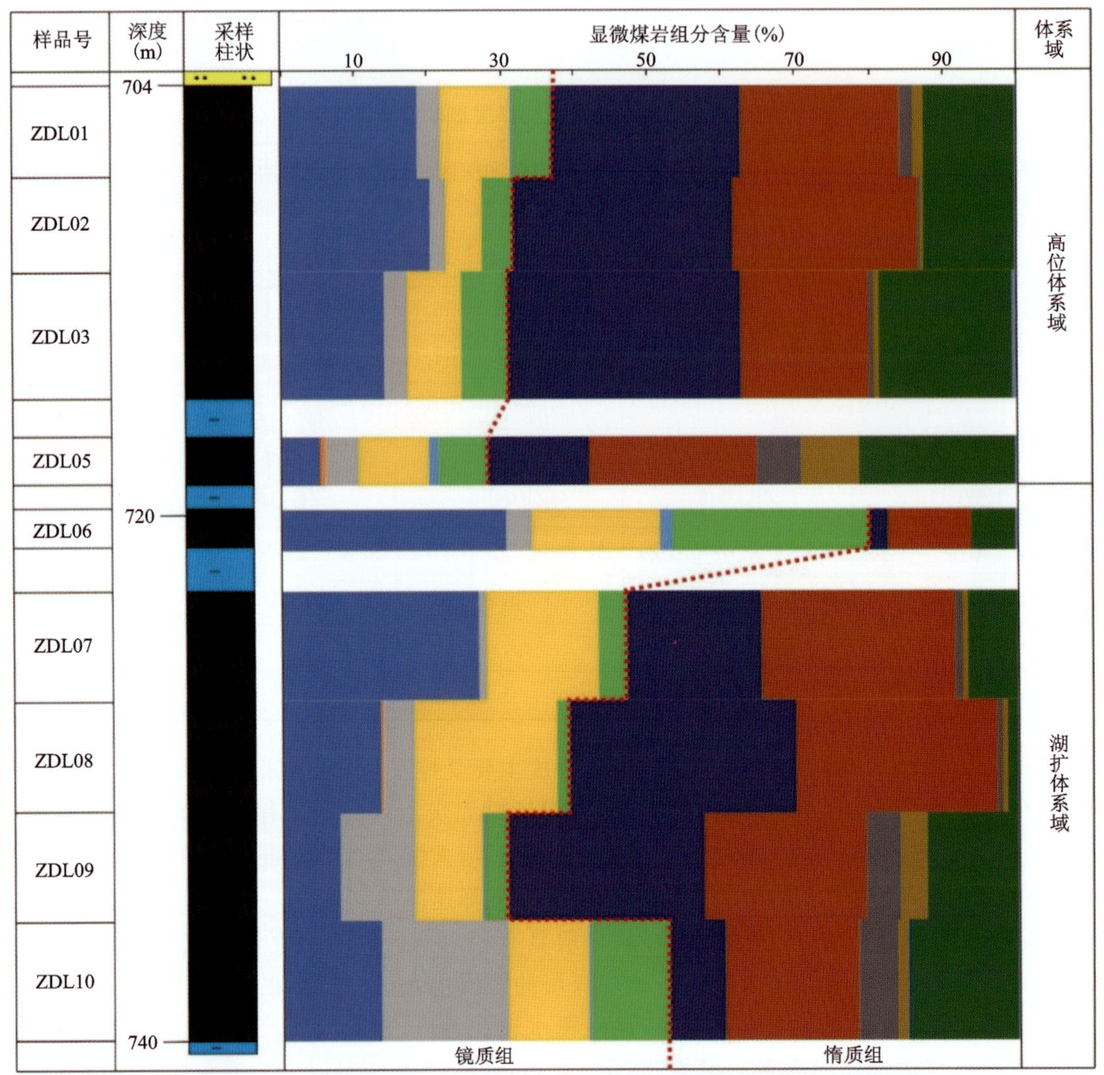

图 6-1-4 准东煤田芦草沟勘探区 ZK2809 钻孔煤层中的显微组分含量

言，下部煤层的镜质组含量高于上部煤层，此与下部煤层形成于湖扩体系域，沼泽覆水较深，而上部煤层形成于高位体系域，沼泽覆水相对较浅有关。下部煤层的镜质组含量自下而上呈现出增高的趋势，此与湖扩体系域形成期基准面上升湖盆水体加深有关；上部煤层镜质组含量无明显变化，此与高位体系域形成期湖盆沉积物处于加积和前积的堆叠方式有关。

2）五彩湾勘探区 ZK1805 钻孔

五彩湾勘探区位于五彩湾矿区。钻孔中煤的显微组分以惰质组含量占优势，含量在28.3%～85.2%之间，平均为63.5%；镜质组含量次之，含量在14.7%～71.7%之间，平均为36.5%；壳质组含量不超过1%。镜质组以结构镜质体和基质镜质体为主，均质镜质体和碎屑镜质体次之，见少量团块镜质体和胶质镜质体。结构镜质体细胞腔一般为空腔，少数充填胶质镜质体和微粒体。惰质组以半丝质体为主，细胞结构常见规则或不规则状，微粒体常成群充填在结构镜质体细胞腔中，丝质体和碎屑惰质体次之，见少量粗粒体和微粒体，偶见菌类体（图 6-1-5）。

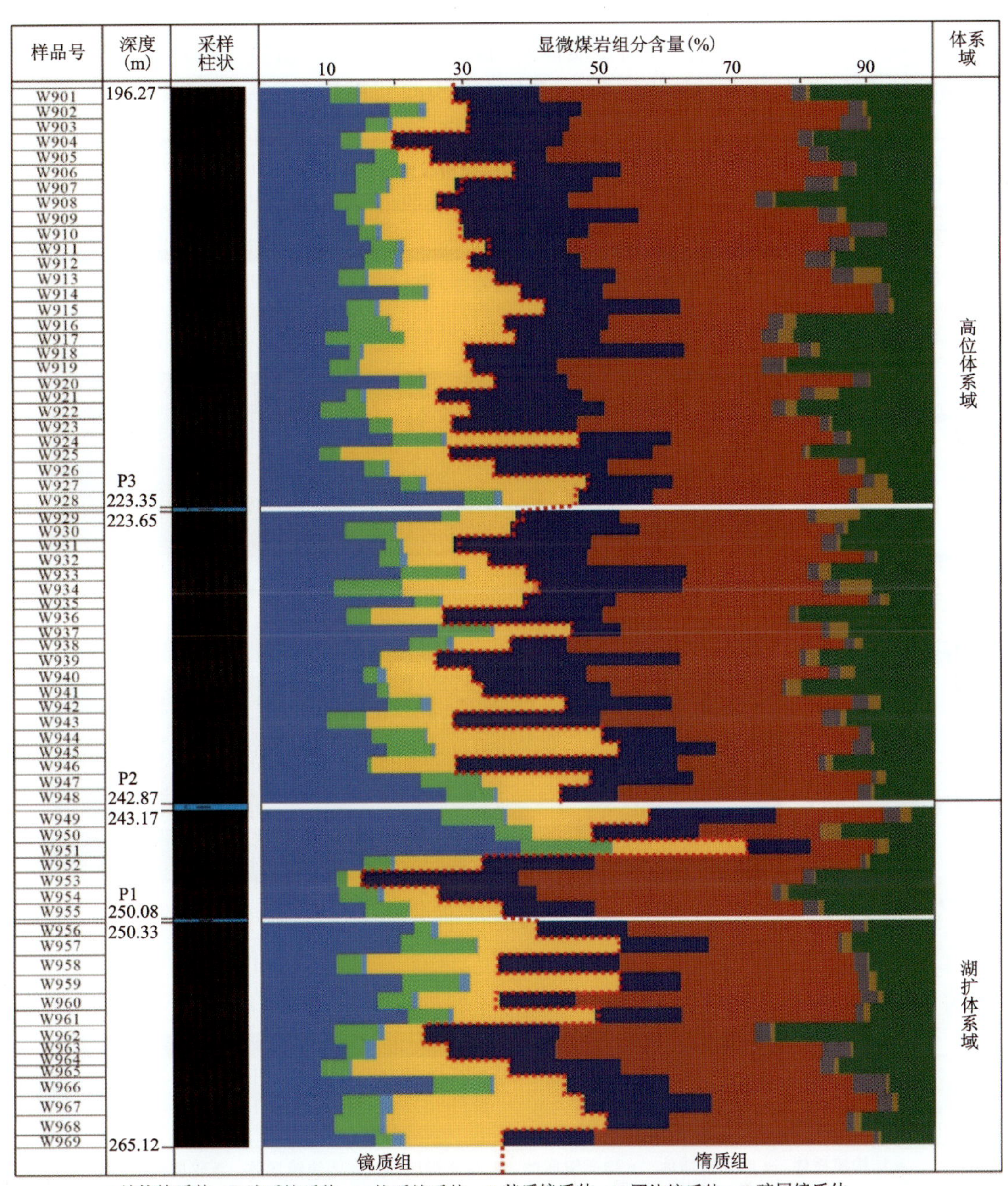

图 6-1-5 准东煤田五彩湾勘探区 ZK1805 钻孔煤层中显微组分含量

五彩湾勘探区 ZK1805 钻孔发育 1 层巨厚煤层，煤层中可见 3 个夹矸层。煤层总体具有由下向上镜质组含量减少和惰质组含量增高的趋势(图 6-1-5)。在湖扩体系域与高位体系域的分界处，煤分层中的镜质组含量明显超过惰质组含量(样品 W949)，指示了更深的沼泽覆水程度。煤分层样品 W969—W962 层段，镜质组含量总体呈现自下而上降低的趋势，惰质组含量呈现增高的变化趋势。W961—W956 层段，镜质组和惰质组含量高低交替出现。夹矸层 P1—P2 段，镜质组自下而上总体呈现出增高的趋势，但其内部又可细分为一个向上降低的趋势(W955—W953)和一个增高的分布趋势(W952—W949)。高位体系域的煤中镜质组和惰质组含量呈锯齿状高低交替分布(图 6-1-5)。

3)帐南西勘探区 ZK003 钻孔

帐南西勘探区位于五彩湾矿区。钻孔中煤的镜质组含量在 17.9%～65.9%之间，平均 39.3%；惰质组含量在19.6%~68.0%之间,平均56.7%;壳质组极为少见。镜质组主要为结构镜质体,其次为基质镜质体、碎屑镜质体和均质镜质体,胶质镜质体和团块镜质体最少。惰质组以丝质体、半丝质体含量为主,碎屑惰质体次之,粗粒体和微粒体较少,菌类体在部分煤层样品中见到(图6-1-6)。

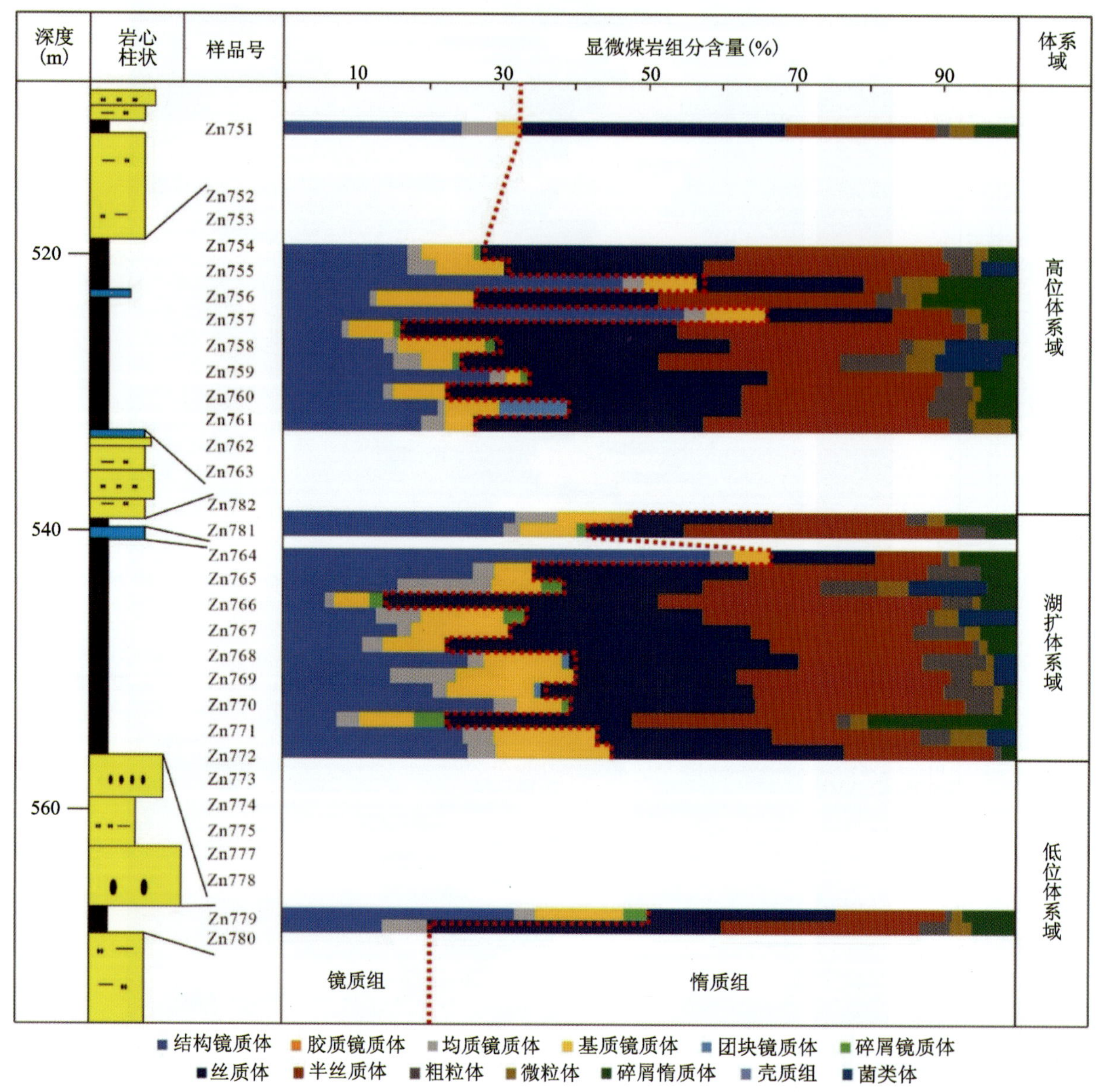

图6-1-6 准东煤田帐南西勘探区ZK003钻孔煤层中显微组分含量

帐南西勘探区ZK003钻孔主要发育2层厚煤层和2层薄煤层。在湖扩体系域与高位体系域的分界处的煤分层中镜质组含量明显增高。湖扩体系域煤中镜质组表现出向上增加的趋势,在分层样品Zn764中镜质组含量高于惰质组含量。高位体系域中的厚煤层中的镜质组含量表现出向上增加然后降低的分布特征,尤其在分层样品Zn757和Zn755中镜质组含量高于惰质组含量(图6-1-6)。

4)大庆沟勘探区ZK2601钻孔

大庆沟勘探区位于大井矿区。钻孔中煤的显微组分以惰性组为主,含量为51.1%~84.3%,平均64.0%;镜质组次之,含量为15.7%~48.9%,平均36.0%;壳质组含量极少。惰质组以丝质体和半丝质体占绝对优势,次为碎屑惰质体,含少量粗粒体、微粒体及菌类体;镜质组以结构镜质体和基质镜质体为主(图6-1-7)。

大庆沟勘探区 ZK2601 钻孔发育多层薄煤层和 1 层厚煤层。总体而言，湖扩体系域煤中镜质组含量高于高位体系域；高位体系域上部厚煤层中镜质组含量呈现向上减小的分布趋势，惰质组呈现向上增加的分布特征（图 6-1-7）。

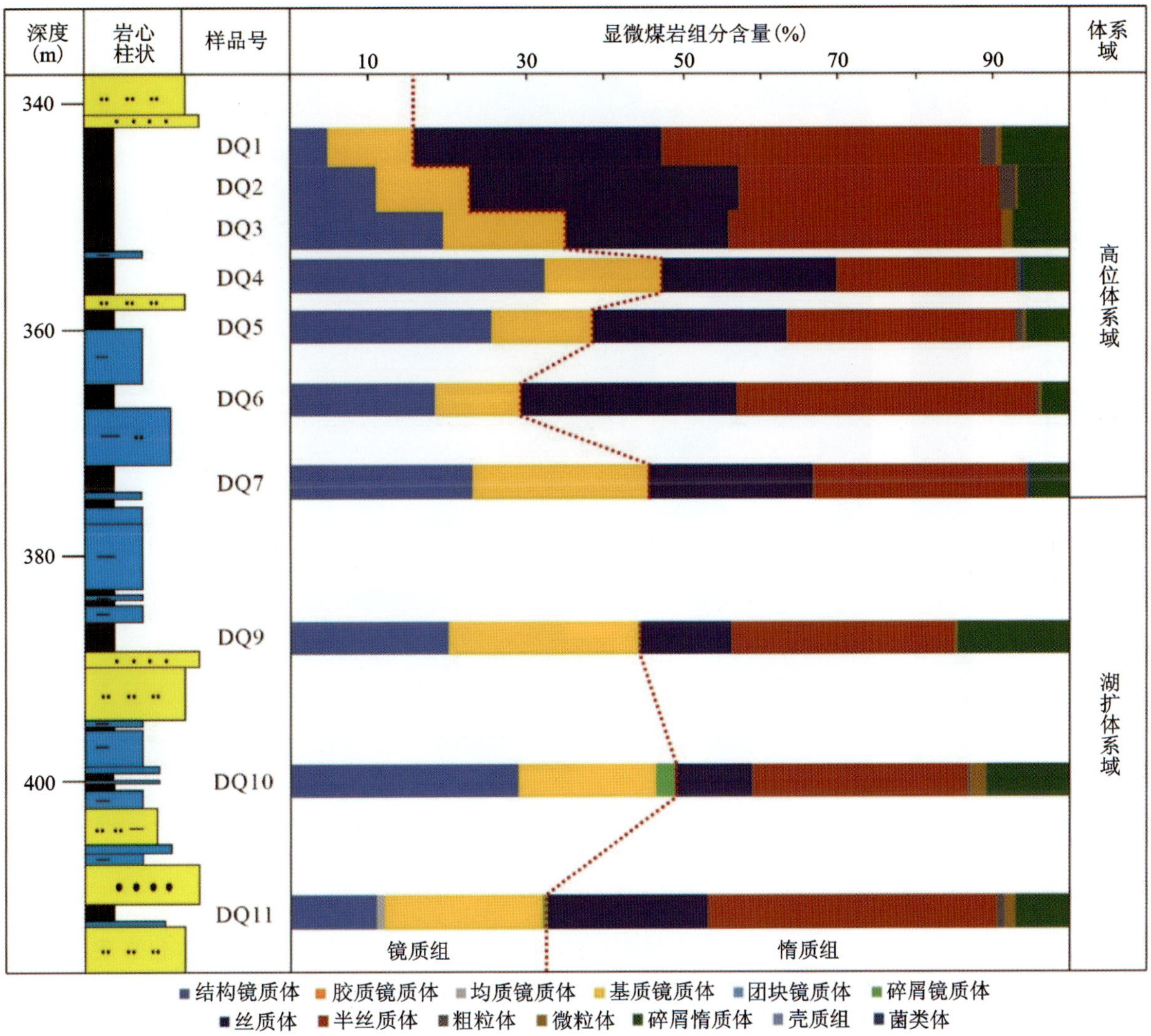

图 6-1-7 准东煤田大庆沟勘探区 ZK2601 钻孔煤层中显微组分含量

5）大井勘探区 ZKW0413 钻孔

大井勘探区位于大井矿区。钻孔中煤的显微组分以惰质组为主，含量为 58%～84%，平均 70.6%；镜质组次之，含量为 16%～42%，平均 29.4%；壳质组含量极少。惰质组以丝质体和半丝质体占绝对优势，次为碎屑惰质体，含少量粗粒体、微粒体及菌类体。镜质组显微组分以结构镜质体和基质镜质体为主（图 6-1-8）。

大井勘探区 ZKW0413 钻孔发育 1 层厚煤层，煤层中部可见 1 层夹矸层。总体而言，湖扩体系域煤中镜质组含量略高于高位体系域煤中镜质组含量。湖扩体系域下部煤中镜质组含量高于上部。高位体系域煤中镜质组含量呈锯齿状分布，总体呈现出向上降低的分布趋势（图 6-1-8）。

6）南黄草湖勘探区 ZK1606 钻孔

南黄草湖勘探区位于将军庙矿区。钻孔中煤的显微组分以惰质组为主，含量在 1.6%～85.1%之间，平均 59.0%；镜质组次之，含量在 14.4%～98.4%之间，平均 40.9%；壳质组含量极低。惰质组以半

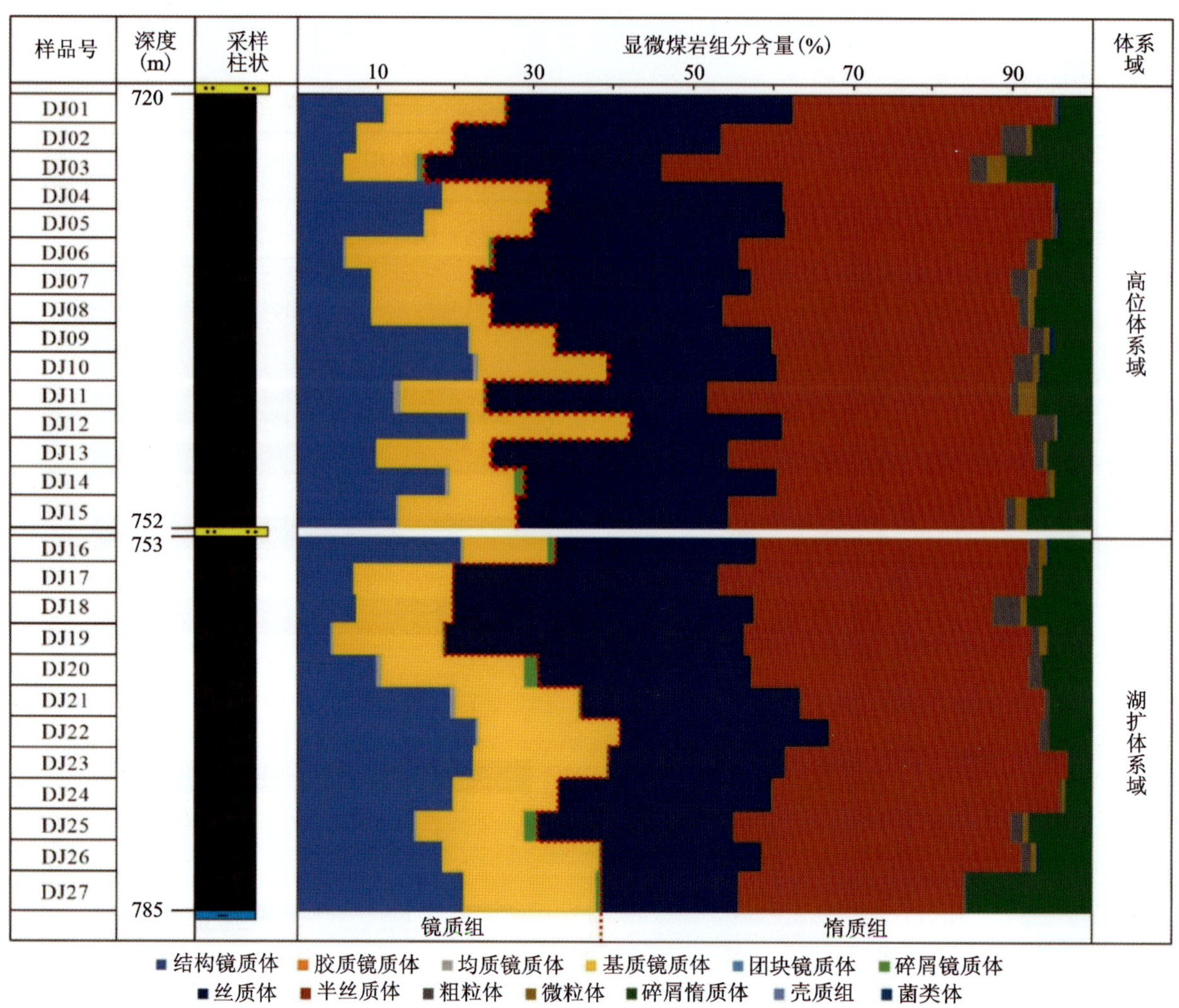

图 6-1-8　准东煤田大井勘探区 ZKW0413 钻孔煤层中显微组分含量

丝质体和丝质体为主，碎屑惰质体次之，见少量粗粒体和微粒体。镜质组以结构镜质体和基质镜质体为主，均质镜质体次之，见少量胶质镜质体、团块镜质体和碎屑镜质体(图 6-1-9)。

南黄草湖勘探区 ZK1606 钻孔发育 2 层厚煤层和 3 层薄煤层。总体而言，湖扩体系域煤中镜质组含量高于高位体系域煤。湖扩体系域煤中镜质组和惰质组含量变化幅度较小，仅分层样品 N2108-1、N2109-2、N2115-1 中镜质组含量高于惰质组含量。高位体系域煤中镜质组和惰质组含量变化幅度很大，在分层样品 N2119 中镜质组含量超过 95%以上；上部厚煤层中的镜质组含量由 2 个向上降低的分布旋回构成(图 6-1-9)。

7)西黑山勘探区 ZK0402 钻孔

西黑山勘探区位于西黑山矿区。煤层中显微组分以惰质组为主，含量在 23.6%～73.2%之间，平均 51.8%；镜质组次之，含量在 26.7%～76.3%之间，平均 47.9%；壳质组含量极低。镜质组以结构镜质体和基质镜质体为主，均质镜质体次之，见少量胶质镜质体、团块镜质体和碎屑镜质体。惰质组以丝质体和半丝质体为主，碎屑惰质体次之，见少量粗粒体和微粒体。壳质组主要为孢子体和木栓体(图 6-1-10)。

西黑山勘探区 ZK0402 钻孔煤层发育 8 层可采煤层。湖扩体系域煤中镜质组含量高于高位体系域煤。湖扩体系域煤中镜质组和惰质组含量变化幅度较小，高位体系域煤中镜质组和惰质组含量变化幅度很大(图 6-1-10)。

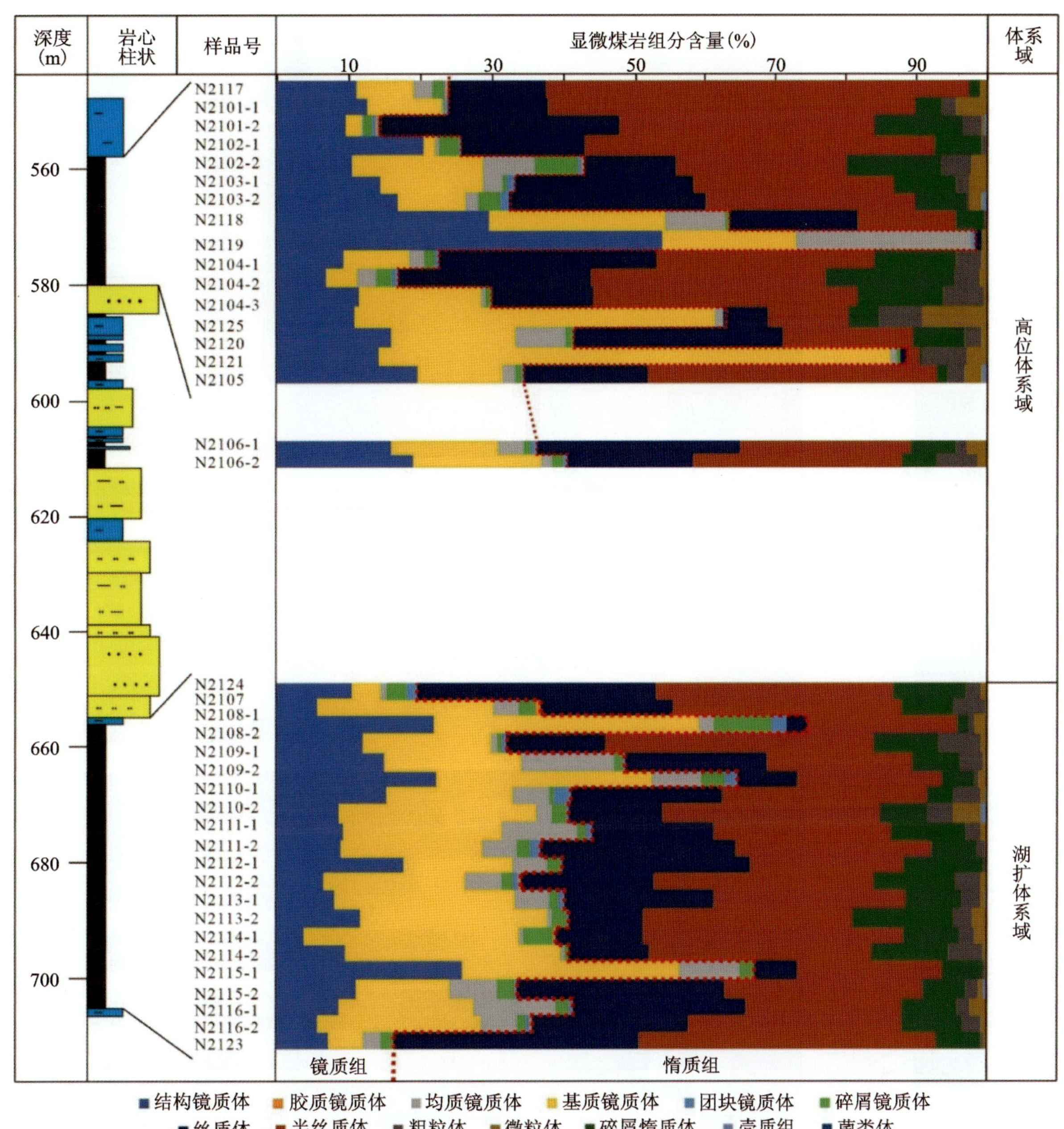

图 6-1-9 准东煤田南黄草湖勘探区 ZK1606 钻孔煤层中显微组分含量

8）西黑山勘探区 ZK1105 钻孔

西黑山勘探区位于西黑山矿区。煤中显微组分以惰质组为主，含量为 40%～66%，平均 53%；镜质组次之，含量为 33%～60%，平均 47%；壳质组含量很低，小于 1%。惰质组以丝质体和半丝质体为主，碎屑惰质体次之，见少量的粗粒体和微粒体。镜质组以结构镜质体和基质镜质体为主，均质镜质体次之，见少量的碎屑镜质体、团块镜质体和胶质镜质体（图 6-1-11）。

西黑山勘探区 ZK1105 钻孔发育 2 层厚煤层。总体而言，湖扩体系域煤层中镜质组含量略高于高位体系域煤层。湖扩体系域和高位体系域煤中镜质组和惰质组含量变化幅度较小，两者含量呈锯齿状高低交替分布（图 6-1-11）。

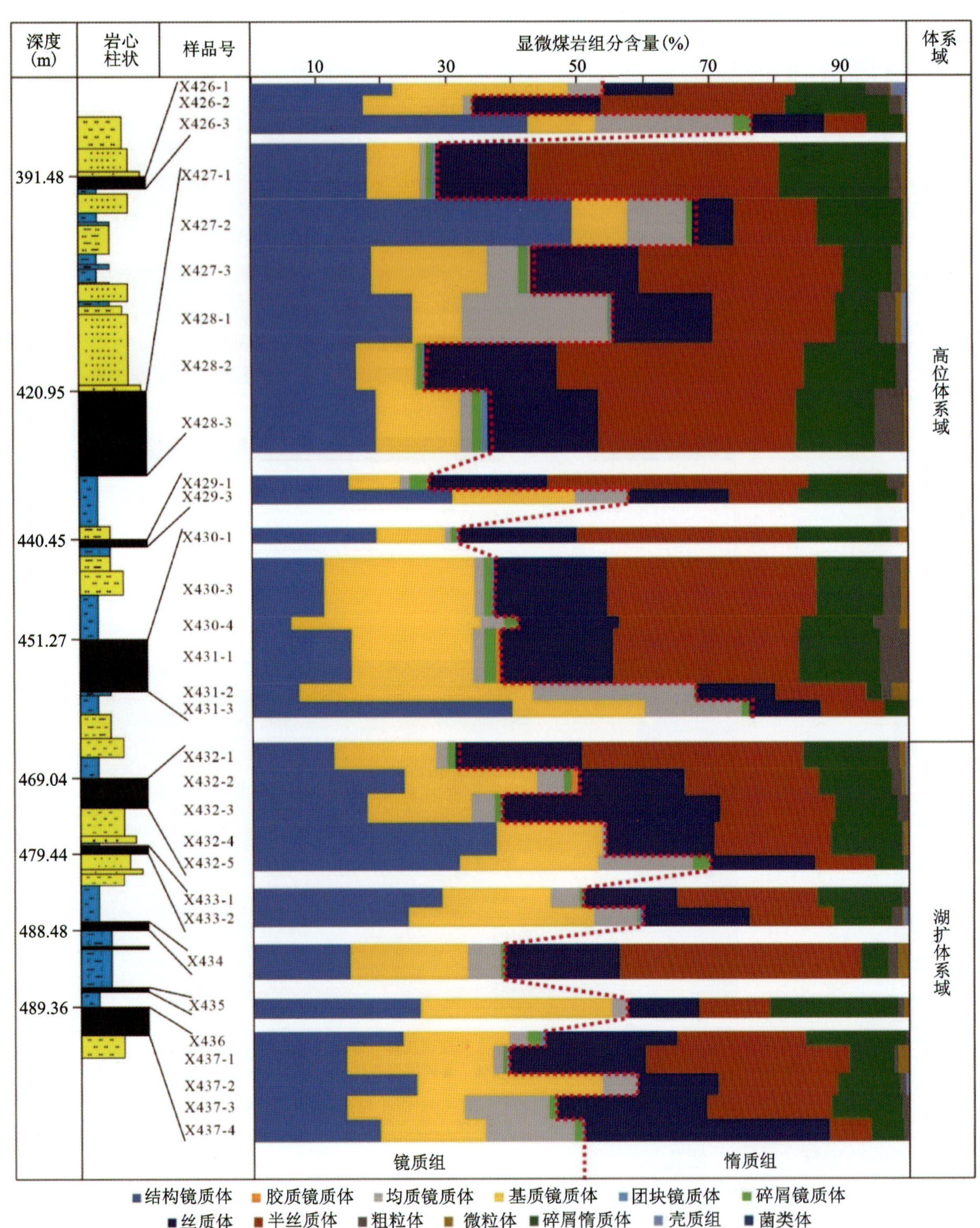

图 6-1-10 准东煤田西黑山勘探区 ZK0402 钻孔煤层中显微组分含量

9)炭炭湖西勘探区 ZKJ124 钻孔

炭炭湖西勘探区位于西黑山矿区。煤中显微组分以镜质组为主,含量在 25.6%~91.7%之间,平均 53.9%;惰质组含量在 8.1%~72.4%之间,平均 46.1%;壳质体含量小于 0.1%。镜质组以基质镜质体和结构镜质体为主,其次为均质镜质体,具少量的碎屑镜质体、团块镜质体和胶质镜质体;惰质组以半丝质体和丝质体为主,其次为碎屑惰质体,具少量的粗粒体和微粒体(图 6-1-12)。

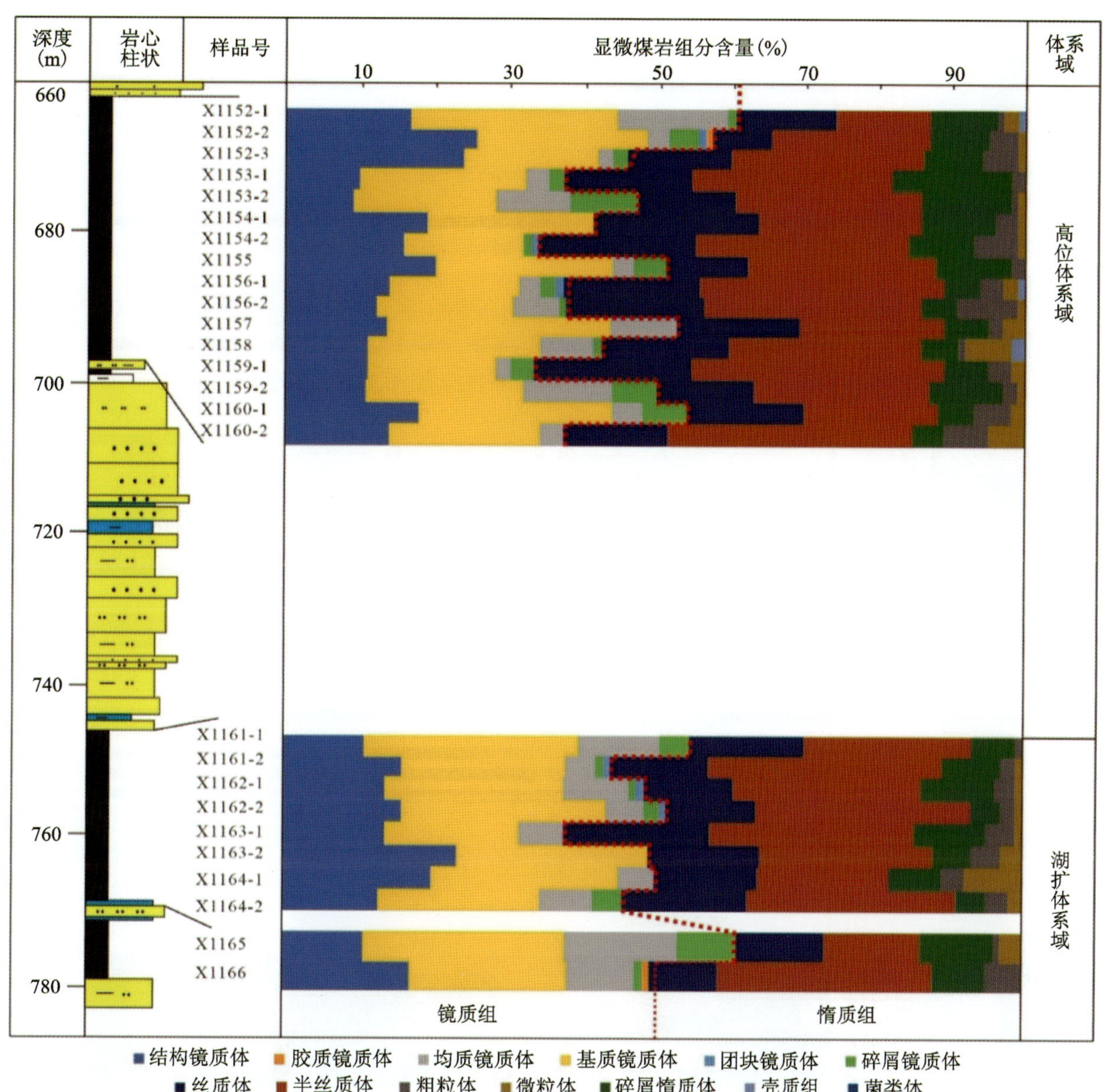

图 6-1-11 准东煤田西黑山矿区 ZK1105 钻孔煤层中显微组分含量

岌岌湖西勘探区 ZKJ124 钻孔发育 1 层厚煤层、8 层可采煤层和多层不可采煤层。总体而言,高位体系域煤中镜质组含量高于湖扩体系域。湖扩体系域煤中镜质组含量总体呈现向上增加的趋势,高位体系域煤中镜质组含量呈现向上增加然后降低的分布特征,尤其在高位体系域的中部薄煤层中镜质组含量超过 70%以上(图 6-1-12)。

第二节 煤中矿物

准东煤田煤中矿物主要为石英和高岭石,其次为碳酸盐矿物和长石类矿物,含少量的黄铁矿和硫酸盐矿物(图 6-2-1～图 6-2-3)。碳酸盐矿物有铁白云石、白云石、方解石和菱铁矿等,长石类矿物有微斜长石、钙长石和钠长石等。西黑山勘探区煤中见少量的重晶石(图 6-2-3、图 6-2-4)。部分样品中检测出少量的伊利石、皂石、石膏、坡缕石和伊-蒙混层矿物。

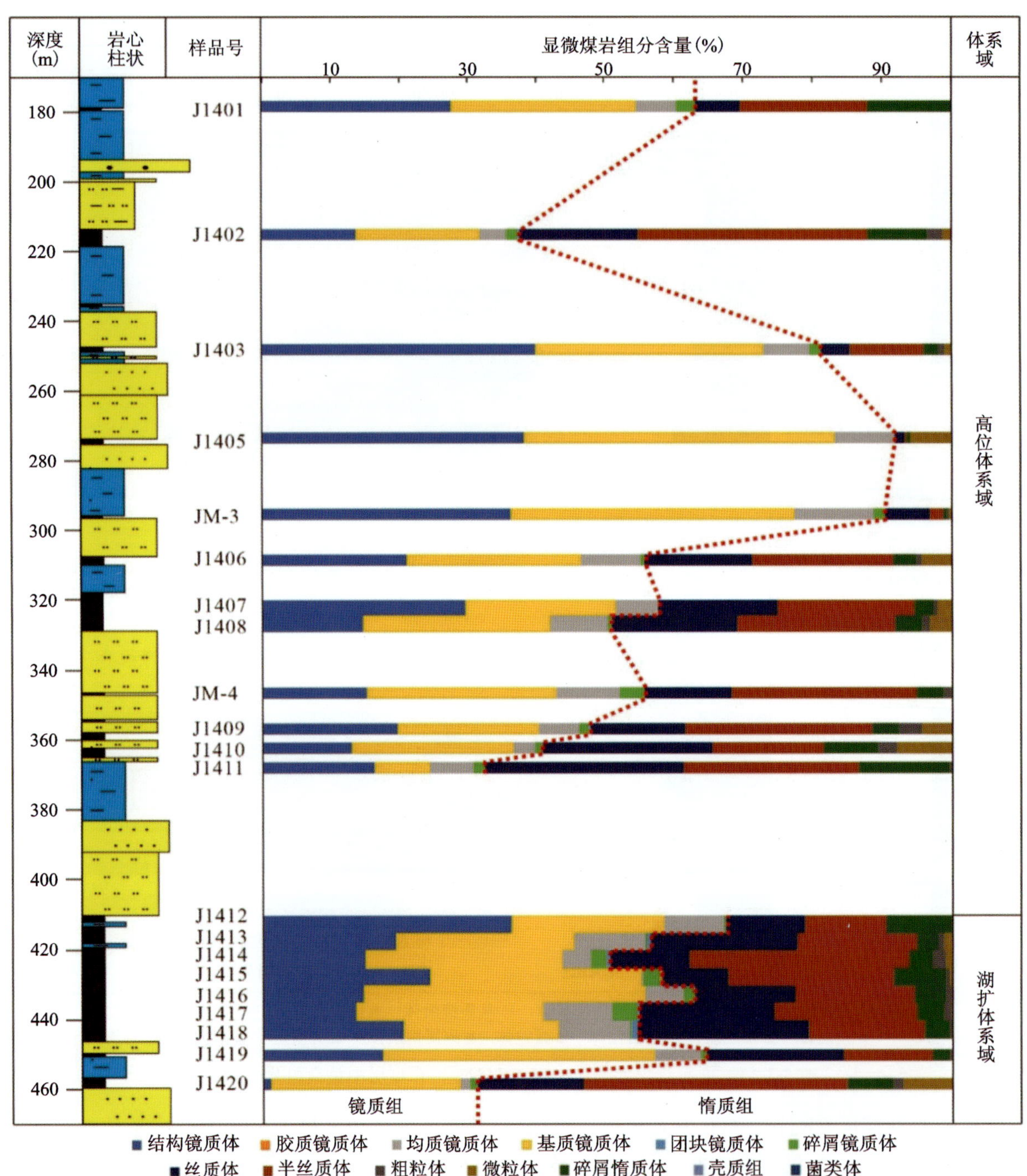

图 6-1-12 准东煤田岌岌湖西勘探区 ZKJ124 钻孔煤层中显微组分含量

一、芦草沟勘探区 ZK2809 钻孔

煤中矿物含量(质量分数)介于 4.0%~17.1%,平均含量为 7.8%。矿物成分以高岭石(3.5%)和石英(2.7%)为主,分别占矿物总量的 45%和 35%;含少量的菱铁矿(0.6%),占矿物含量的 8%;含微量的伊利石(0.1%)、方解石(0.2%)、白云石(0.2%)、黄铁矿(0.1%)、钙长石(0.2%)、铁白云石(0.1%)和石膏(0.1%),这些矿物占总矿物的 12%(图 6-2-5)。

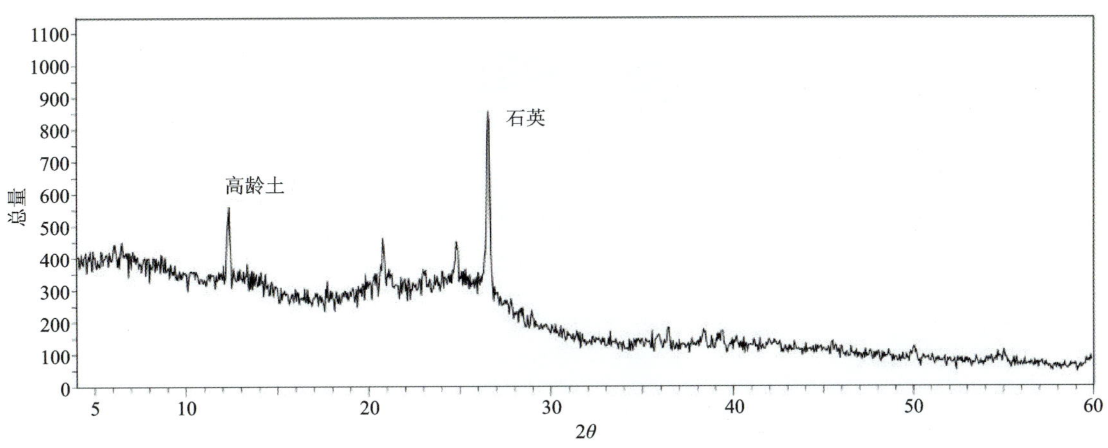

图 6-2-1 准东煤田五彩湾勘探区 ZK1805 钻孔 W928 样品 X 射线衍射图谱

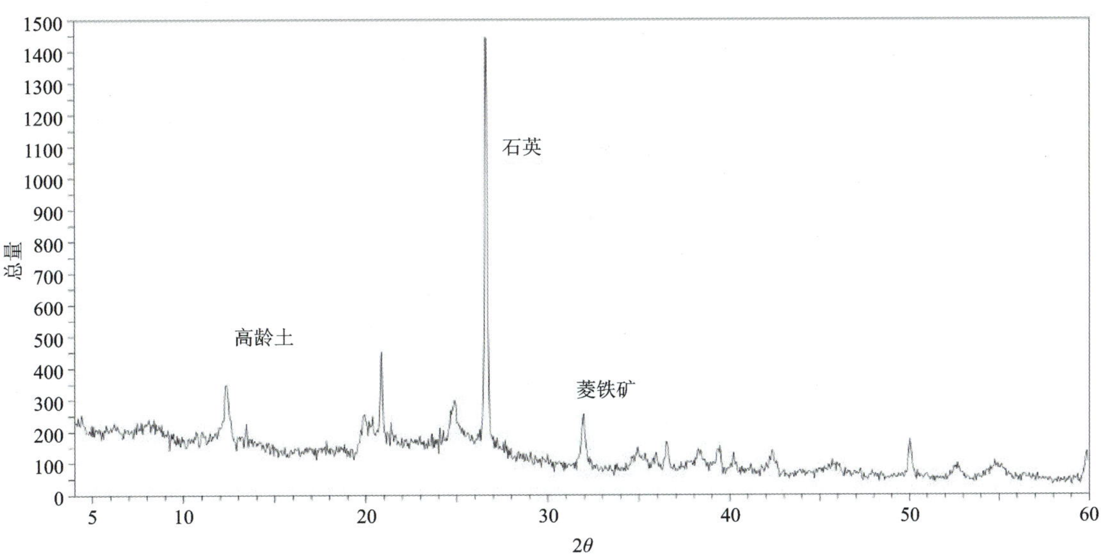

图 6-2-2 准东煤田西黑山勘探区 ZK0402 钻孔 X437-4 样品 X 射线衍射图谱

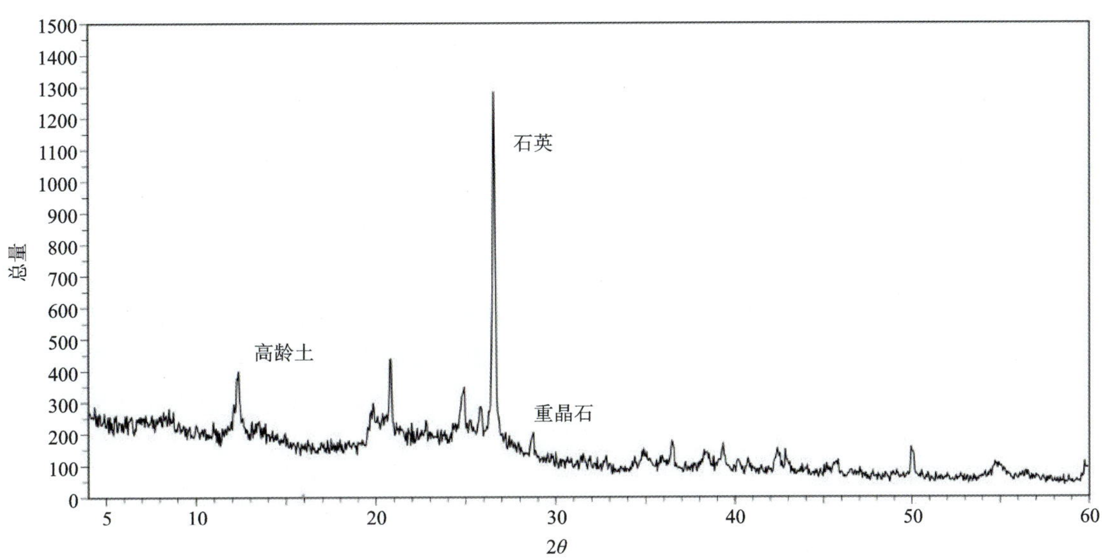

图 6-2-3 准东煤田西黑山勘探区 ZK0402 钻孔 X436 样品 X 射线衍射图谱

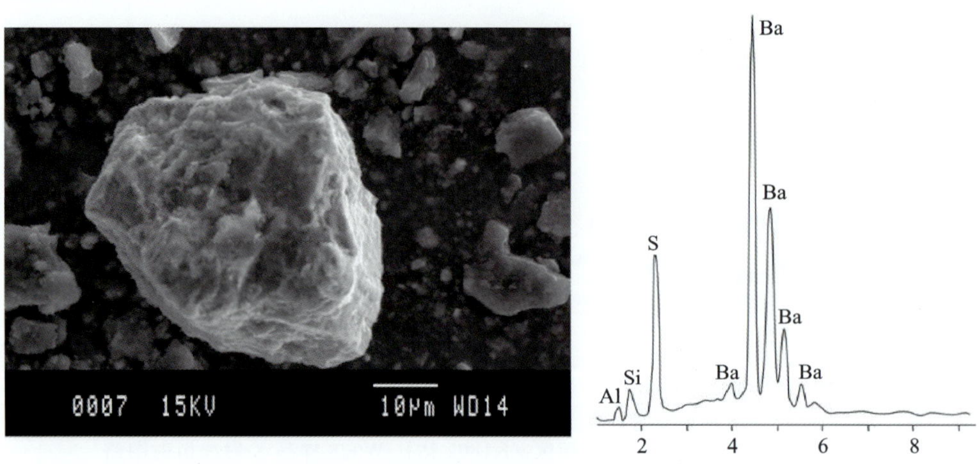

图 6-2-4　准东煤田西黑山勘探区 ZK0402 钻孔 X436 样品中的重晶石(SEM-EDX)

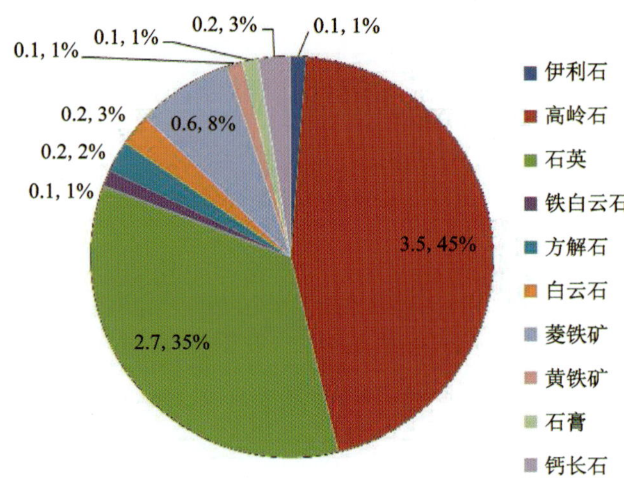

图 6-2-5　准东煤田芦草沟勘探区 ZK2809 钻孔煤中矿物组成

石英和高岭石含量总体具有相似的垂向分布，在靠近夹矸层的中部薄煤层中具有相对高的含量。碳酸盐矿物出现于局部煤分层中。黄铁矿分布于上、下局部煤分层中。伊利石和钙长石主要出现在中部煤分层中。石膏局部出现于下部煤分层中(图 6-2-6)。

二、帐南东勘探区 ZK1203 钻孔

煤中矿物含量介于 2.3%～5.5%，平均含量为 3.8%。矿物主要由高岭石(1.2%)、碳酸盐矿物(1.2%)和石英(0.9%)组成，分别占矿物含量的 31%、31%和 23%；含少量的黄铁矿(0.4%)，占矿物含量的 10%；含微量的石膏(0.1%)和伊利石(0.1%)。碳酸盐矿物主要由铁白云石(0.7%)、方解石(0.2%)、白云石(0.2%)和菱铁矿(0.1%)组成，分别占矿物总量的 18%、5%、5%和 3%(图 6-2-7)。

石英和高岭石在大多数煤分层中出现，两者分布无明显关系，但在靠近煤层顶板和底板的煤分层中两者含量明显高于其他煤分层。铁白云石、白云石和菱铁矿主要出现于中部煤分层，但方解石出现于顶部煤分层。黄铁矿主要分布于中部煤分层，石膏出现于顶部煤分层(图 6-2-8)。

三、大井勘探区 ZKW0413 钻孔

煤中矿物含量介于 2.0%～33.3%，平均含量为 5.6%。矿物成分以高岭石(2%)和石英(2%)为

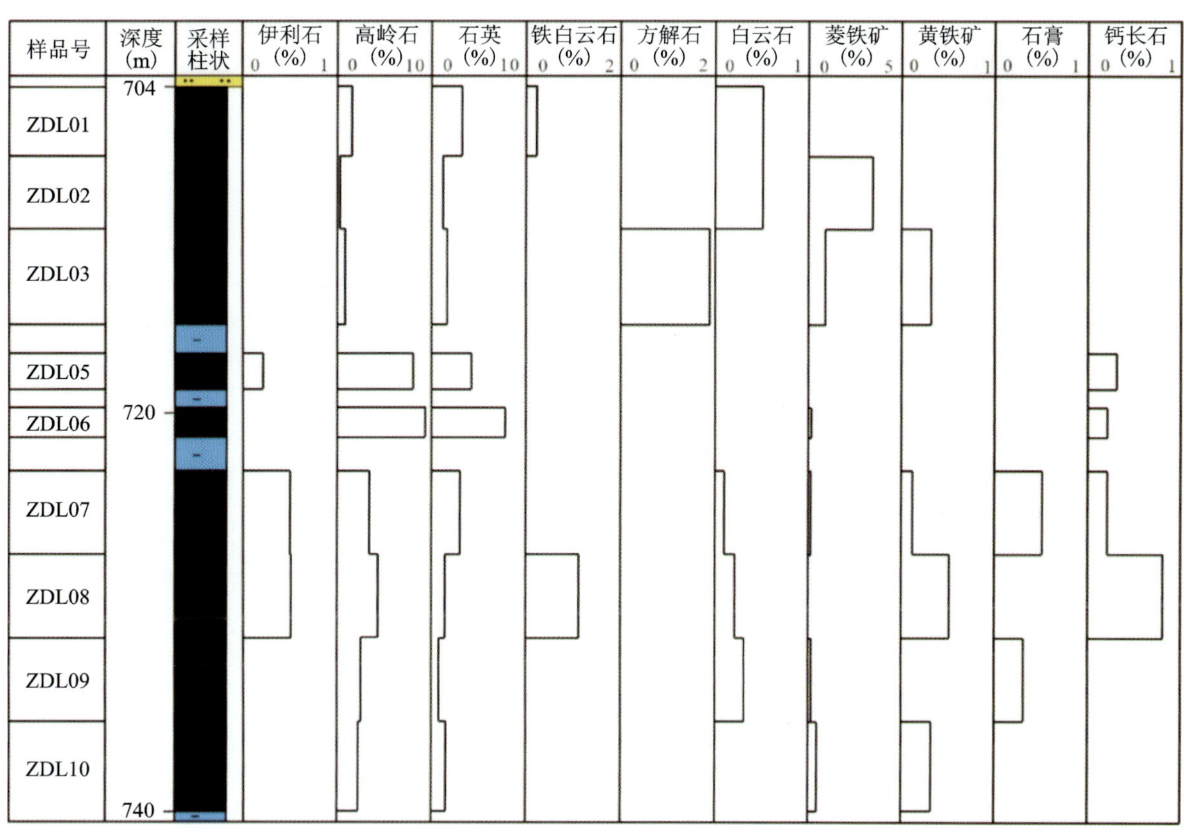

图 6-2-6 准东煤田芦草沟勘探区 ZK2809 钻孔煤中矿物分布

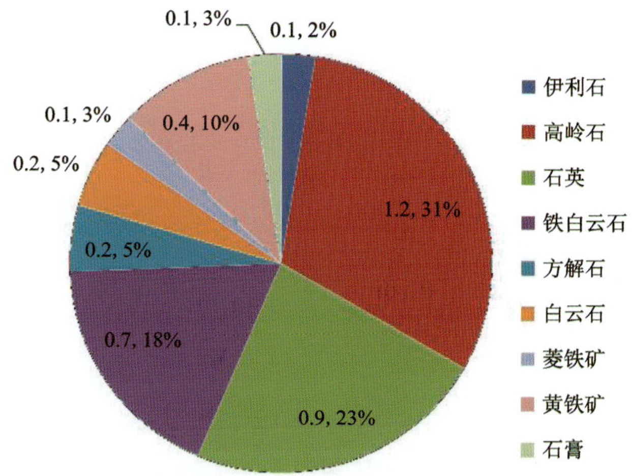

图 6-2-7 准东煤田帐南东勘探区 ZK1203 钻孔煤中矿物组成

主，分别占矿物含量的 35%和 35%；含少量的碳酸盐矿物（0.82%）和钙长石（0.5%），分别占矿物总量的 12%和 9%；含微量的黄铁矿（0.2%）、微斜长石（0.1%）、斜绿泥石（0.06%）、石膏（0.04%）、伊利石（0.03%）和硬石膏（0.03%），这些矿物总共占 9%。碳酸盐矿物以白云石为主（0.4%），其次为方解石（0.2%）和铁白云石（0.2%），菱铁矿（0.02%）最少（图 6-2-9）。

石英和高岭石在煤层中普遍存在，在下部煤层两者具有相似的垂向分布，尤其在靠近煤层底板的煤分层中两者含量最高。伊利石主要出现于下部煤层，斜绿泥石主要出现于顶部煤层，钙长石主要出现于

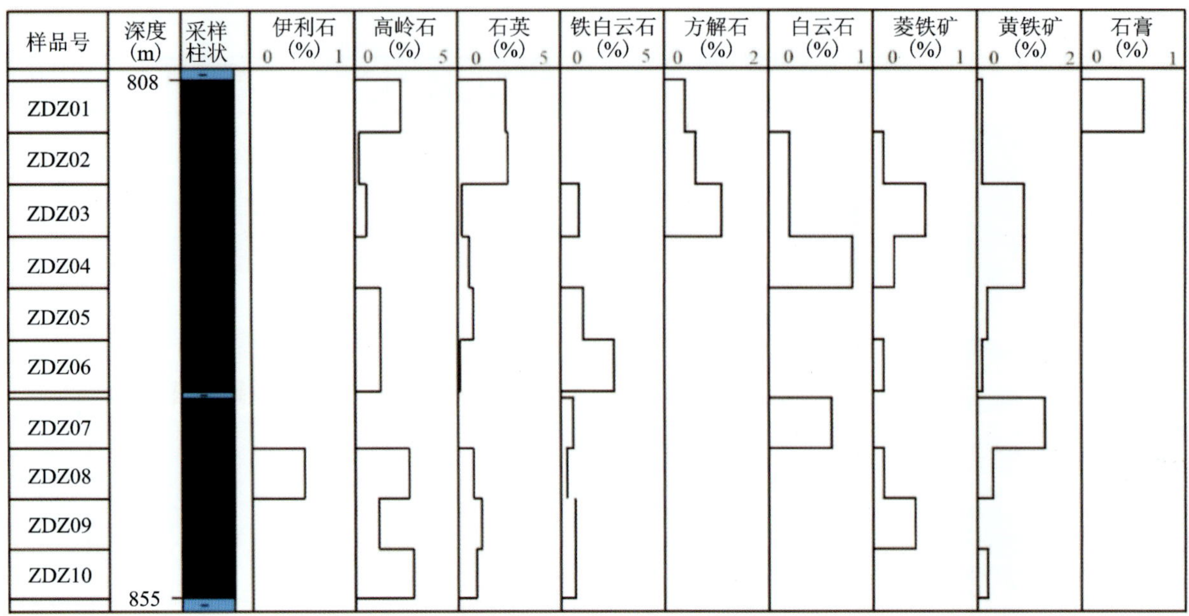

图 6-2-8　准东煤田帐南东勘探区 ZK1203 钻孔煤中矿物分布

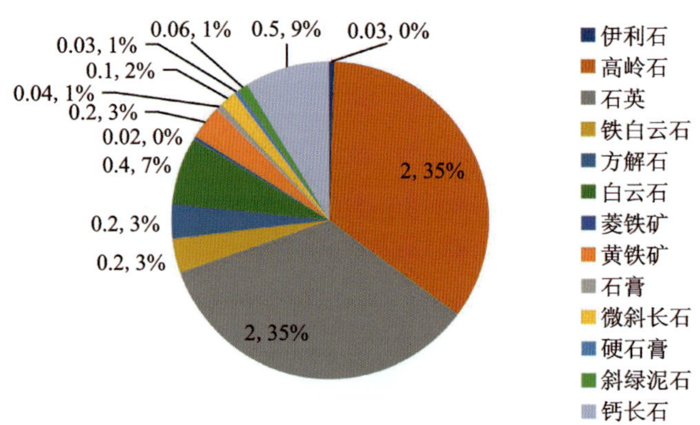

图 6-2-9　准东煤田大井勘探区 ZKW0413 钻孔煤中矿物组成

中上部和底部煤层。铁白云石主要出现于下部煤层，方解石出现于顶部和底部煤层，白云石在煤层中普遍存在。黄铁矿主要出现于中上部和底部煤层(图 6-2-10)。

四、岌岌湖西勘探区 ZKJ124 钻孔

煤中矿物含量介于 2.5%～34.3%，平均含量为 11.3%。矿物主要由石英(5.5%)和高岭石(4.1%)组成，分别占矿物含量的 48%和 36%；含有少量的碳酸盐矿物(0.4%)和微量的钙长石(0.3%)、文石(0.3%)、微斜长石(0.2%)和斜绿泥石(0.2%)以及微量的皂石(0.02%)、坡缕石(0.07%)、伊-蒙混层(0.07%)和伊利石(0.02%)。碳酸盐矿物主要由菱铁矿(0.2%)、方解石(0.1%)和铁白云石(0.1%)组成(图 6-2-11)。

石英和高岭石在煤层中普遍存在，垂向上两者分布具有一定的相似性，在薄煤层中石英和高岭石的含量普遍高于厚煤层中两者的含量。下部厚煤层呈现出中部高岭石和石英含量高于上下部的分布特征。微斜长石和斜绿泥石主要分布于上部部分薄煤层中。其他矿物分布于局部煤分层，无明显的分布规律(图 6-2-12)。

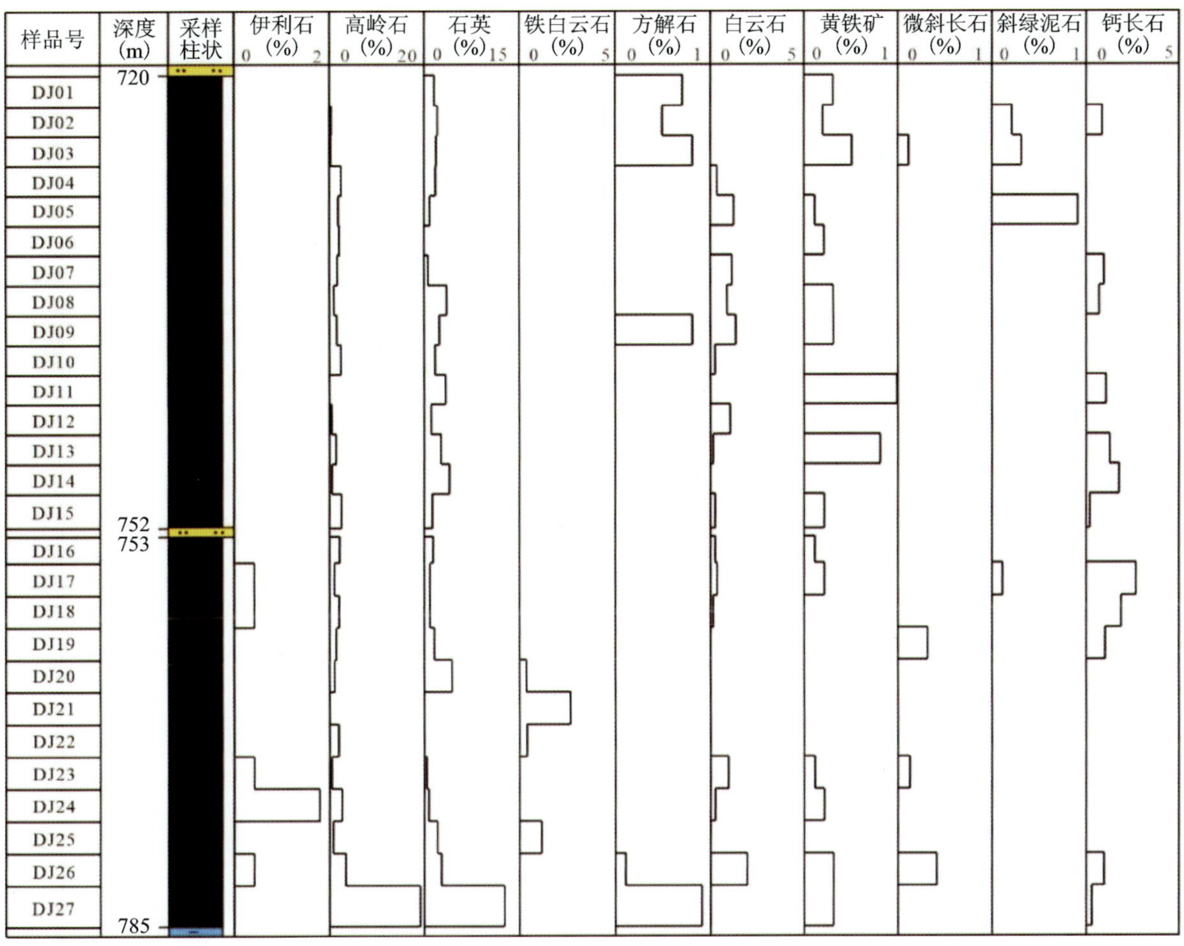

图 6-2-10 准东煤田大井勘探区 ZKW0413 钻孔煤中矿物分布

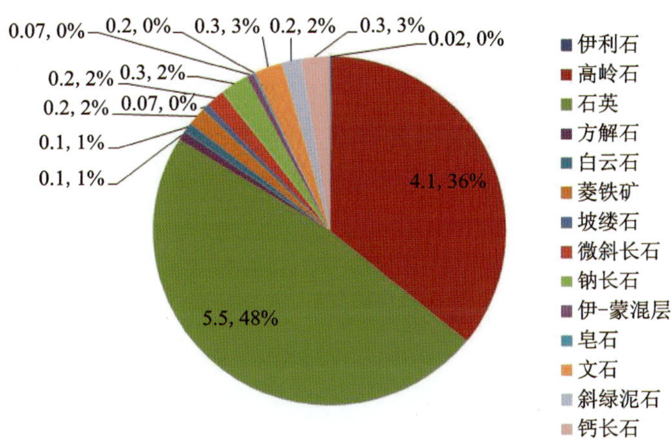

图 6-2-11 准东煤田炭炭湖西勘探区 ZKJ124 钻孔煤中矿物组成

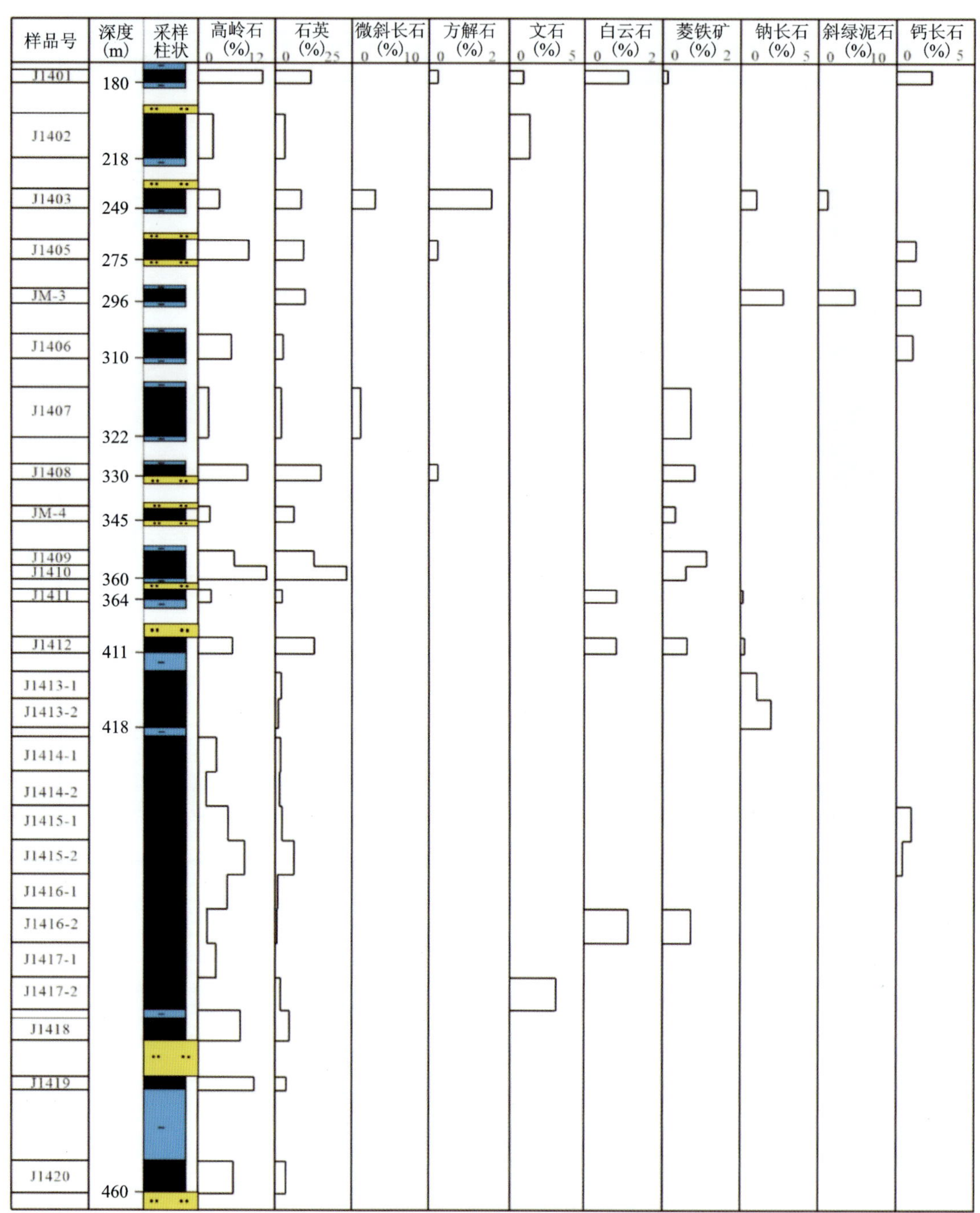

图 6-2-12　准东煤田岌岌湖西勘探区 ZKJ124 钻孔煤中矿物分布

第三节　煤化学及工艺性特征

煤化学和煤工艺性特征是表征煤质特征的重要参数之一，煤中水分含量、灰分和挥发分产率、硫含量是评价煤的质量、煤炭工业分类和煤的工业利用的重要参数。本研究主要采用煤田勘探成果资料，并结合部分钻孔的系统取样分析结果，系统地揭示准东煤田八道湾组、西山窑组和石树沟群煤层煤化学和工艺性质参数的特征和分布规律，并探讨了这些参数的主要地质控制因素。

一、煤化学特征

1. 煤的工业分析

1）工业分析总体特征

煤的工业分析包括煤中水分含量、灰分产率和挥发分产率。根据准东煤田勘探成果资料，总体来看，不同矿区/勘查区八道湾组煤的平均水分含量（质量分数）介于5.9%～11.0%，平均灰分产率介于7.7%～18.5%，平均挥发分产率介于42.2%～48.7%，属低—中水分、特低灰—低灰、高挥发分烟煤（表6-3-1）。不同矿区/勘查区西山窑组煤的平均水分含量介于6.6%～13.0%，平均灰分产率介于6.6%～13.5%，平均挥发分产率介于31.3%～35.9%，属低—中高水分、特低—低灰、中高挥发分烟煤（表6-3-2）。不同矿区/勘查区石树沟群煤的平均水分含量介于3.4%～13.6%，平均灰分产率介于5.1%～26.4%，平均挥发分产率介于29.7%～47.8%，属中水分、特低灰—低灰、高挥发分烟煤（表6-3-3）。

表6-3-1　准东煤田八道湾组煤的工业分析和元素分析成果表

单位：%

项目		矿区/勘查区名称						全区平均
		五彩湾	大井	将军庙	西黑山	老君庙	梧桐窝子	
工业分析	M_{ad}	4.12～15.19 11.01	6.60～13.18 10.00	5.38～6.48 5.92	6.75～9.86 8.63	4.05～8.75 6.29	3.82～8.44 6.26	8.02
	A_d	5.19～20.63 12.25	5.24～9.91 7.68	8.49～24.10 15.32	4.78～27.24 15.13	5.41～25.72 16.07	4.05～32.86 18.54	14.15
	V_{daf}	37.16～53.90 46.84	43.73～48.27 46.14	42.89～46.58 45.23	45.1～52.18 48.66	34.03～51.88 45.27	30.62～51.09 42.15	45.72
元素分析	C_{daf}	75.22～77.14 76.84	76.75～78.47 77.43		77.65	70.91～80.11 76.40	74.58～79.06 77.18	77.10
	H_{daf}	4.65～5.91 5.43	4.80～5.41 5.14		5.89～5.91 5.90	4.23～6.56 5.26	3.76～7.09 5.78	5.50
	N_{daf}	1.12～1.56 1.30	0.71～1.76 1.33		1.14	0.92～1.61 1.35	0.93～1.54 1.25	1.27
	$(O+S)_{daf}$	15.17～17.91 16.18	15.2～16.08 15.76		14.68	14.74～22.89 17.43	12.51～18.00 15.43	15.90

表6-3-2　准东煤田西山窑组煤的工业分析和元素分析成果表

单位：%

项目		矿区/勘查区名称						全区平均
		五彩湾	大井	将军庙	西黑山	老君庙	梧桐窝子	
工业分析	M_{ad}	2.59～32.64 12.95	3.62～15.19 7.99	3.20～19.88 10.17	1.06～20.27 8.63	0.40～16.15 6.62	0.62～17.37 6.36	8.79
	A_d	3.92～34.47 10.85	2.64～19.07 6.55	2.64～33.96 12.60	3.69～36.02 8.93	2.45～35.39 13.50	2.35～39.94 13.05	10.91
	V_{daf}	29.58～45.04 34.40	28.12～38.54 31.28	22.48～52.63 35.88	29.33～44.11 33.50	11.40～49.94 33.55	26.29～58.00 34.90	33.92

续表 6-3-2

项目		矿区/勘查区名称						全区平均
		五彩湾	大井	将军庙	西黑山	老君庙	梧桐窝子	
元素分析	C_{daf}	36.38～81.30/77.26	77.46～81.98/80.38	75.82～86.94/79.63	66.27～80.93/78.49	59.12～86.31/78.89	70.03～84.52/77.90	78.76
	H_{daf}	1.11～5.91/3.81	3.14～4.76/3.98	2.85～5.64/4.34	2.31～5.47/3.99	2.50～5.48/4.17	3.13～6.82/4.47	4.13
	N_{daf}	0.57～1.56/0.79	0.48～1.03/0.81	0.59～1.41/0.98	0～1.59/0.92	0.59～4.20/1.02	0.54～1.43/0.88	0.90
	$(O+S)_{daf}$	6.87～30.93/17.07	12.67～17.17/14.77	7.95～26.77/14.26	11.89～19.04/15.76	8.68～19.08/17.26	10.19～24.86/16.39	15.92

表 6-3-3 准东煤田石树沟群煤的工业分析和元素分析成果表　单位：%

项目		矿区/勘查区名称				全区平均
		大井	将军庙	老君庙	梧桐窝子	
工业分析	M_{ad}	3.36～13.63/8.57(17)	2.90～16.90/8.48	7.60～9.78/8.61(4)	7.60～9.78/8.61(4)	8.20
	A_d	5.1～26.4/14.9(17)	18.9	5.1～10.9/6.8(4)	4.5～23.3/15.4(6)	14.0
	V_{daf}	29.7～47.8/43.3 (17)	41.8	31.2～40.5/34.2(4)	31.0～39.0/35.4(6)	38.7
元素分析	C_{daf}	68.0～80.4/73.2(15)	73.1		77.2～78.8/78.0(2)	74.8
	H_{daf}	4.04～5.47/4.89(15)	4.15		4.15～5.57/4.98(6)	4.67
	N_{daf}	0.83～1.84/1.40(15)	1.26		0.89～1.05/0.97(2)	1.21
	$(O+S)_{daf}$	14.7～25.5/19.5(15)	20.0		14.7～17.1/15.9(2)	18.5

2)垂向分布特征

根据五彩湾勘探区 ZK1805 钻孔、大井勘探区 ZKW0413 钻孔、南黄草湖勘探区 ZK1606 钻孔和西黑山勘探区 ZK1105 钻孔煤的工业分析资料，西山窑组煤层的水分含量、灰分和挥发分产率在垂向分布上表现为：

五彩湾勘探区 ZK1805 钻孔煤层的水分含量为 10.9%～15.3%，平均含量为 13.1%；灰分产率为 3.1%～9.7%，平均含量为 5.0%；挥发分产率为 30.1%～37.8%，平均含量为33.0%。从这些参数在煤层中的垂向变化来看，水分含量总体具有向上增高的趋势，但变化幅度很小；灰分产率总体具有向上减少的趋势，在紧靠泥岩夹矸、顶板和底板附近的煤分层灰分产率明显增高；挥发分产率总体也具有向上减少的趋势，但变化幅度很小(图 6-3-1)。

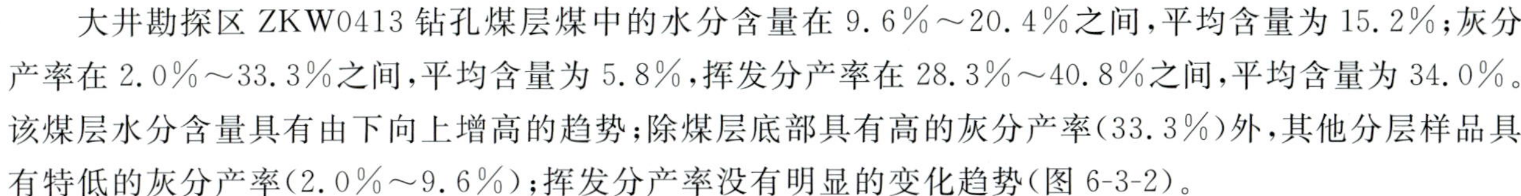

大井勘探区 ZKW0413 钻孔煤层煤中的水分含量在 9.6%～20.4%之间，平均含量为 15.2%；灰分产率在 2.0%～33.3%之间，平均含量为 5.8%，挥发分产率在 28.3%～40.8%之间，平均含量为 34.0%。该煤层水分含量具有由下向上增高的趋势；除煤层底部具有高的灰分产率(33.3%)外，其他分层样品具有特低的灰分产率(2.0%～9.6%)；挥发分产率没有明显的变化趋势(图 6-3-2)。

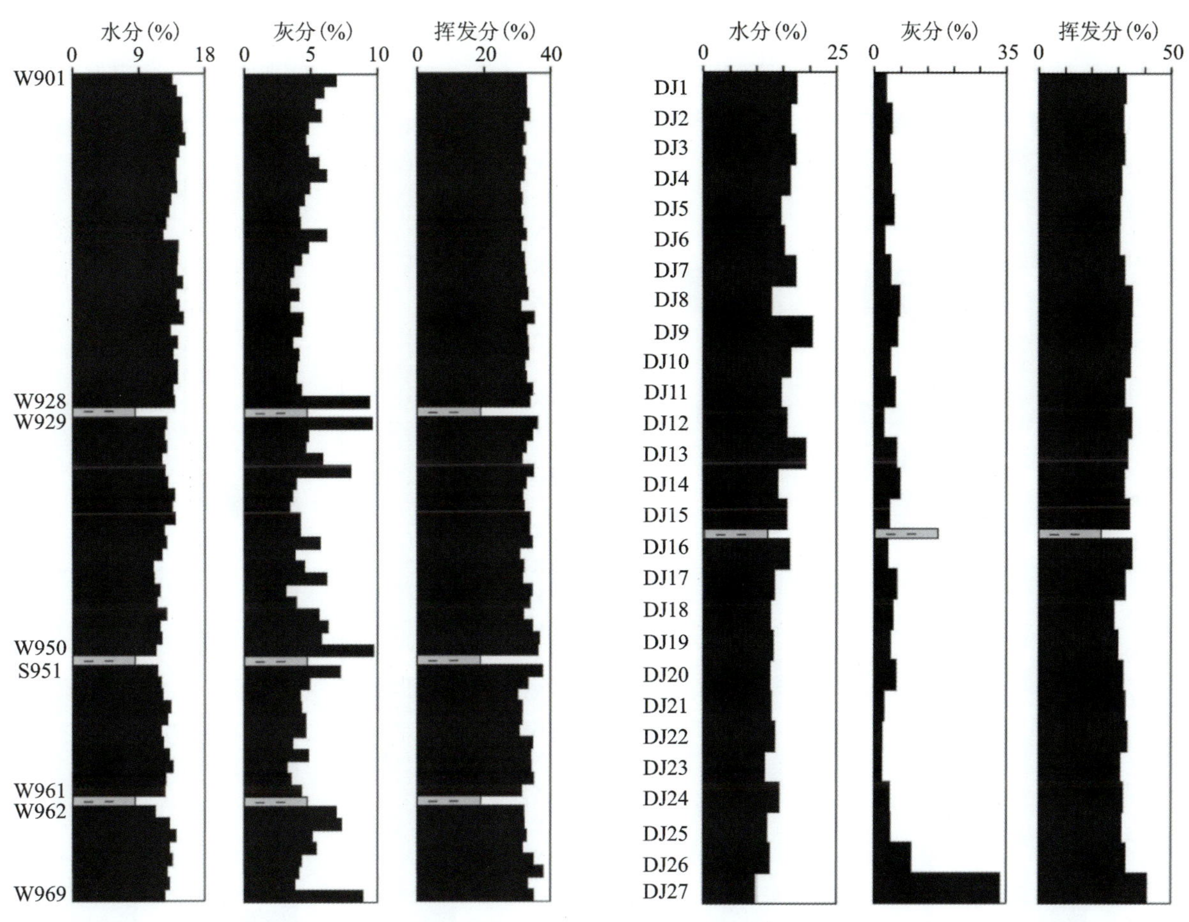

图 6-3-1 准东煤田五彩湾勘探区 ZK1805 钻孔煤的工业分析垂向分布

图 6-3-2 准东煤田大井勘探区 ZKW0413 钻孔煤的工业分析垂向分布

南黄草湖勘探区 ZK1606 钻孔煤层煤中水分含量为 5.6%～12.0%，平均含量为 8.9%；灰分产率为 2.2%～25.9%，平均含量为 6.8%。挥发分产率为 29.3%～48.5%，平均含量为 33.4%。由下部煤层向上部煤层煤中水分和灰分产率、挥发分产率都具有增高的趋势。在靠近煤层底板、顶板和夹矸的煤分层具增高的灰分产率，薄煤层具相对高的灰分产率，在上部煤层的中部煤灰分产率增高(图 6-3-3)。

西黑山勘探区 ZK1105 钻孔煤层水分含量为 8.1%～12.3%，平均含量为 9.7%；灰分产率为 2.8%～23.2%，平均含量为 5.7%。挥发分产率为 29.9%～37.2%，平均含量为 32.2%。总体来看，虽然上、下煤层煤中的水分含量差异不明显，但下部煤层煤中的平均水分含量约低于上部煤层；除靠近煤层夹矸的煤分层和上部煤层的局部层段灰分产率和挥发分产率相对较高外，这些煤层煤中的平均灰分产率和挥发分产率没有明显变化(图 6-3-4)。

3)平面分布特征

基于对准东煤田勘探钻孔中西山窑组煤的灰分和挥发分产率的平均值分别编制了灰分和挥发分产率平面等值线图(图 6-3-5，图 6-3-6)。由灰分产率平面等值线图可以看出，准东煤田东部(西黑山矿区)煤中的灰分产率相对高于中部和西部矿区(大井和五彩湾矿区)。煤田东部灰分产率等值线呈近东西向分带，相对高值区分布在石浅滩、黄草湖、将军庙和南黄草湖勘探区一带以及西黑山和红沙泉勘探区之间。中部和西部矿区（大井和五彩湾矿区）煤中灰分产率表现为南北向分带，在矿区的北部和南部边缘出现相对高值带，特别是大井矿区中部大面积出现非常低的灰分产率带（图 6-3-5）。灰分产率的这种分布特征可能主要受物源水系的影响，在西部和中部矿区，物源水系不发育，煤层仅边缘出现高灰值；在东部矿区，物源水系相对发育，煤的高灰分产率分布与粗碎屑体系的分布具有明显的一致性。

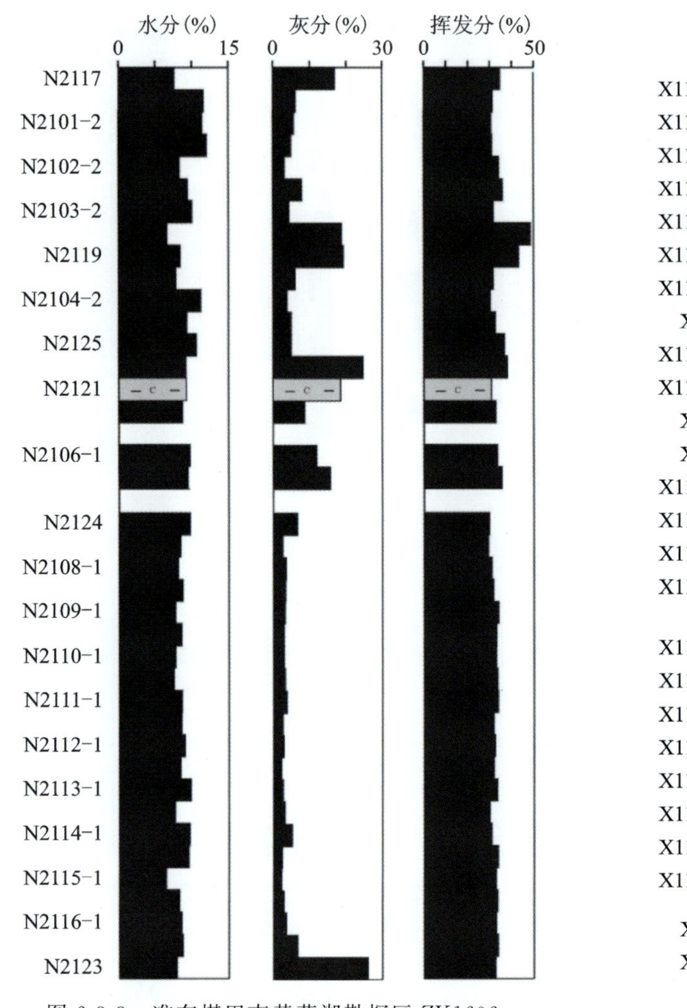

图 6-3-3　准东煤田南黄草湖勘探区 ZK1606 钻孔煤的工业分析垂向分布

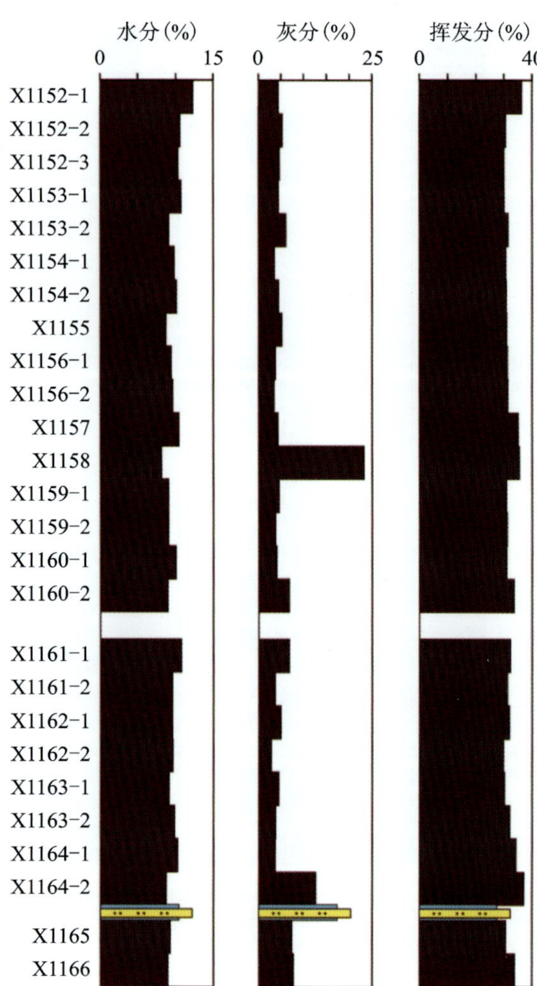

图 6-3-4　准东煤田西黑山勘探区 ZK1105 钻孔煤的工业分析垂向分布

煤的挥发分产率总体分布以 30%～35%挥发分产率区间为主，相对高的挥发分产率区（35%～40%）主要分布于东部梧桐窝子勘查区和零星分布于中部和西部矿区，相对低的挥发分产率区（25%～30%）主要分布在该煤田的中部大井和石浅滩勘探区（图 6-3-6）。相对低的挥发分产率区可能与该区域煤中具有高的惰质组含量和处于相对氧化的泥炭沼泽环境有关。

准东煤田整体全硫含量较低，在 0.4%～0.8%之间。总体而言，西部矿区煤中全硫含量大于东部全硫含量，中部全硫含量较低，在 0.4%～0.6%之间，并出现 3 个全硫含量低值区，全硫含量小于 0.2%。硫含量较高的煤主要出现在五彩湾矿区煤层火烧区和露头区附近，全硫含量大于 0.9%（图 6-3-7）。准东煤田含煤地层形成于内陆淡水盆地，总体具有低到特低的硫含量，局部具有相对高的硫含量。准东煤田煤中全硫含量的分布特征表明，相对高硫含量的煤主要分布在煤田边缘浅部区，可能主要与煤层的火烧和靠近煤层露头硫的次生富集有关。

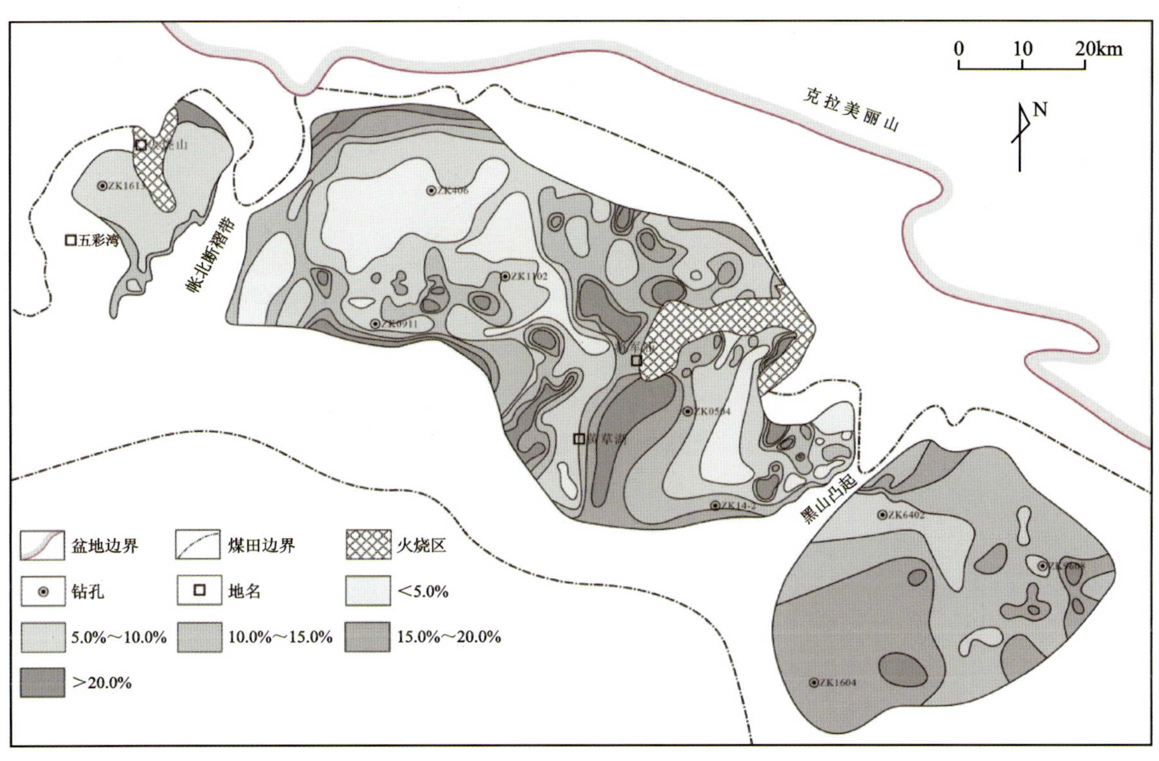

图 6-3-5 准东煤田西山窑组可采煤层灰分产率等值线图

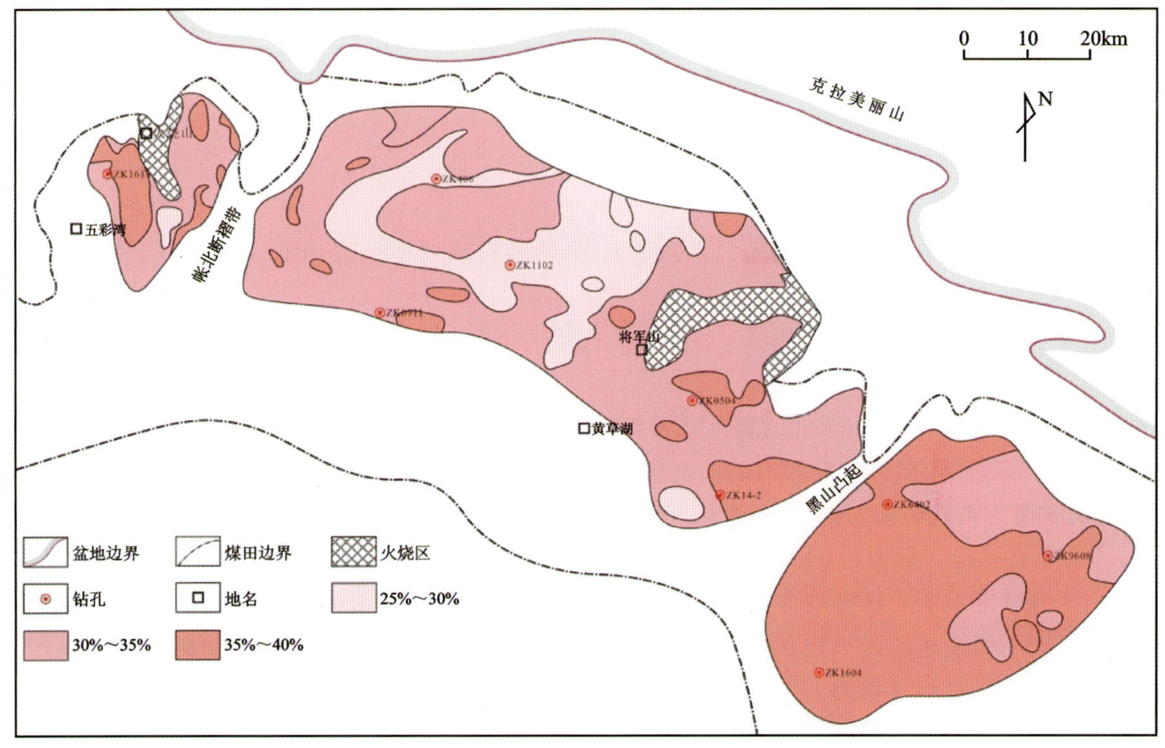

图 6-3-6 准东煤田西山窑组可采煤层挥发分产率等值线图

2. 煤的元素分析

煤的元素分析包括煤中碳、氢、氮和氧+硫。根据准东煤田勘探成果资料，八道湾组煤中 C 元素平

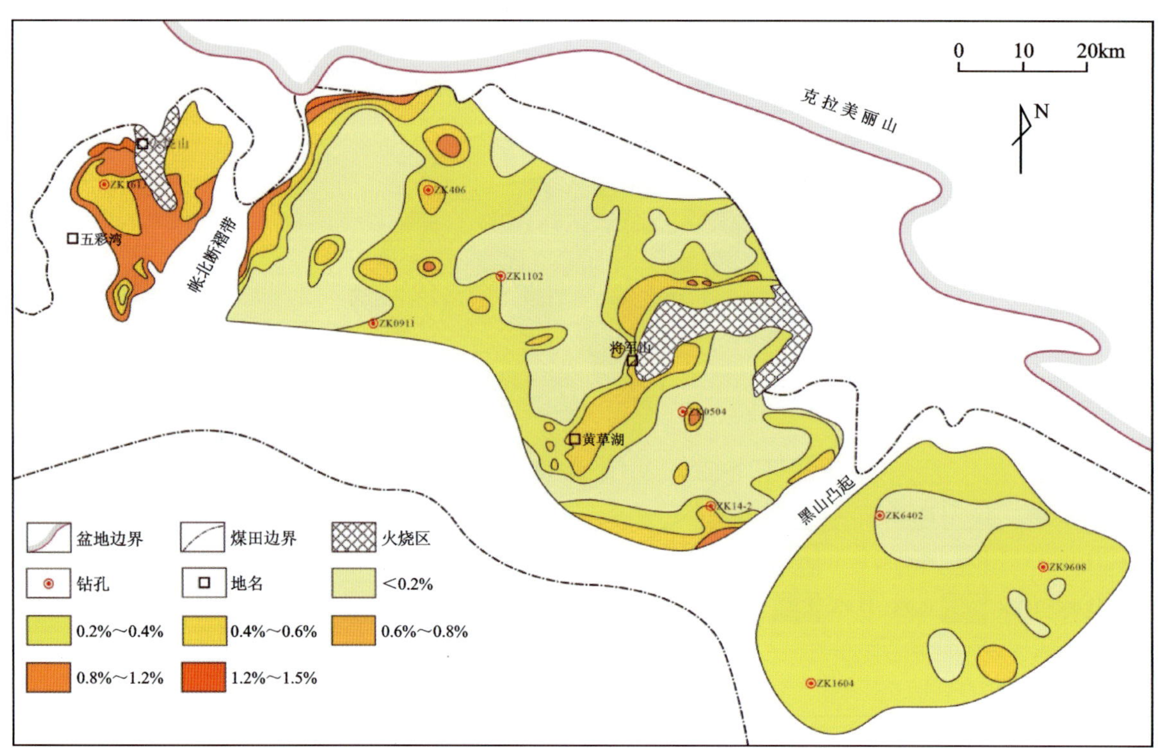

图 6-3-7 准东煤田西山窑组可采煤层全硫含量等值线图

均含量介于 76.40%～77.65%，H 元素平均含量介于 5.14%～5.90%，N 元素平均含量介于 1.14%～1.35%，O_2+S 元素平均含量介于 14.68%～17.43%(表 6-3-1)。

西山窑组煤中 C 元素平均含量介于 77.26%～80.38%，H 元素平均含量介于 3.81%～4.47%，N 元素平均含量介于 0.79%～1.02%，O_2+S 平均含量介于 14.26%～17.26%(表 6-3-2)。

石树沟群煤中 C 含量介于 68.0%～80.4%，H 含量介于 4.04%～5.47%，N 含量介于 0.83%～1.84%，O_2+S 含量介于 14.7%～25.5%。总体来看，该煤田内各矿区煤中 C、H、N、O_2、S 平均含量变化较小(表 6-3-3)。

3. 煤中有害元素

准东煤田煤中总体具有相对低的有害元素含量。八道湾组煤中全硫平均含量 0.40%，不同勘探区平均含量为 0.29%～0.61%。五彩湾矿区全硫平均含量相对较高，而西黑山矿区全硫平均含量相对较低。煤中硫主要为黄铁矿硫，其次为有机硫，其中黄铁矿硫约占全硫含量的 57%，有机硫约占全硫含量的 43%。磷元素平均含量为 0.046%，不同勘探区平均含量为 0.003%～0.227%，将军庙矿区平均含量相对较高，大井和老君庙矿区平均含量相对较低。氯元素平均含量为 0.048，不同勘探区平均含量为 0.020%～0.068%，将军庙矿区平均含量相对较高，而西黑山矿区平均含量相对较低。砷元素平均含量为 3.64%，不同勘探区平均含量为 1～10.2μg/g，西黑山矿区平均含量相对较高(表 6-3-4)。总体来看，八道湾组煤属特低—低硫、低磷、特低—低氯、一级含砷—二级含砷煤。

西山窑组煤中全硫平均含量为 0.32%，不同勘探区平均含量为 0.21%～0.53%(表 6-3-5)。从煤中全硫含量的平面分布来看(图 6-3-7)，西部五彩湾矿区煤中全硫含量相对较高，硫含量较高的煤主要出现在五彩湾矿区煤层火烧区和露头区附近；中东部全硫含量相对较低，大部分区域小于 0.4%。煤中硫主要为黄铁矿硫(53%)，其次为有机硫(38%)，硫酸盐硫较少(9%)。磷元素平均含量为 0.018%，不同勘探区平均含量为0.01%～0.034%，煤田东部含量相对较高；氯元素平均含量为0.063%，不同勘探区平均含量为0.047%～0.078%，煤田东部含量相对较高；砷元素平均含量为1.71%，不同勘探区平均含量为1～2.22μg/g，煤田东部含量相对较高(表6-3-5)。总体来看，西山窑组煤属特低—低硫、低磷、特低氯—低氯、一级含砷煤—二级含砷煤。

表6-3-4 准东煤田八道湾组煤中有害元素和发热量

项目		矿区/勘查区						全区平均
		五彩湾	大井	将军庙	西黑山	老君庙	梧桐窝子	
有害元素	S_{td}(%)	0.23～0.93 0.61	0.37～0.41 0.38	0.26～0.59 0.43	0.27～0.32 0.29	0.16～0.63 0.34	0.23～0.52 0.35	0.40
	P_d	0.002～0.064 0.02	0.002～0.003 0.003	0.014～0.513 0.227	0.006	0～0.010 0.003	0.006～0.026 0.015	0.046
	Cl_d(%)	0.031～0.038 0.035	0.043～0.059 0.049	0.052～0.086 0.074	0.003～0.034 0.02	0.015～0.139 0.068	0.010～0.060 0.041	0.048
	As_d(μg/g)	2～8.5 4.64	2	2～6 3	3～20 10.2	0～3 1	0～3 1	3.64
发热量	$Q_{gr,d}$(MJ/kg)	24.37～32.53 27.29	28.53～30.06 29.09	23.60～27.62 25.61	22.18～30.14 26.88	21.21～30.22 26.28	19.33～29.47 24.78	26.66

表6-3-5 准东煤田西山窑组煤中有害元素和发热量

项目		矿区/勘查区						全区平均
		五彩湾	大井	将军庙	西黑山	老君庙	梧桐窝子	
有害元素	S_{td}(%)	0.001～3.20 0.53	0.12～0.81 0.37	0.04～0.88 0.25	0.06～0.73 0.21	0.04～3.32 0.32	0.01～1.62 0.25	0.32
	P_d(%)	0～0.045 0.014	0.001～0.092 0.012	0～0.08 0.01	0.002～0.104 0.02	0～0.519 0.034	0～0.327 0.018	0.018
	Cl_d(%)	0.01～0.84 0.047	0.039～0.07 0.049	0.01～0.77 0.07	0.008～0.164 0.07	0.005～0.963 0.078	0～0.480 0.061	0.063
	As_d(μg/g)	0～2 1.42	0～9 1	0～8 1.61	0～5 2.22	0～5 2	0～26 2	1.71
发热量	$Q_{gr,d}$(MJ/kg)	18.95～34.44 27.23	21.78～31.76 28.37	18.94～30.62 26.31	19.54～30.80 27.54	18.57～29.47 26.54	17.36～30.87 26.59	27.10

石树沟群煤中全硫含量在大井和将军庙矿区内较高，原煤S_{td}含量平均为3.92%～4.73%，属高硫煤。在老君庙矿区和梧桐窝子勘查区煤层具有低的全硫含量，原煤S_{td}含量平均为0.29%，属特低硫煤。煤中硫主要为黄铁矿硫(66.1%)，其次为有机硫(33.4%)，少量的硫酸盐硫(0.6%)。原煤P含量全区平均为0.020%，属低磷分煤。F含量全区平均为101μg/g，属低氟煤。Cl含量全区平均为0.041%，属特低氯煤。As含量在大井和将军庙矿区较高，平均含量为46～46.2μg/g，为高砷煤，在老君庙和梧桐窝子勘查区较低，平均含量为1～2μg/g，为一级含砷煤(表6-3-6)。

二、煤的工艺性能

1.发热量

八道湾组煤的干基高位发热量，各矿区平均为24.78～29.09MJ/kg，全区平均为26.66MJ/kg(表6-3-4)。西山窑组煤的干基高位发热量，各矿区平均为26.31～28.37MJ/kg，全区平均为27.10MJ/kg(表6-3-5)。石树沟群煤的干基高位发热量为20.39～31.13MJ/kg，平均为25.48MJ/kg。这些煤均属中高—高发热量煤。

表 6-3-6　准东煤田石树沟群煤中有害元素和发热量

项目		矿区/勘查区				全区平均	
		大井	将军庙	老君庙	梧桐窝子		
有害元素	S_{td}(%)	0.45～12.27 3.92 (16)	4.73	0.13～0.40 0.26(4)	0.19～0.51 0.32(6)	2.31	不计高硫
	P_d(%)	0.005～0.056 0.022 (9)	0.018	0.003 (1)	0.002～0.084 0.028 (6)		
	F_d(μg/g)		65		38～343 137(6)	101	
	Cl_d(%)	0.038～0.057 0.04 (9)	0.067	0.033 (1)	0.009～0.040 0.023 (6)	0.041	
	As_d(μg/g)	7～125 46.2(9)	46	1(1)	1～4 2(6)	2	不计高砷
发热量	$Q_{gr,d}$(MJ/kg)	20.39～31.13 24.98(17)	24.13	26.77～28.63 27.75(4)	22.70～28.81 25.05(6)	25.48	

2. 煤的黏结性

准东煤田八道湾组、西山窑组和石树沟群主要煤层煤的黏结指数大多为 0，少数点为 1，属无黏结煤。

3. 低温干馏

准东煤田五彩湾矿区八道湾组煤具有相对高的低温干馏焦油产率，平均低温干馏焦油产率范围 2.5%～14.1%，属含油煤和富油煤。准东煤田西山窑组煤具有相对低的低温干馏焦油产率，平均低温干馏焦油产率范围 3.11%～5.7%，均不超过 7%，属含油煤。大井矿区和将军庙矿区石树沟群煤平均低温干馏焦油产率范围 5.4%～6.1%，均不超过 7%，属含油煤。

4. 煤的灰成分

八道湾组煤灰成分以 SiO_2 为主，次为 Al_2O_3。SiO_2 含量为 12.64%～60.14%，Al_2O_3 含量为 11.24%～28.06%，CaO 含量为 4.36%～30.28%，Fe_2O_3 含量为 2.16%～20.98%，SO_3 含量为 0.46%～18.74%，MgO 含量为 1.20%～5.44%，TiO_2 含量为 0.29%～1.55%，属硅质灰分(表 6-3-7)。

西山窑组煤灰成分以 SiO_2 和 CaO 为主，次为 SO_3、Fe_2O_3、TiO_2、Al_2O_3、MgO，另有少量 Na_2O、K_2O。各矿区 SiO_2 含量为 4.1%～70.5%，平均含量为 39.46%；Al_2O_3 含量为 0.9%～43.8%，平均含量为 16.34%；Fe_2O_3 含量为 0.19%～42.9%，平均含量为 10.82%；CaO 含量为 0.57%～51.1%，平均含量为 13.36%；MgO 含量为 0.41%～23.12%，平均含量为3.87%；SO_3 含量为 0.05%～27%，平均含量为 6.9%；TiO_2 含量为 0.03%～32.5%，平均含量为 0.95%；K_2O 含量为 0.04%～6.92%，平均含量为 1.24%；Na_2O 含量为 0.13%～12.5%，平均含量为 3.05%；P_2O_5 含量为 0～4.97%，平均含量为 0.35%；MnO_2 含量为 0～3.376%，平均含量为 0.163%。综合分析认为，五彩湾 B2 煤灰为混合质煤灰类型，五彩湾 B1，大井 B1，老君庙 B1、B3 和 B7 为钙质成分煤灰类型，大井 B2 为铁质成分煤灰类型，老君庙 B4 和梧桐窝子为硅质成分煤灰类型(表 6-3-8)。

石树沟群煤灰成分：在大井矿区以 SiO_2 为主，具有相对高的 Fe_2O_3 含量，属铁质灰分；在梧桐窝子勘查区以 SiO_2 为主，具有相对高的 CaO 含量，属钙质灰分(表 6-3-9)。

5. 煤灰熔融性

五彩湾矿区八道湾组煤灰软化温度 1170～1340℃，属较低—中等软化温度灰；梧桐窝子勘查区八道湾组煤灰软化温度 1240～1400℃，平均为 1323℃，属较中等软化温度灰(表 6-3-10)。

表 6-3-7 准东煤田八道湾组煤灰成分

单位：%

矿区/勘查区	煤灰成分											煤灰类型
	SiO_2	Al_2O_3	TiO_2	CaO	MgO	SO_3	Fe_2O_3	K_2O	Na_2O	MnO_2	P_2O_5	
五彩湾	12.6～58.1	11.24～28.06	0.3～1.55	4.36～30.28	1.20～5.44	0.5～18.7	2.16～20.98					硅质
梧桐窝子	38.0～60.1 47.7(4)	17.2～26.0 21.6(4)	0.4～0.7 0.6(4)	2.5～13.5 6.8(4)	1.5～2.7 2.1(4)	1.8～5.7 3.8(4)	3.7～17.6 10.3(4)	0.2～1.8 0.9(4)	1.1～6.3 2.9(4)	0.1～1.0 2.9(4)	0.1～0.7 0.34(4)	硅质

表 6-3-8 准东煤田西山窑组煤灰成分

单位：%

矿区/勘查区	煤层编号	煤灰成分											煤灰类型
		SiO_2	Al_2O_3	TiO_2	CaO	MgO	SO_3	Fe_2O_3	K_2O	Na_2O	MnO_2	P_2O_5	
五彩湾	B2	6.5～70.5 32.1(40)	3.2～18.1 10.0(40)	0.12～27.7 1.34(40)	4.98～35.8 16.8(40)	2.9～10.2 5.5(40)	1.9～24.3 11.5(40)	2.6～26.8 8.3(35)	0.28～1.4 0.67(40)	1.03～11.2 5.5(40)	0.06～0.54 0.21(40)	0.09～1.53 0.30(40)	混合质
	B1	8.8～66.5 30.2(53)	3.6～22.1 10.6(53)	0.26～9.1 0.9(53)	4.4～29.2 17.7(53)	1.63～13.7 5.96(53)	1.3～27.0 14.3(53)	3.24～25.0 13.12(53)	0.22～1.5 0.7(42)	1.0～12.5 3.9(42)	0.02～0.44 0.13(42)	0.02～0.85 0.18(42)	钙质灰分
大井	B2	5.8～48.3 27.4(5)	2.3～20.3 11.26(5)	0.58～1.06 0.8(5)	6.1～21.8 13.0(5)	2.0～4.6 3.51(5)	5.04～25.55 11.42(5)	6.44～39.5 26.85(5)					铁质灰分
	B1	10.8～43.6 25.8(41)	6.1～34.2 14.0(41)	0.32～1.8 0.9(41)	7.1～34.0 19.4(41)	2.9～18.0 7.4(41)	2.64～23.03 10.72(41)	3.52～25.1 11.59(41)					钙质灰分
老君庙	B7	11.9～62.3 27.3(7)	4.6～30.0 13.3(7)	0.12～32.5 2.9(7)	2.1～27.7 14.3(7)	1.4～9.99 4.56(7)	0.92～14.0 8.11(7)	0.19～33.2 14.61(7)	0.25～2.58 0.98(3)	1.32～8.62 3.35(3)	0～0.99 0.27(2)	0.01～2.59 0.58(3)	钙质灰分
	B4	4.1～57.5 41.9(6)	0.9～43.8 16.8(6)	0.11～10.3 1.8(6)	1.6～42.0 8.3(6)	1.48～23.12 3.51(6)	0.75～11.1 3.53(6)	2.01～38.5 10.8(6)	0.81～2.75 1.13(2)	1.00～4.76 2.23(2)	0.010～0.87 0.5(2)	0.11～3.84 1.27(2)	硅质灰分
	B3	9.6～62.7 38.0(7)	1.2～24.0 15.4(7)	0.22～9.3 1.4(7)	0.57～35.2 10.7(7)	1.22～9.73 4.05(7)	0.52～19.9 4.85(7)	2.14～30.7 14.72(7)	0.39～2.78 1.35(3)	0.94～10.13 2.86(3)	0.010～0.776 0.104 (3)	0.05～4.97 1.28(3)	钙质灰分
	B1	11.7～65.0 38.6(7)	1.0～28.3 16.3(7)	0.1～26.1 2.1(7)	0.83～30.8 10.5(7)	0.66～9.34 3.32(7)	0.16～15.2 4.75(7)	0.44～37.7 13.59(7)	0.09～2.78 0.89(3)	0.69～10.18 2.51(3)	0～3.376 0.163 (3)	0～2.86 0.75(3)	钙质灰分

续表 6-3-8

矿区/勘查区	煤层编号	煤灰成分											煤灰类型
		SiO_2	Al_2O_3	TiO_2	CaO	MgO	SO_3	Fe_2O_3	K_2O	Na_2O	MnO_2	P_2O_5	
梧桐窝子	B21	10.7～60.5 44.2(45)	6.2～26.7 18.8(45)	0.21～2.5 0.81(45)	2.12～48.9 12.0(45)	1.04～8.25 2.66(45)	0.48～14.1 4.20(45)	1.93～34.7 10.12(45)	0.11～3.08 1.47(45)	0.13～8.5 2.42(45)	0～2.13 0.41(14)	0.03～4.61 0.43(45)	硅质
	B18	17.4～64.7 43.8(56)	9.4～27.3 19.2(56)	0.33～1.33 0.76(56)	1.14～24.4 10.2(56)	0.79～5.91 2.57(56)	0.05～14.6 4.30(56)	2.40～42.9 12.53(56)	0.31～3.34 1.44(56)	0.57～7.93 2.59(56)	0～1.52 040(15)	0.04～2.91 0.35(56)	硅质
	B15	15.1～66.4 47.4(66)	6.4～26.9 20.0(66)	0.03～1.29 0.81(66)	1.22～48.4 10.3(66)	1.05～9.94 2.64(66)	0.21～16.9 3.98(66)	1.68～23.5 7.87(66)	0.20～6.92 1.68(66)	0.66～8.37 2.52(66)	0～2.97 0.46(18)	0.03～2.51 0.38(66)	硅质
	B12	10.3～68.0 45.7(82)	3.2～28.5 18.7(82)	0.16～1.31 0.82(82)	1.54～51.1 12.0(82)	0.41～9.46 2.51(82)	0.28～20.6 3.82(82)	1.68～42.7 9.77(82)	0.04～2.55 1.20(82)	0.49～7.71 2.56(82)	0～2.68 0.49(18)	0.03～4.37 0.32(82)	硅质

表 6-3-9 准东煤田石树沟群煤灰成分

单位：%

矿区	煤灰成分											煤灰类型
	SiO_2	Al_2O_3	TiO_2	CaO	MgO	SO_3	Fe_2O_3	K_2O	Na_2O	MnO_2	P_2O_5	
大井	15.93～55.89 31.75(5)	8.62～20.05 14.13(5)	0.68～1.4 1(5)	3.12～11.61 8.05(5)	1.48～5.3 2.67 (5)	0.74～21.36 11.99(5)	13.5～30.86 23.49(5)					铁质灰分
梧桐窝子	19.20～50.32 29.50(4)	5.24～22.43 14.42(4)	0.21～1.12 0.59(4)	5.47～40.15 25.70(4)	0.21～3.23 3.10(4)	2.54～9.85 4.95(4)	3.90～15.65 7.29(4)	0.56～1.81 0.91(4)	1.75～5.17 3.77(4)	0.00～3.47 1.17(4)	0.15～0.48 0.32(4)	钙质灰分

表 6-3-10 八道湾组煤灰熔融性测试结果 单位:℃

矿区/勘查区	变形温度 DT	软化温度 ST	半球温度 HT	流动温度 FT	熔融级别
五彩湾		1170～1340			低—中等软化温度灰
梧桐窝子	1230～1400/1310(4)	1240～1400/1323(4)	1250～1400/1328(4)	1260～1400/1333(4)	中等软化温度灰

五彩湾矿区和西黑山矿区西山窑组煤灰，大井矿区 B1 煤灰，以及老君庙矿区 B1、B3 和 B7 煤灰属较低软化温度灰；梧桐窝子勘查区西山窑组煤灰，大井矿区 B2 煤灰以及老君庙矿区 B4 煤灰属中等软化温度灰(表 6-3-11)。

表 6-3-11 准东煤田西山窑组煤灰熔融性测试结果 单位:℃

矿区/勘查区	煤层编号	变形温度 DT	软化温度 ST	半球温度 HT	流动温度 FT	熔融级别
五彩湾	B2	1020～1571/1 123.11(41)	1030～1616/1 147.55(41)	1040～1642/1 178.53(41)	1050～1670/1 200.61(41)	较低软化温度灰
	B1	1030～1400/1 151.83(53)	1060～1400/1 178.56(53)	1080～1270/1 189.15(43)	1084～1439/1 227.13(53)	较低软化温度灰
大井	B2	1030～1370/1205(4)	1050～>1400/1255(4)		1080～>1400/1275(4)	中等软化温度灰
	B1	853.62～>1400/1 285.46(23)	527.53～>1400/972.45(23)		464.97～>1400/963.74(23)	低软化温度灰
西黑山	B6	1060～1250/1163(26)	1100～1260/1192(26)	1100～1290/1143(26)	1110～1390/1244(26)	较低软化温度灰
	B3	1010～1290/1101(41)	1050～1300/1149(41)	1070～1290/1146(40)	1070～1340/1184(41)	较低软化温度灰
	B2	1050～1340/1170(36)	1110～1367/1170(36)	1110～1370/1179(36)	1130～1457/1219(36)	较低软化温度灰
	B1	1060～1360/1141(24)	1080～1400/1182(24)	1090～1280/1188(24)	1100～1450/1190(24)	较低软化温度灰
老君庙	B7	1020～1400/1159(7)	1030～>1400/1183(7)	1040～>1400/1194(7)	1060～>1400/1228(7)	较低软化温度灰
	B4	1030～1340/1161(6)	1050～1390/1273(6)	1060～1400/1281(6)	1080～>1400/1305(6)	中等软化温度灰
	B3	1030～1380/1164(7)	1050～1370/1196(7)	1090～1400/1204(7)	1110～>1400/1266(7)	较低软化温度灰
	B1	1090～1400/1195(2)	1100～1400/1215(2)	1120～1400/1226(2)	1140～1400/1254(2)	较低软化温度灰
梧桐窝子	B21	1090～1380/1218(45)	1130～1410/1267(45)	1140～1450/1285(45)	1150～1480/1309(45)	中等软化温度
	B18	1080～1420/1218(56)	1130～1500/1270(56)	1140～1500/1288(56)	1150～1500/1314(56)	中等软化温度
	B15	1070～1450/1227(66)	1080～1500/1269(66)	1100～1500/1284(66)	1130～1500/1310(66)	中等软化温度
	B12	1070～1460/1219(82)	1080～1500/1270(82)	1090～1500/1288(82)	1130～1500/1313(82)	中等软化温度

大井矿区石树沟群煤的灰熔融性属较低软化温度灰，梧桐窝子为中等软化温度灰(表 6-3-12)。

表 6-3-12　石树沟群煤层煤灰熔融性测试成果统计表

单位：℃

矿区	变形温度	软化温度	半球温度	流动温度	熔融级别
	DT	ST	HT	FT	
大井	1020～1 135.12 1 058.78(4)	1040～1 190.49 1 092.62(4)		1090～1280 1 188.96(4)	较低软化温度灰
梧桐窝子	1200～1380 1270(4)	1240～1400 1300(4)	1260～1400 1313(4)	1280～1400 1328(4)	中等软化温度灰

6. 煤的可磨性

按煤的哈氏可磨性指数分级标准，五彩湾矿区八道湾组煤的可磨指数为 53～61，属较难磨煤；西黑山煤的可磨性指数为 102，可磨性指数大于 100，属极易磨煤。

准东煤田西山窑组煤可磨性测试结果表明，五彩湾煤为易磨煤，大井煤为易磨—极易磨煤，将军庙为易磨—极易磨煤，西黑山为易磨—极易磨煤，老君庙为易磨煤，梧桐窝子为中等—易磨煤。

大井矿区石树沟群煤的可磨指数为 69，属中等可磨煤。

7. 煤的热稳定性

依据《煤的热稳定性分级》(MT/T 560—2008)，大井矿区煤 $TS_{+6}<60\%$，为低热稳定性煤($TS_{+6}<60\%$)；西黑山矿区 B1、B2 和 B3 煤为低热稳定性煤，B6 煤为中热稳定性煤($TS_{+6}>60\%$)；老君庙矿区 B1 和 B3 为低热稳定性煤，B4 和 B7 为中热稳定性煤；梧桐窝子勘查区 B12 煤为中热稳定性煤，B15、B18 和 B21 煤为中高热稳定性煤($TS_{+6}>70\%$)(表 6-3-13)。

表 6-3-13　西山窑组煤的热稳定性测试统计表

单位：%

矿区	煤层编号	热稳定性		
		TS_{+6}	TS_{3-6}	TS_{-3}
大井区	B2	31.5～45.9 38.63(3)	44.3～55.4 51.1(3)	8.9～13.1 10.6(3)
	B1	45.47～74.79 55.76(12)	20.41～43.16 34.92(12)	4.20～17.52 8.75(12)
西黑山区	B6	26.2～75.4 60.61(20)	17.9～64.7 31.61(20)	2.2～21.41 9.09(20)
	B3	5.5～70.1 49.6(31)	10.2～72.2 39.29(31)	49～25.33 10.09(31)
	B2	25.9～71.5 58.06(19)	18.1～58.48 31.01(19)	3～34.6 13.70(16)
	B1	4.6～76.4 54.47(27)	16.7～73.1 35.31(27)	9.86(27)

续表 6-3-13

矿区	煤层编号	热稳定性		
		TS_{+6}	TS_{3-6}	TS_{-3}
老君庙区	B7	57.5～71.3 60(2)	24.0～46.1 36.9(2)	2.4～6.6 3.3(2)
	B4	60.5～61.8 61.2(2)	35.4～36.0 35.7(2)	2.8～3.5 3.2(2)
	B3	48.1～71.5 58.8(3)	26.2～44.6 37.2(3)	2.3～7.3 3.97(3)
	B1	23.6～66.0 49.5(5)	24.5～65.5 44.0(5)	1.5～10.9 5.0(5)
梧桐窝子区	B21	42.9～92.8 71.1(6)	6.5～55.7 27.1(6)	0.7～3.0 1.5(6)
	B18	58.6～87.9 70.8(7)	8.9～38.6 26.9(7)	1.2～2.6 1.9(7)
	B15	66.3～88.9 75.0(6)	9.9～32.3 23.2(6)	0.6～2.4 1.5(6)
	B12	50.9～83.2 64.0(11)	15.5～47.4 34.1(11)	0.8～2.5 1.5(11)

8. 煤的活性(反应性)

准东煤田西黑山矿区八道湾组煤与二氧化碳的反应能力测试显示，随温度增高，在 950℃ 的高温下煤对二氧化碳的分解率为 78.6，在 1100℃ 的高温下煤对二氧化碳的分解率为 100.0%，说明煤对二氧化碳的反应能力很强，煤活性大。

准东煤田西山窑组煤的活性测试结果表明，煤与二氧化碳的反应能力随温度的增加而增高，在 950℃ 的高温下煤对二氧化碳的分解率平均为 61.6%～100.0%，说明各煤层的煤对二氧化碳的反应能力强，煤活性大。

三、煤类和工业用途

1. 煤类

按照《中国煤炭分类标准》(GB/T 5751—2009)，主要以浮煤的挥发分产率和黏结指标，并参考透光率来划分煤类。

八道湾组煤的镜质体反射率为 0.30%～0.43%，煤的透光率 74%，煤的变质阶段为 0～Ⅰ阶段，即低变质烟煤阶段。原煤平均挥发分产率为 47.21%，浮煤平均挥发分产率为 46.52%，黏结指数(GR.I)为 0，煤炭分类属 41 号长焰煤(CY41)。

西山窑组煤的镜质体反射率为0.30%～0.49%，煤的变质阶段为0～Ⅰ阶段，煤的透光率平均71.25%，浮煤平均挥发分产率为35.50%，黏结指数为0，煤炭分类以31号不黏煤为主(BN31)，个别点为41号长焰煤。

石树沟群煤的镜质体反射率0.35%～0.37%，煤变质阶段为0阶段，煤的透光率为44.98%，挥发分平均产率为41.9%～43.3%，黏结指数为0，煤的透光率为44.98%，煤炭分类属52号老褐煤(HM2)—41号长焰煤(CY41)。其中西部矿区五彩湾一带主要为52号老褐煤、大井矿区一带以41号长焰煤为主。

2. 工业用途

准东煤田八道湾组煤为低灰、特低硫、低磷、中高—高发热量的41号长焰煤(CY41)，是良好的工业动力发电和民用煤。

西山窑组煤以31号不黏煤(BN31)为主，是特低—低灰、特低硫、特低磷—低磷、具有中高—高发热量、含油、极易磨等特点，是良好的工业动力发电和民用煤。此外，煤气化指标较好，也可考虑作为气化用煤和化工用煤。

石树沟群煤以低灰、特低硫、低磷、中高发热量的31号不黏煤(BN31)和41号长焰煤(CY41)为主，是良好的工业动力发电和民用煤。

第四节　煤地球化学特征

准东煤田煤地球化学研究样品分别采自五彩湾矿区芦草沟勘探区(ZK2809钻孔，9件)、五彩湾矿区五彩湾勘探区(ZK1805钻孔，69件)、大井矿区大井勘探区(ZKW0413钻孔，27件)、西黑山矿区西黑山勘探区(ZK0402钻孔，31件)和西黑山矿区岌岌湖西勘探区(ZKJ124钻孔，26件)的钻孔煤心，总计样品数162件(图6-1-1)，样品均采自西山窑组煤层。所采样品采用全煤心粉碎缩分法取样。研究样品在实验室进一步粉碎到0.2mm(用于工业分析)和200目(用于常量和微量元素测定)。常量和微量元素测定采取先硝酸，后硝酸加氢氟酸两步溶样法溶解样品，所制取的样品溶液采用电感耦合等离子原子发射光谱(ICP-AES)和电感耦合等离子质谱(ICP-MS)进行了常量和微量元素含量测定。

一、元素含量

1. 常量元素的含量

准东煤田不同勘探区钻孔中煤的常量和微量元素含量的平均值，以及中国煤的平均值(Dai et al.，2012)和世界煤的平均值(Ketris and Yudovich，2009)见表6-4-1。由表6-4-1可知，准东煤田芦草沟勘探区ZK2809钻孔中煤的常量元素以Si为主，其次为Al、Ca和Fe，含少量的Na以及微量的K和Mg；五彩湾勘探区ZK1805钻孔中煤的常量元素以Si为主，其次为Ca，含少量的Al和Na以及微量的Fe、Mg和K；大井ZKW0413钻孔中煤的常量元素以Si为主，其次为Al、Ca、Na，含少量或微量的Fe、Mg和K；西黑山勘探区ZK0402钻孔中煤的常量元素以Si为主，其次为Al和Fe，含少量的Ca和Na以及微量的K和Mg；岌岌湖西勘探区ZKJ124钻孔中煤的常量元素以Si为主，其次为Al，含少量的Ca、Fe和Na以及微量的K和Mg；黑梭井勘探区ZK0912钻孔中煤的常量元素以Si为主，其次为Al和Fe，含少量的Ca和Na以及微量的K和Mg；帐南东勘探区ZK1203钻孔中煤的常量元素以Si为主，其次为Ca，含少量的Fe和Na以及微量的Al、K和Mg。总体而言，准东煤田西山窑组煤中常量元素主要由Si组成，其次为Al、Ca、Fe和Na，含少量的Mg和K。

表 6-4-1 准东煤田不同钻孔中煤的常量(%)和微量元素(10^{-6})含量的平均值以及中国煤(据 Dai et al.,2012)和世界煤(据 Ketris and Yudovich,2009)中元素平均含量

元素	芦草沟(ZK2809)	五彩湾(ZK1805)	大井(ZKW0413)	西黑山(ZK0402)	岌岌湖西(ZKJ124)	黑梭井(ZK0912)	帐南东(ZK1203)	准东煤田均值	中国煤均值	世界煤均值
Si (%)	1.6	0.94	1.5	3.5	3.7	2.4	0.72	2.2	3.95	
Al (%)	0.66	0.32	0.45	1.3	1.4	0.9	0.24	0.73	1.58	
Ca (%)	0.77	0.89	0.37	0.47	0.37	0.54	0.53	0.61	0.88	
Fe (%)	0.58	0.23	0.24	0.77	0.62	0.94	0.26	0.47	1.7	
K (%)	0.08	0.02	0.06	0.17	0.19	0.02	0.05	0.08	0.08	
Mg (%)	0.12	0.22	0.15	0.15	0.17	0.16	0.15	0.18	0.13	
Na (%)	0.33	0.27	0.29	0.37	0.35	0.38	0.41	0.32	0.06	
Li	2.1	3.6	3	6.1	6.8	4.5	2.4	4.3	31.8	14
Be	0.14	0.01	0.15	0.71	1.3	1.3	0.11	0.48	2.11	2
B	31	59	25	23	47	18	27	39	53	47
Sc	0.96	0.01	0.46	2	4.8	287	0	1.4	4.38	3.7
P	130	54	103	154	345	2.3	210	155	400	250
Ti	306	119	228	695	784	460	120	366	2002	890
V	8.5	5	5.8	23	40	21	2.2	15	35.1	28
Cr	5.4	3.3	4.3	11	15	8.6	2.7	7	15.4	17
Mn	91	37	41	87	79	149	29	67	116	71
Co	4.4	0.98	0.84	8.8	9.1	8.1	0.96	4.3	7.08	6
Ni	8.2	2	3.2	11	15	10	2.9	6.5	13.7	17
Cu	6.4	2.2	3.8	13	23	9.6	2.2	7.9	17.5	16
Zn	36	6.5	10	21	21	23	30	16	41.4	28
Ga	1.3	0.42	0.74	3.8	4.7	2.8	0	1.9	6.55	6
Ge	0.1	0.03	0.13	0.65	1.1	0.51	0	0.35	2.78	2.4
As	2.1	1.1	0.05	1.5	2.6	2.8	0	1.4	3.79	9
Se	0	0.73	0	0.39	0.03	0	0	0.32	2.47	1.6
Rb	1.8	0.13	1.6	5.2	7.4	2	0.09	2.4	9.25	18
Sr	176	258	118	218	172	242	182	211	140	100
Y	3.6	0.75	1.1	6.8	9.9	8.2	0.84	4	18.2	8.2
Zr	13	5	9.3	32	43	30	4.2	15	89.5	36
Nb	0.49	0.11	0.23	1.4	1.6	1.9	0	0.77	9.44	4
Mo	0.28	0	0	0.23	1.5	0.87	0	0.35	3.08	2.1
Cd	0	0	0	0	0	0	0	0	0.25	0.2
Sn	0	0	0.06	0.61	0.47	0.2	0	0.19	2.11	1.4
Sb	0	0	0	0.13	0.57	0.49	0	0.16	0.84	1

续表 5-14

元素	芦草沟 (ZK2809)	五彩湾 (ZK1805)	大井 (ZKW0413)	西黑山 (ZK0402)	岌岌湖西 (ZKJ124)	黑梭井 (ZK0912)	帐南东 (ZK1203)	准东煤田均值	中国煤均值	世界煤均值
Cs	0.12	0	0.1	0.48	0.82	0.07	0	0.22	1.13	1.1
Ba	53	141	150	552	285	230	86	231	159	150
La	2.5	0.7	0.89	4.2	5.1	6.2	0.58	2.6	22.5	11
Ce	7	2.6	2.95	11	13	13	2.3	6.9	46.7	23
Pr	0.54	0.03	0.07	1	1.2	1.3	0	0.53	6.42	3.4
Nd	3.2	0.75	0.89	5.4	6.8	6.5	0.76	3.1	22.3	12
Sm	0.61	0.03	0.07	1.1	1.6	1.4	0	0.6	4.07	2.2
Eu	0	0	0	0.13	0.03	0.16	0	0.04	0.84	0.43
Gd	0.63	0.02	0.07	1.3	1.7	1.4	0.09	0.66	4.65	2.7
Tb	0	0	0	0	0	0.07	0	0.01	0.62	0.31
Dy	0.32	0	0.07	1.9	1.2	1.3	0	0.66	3.74	2.1
Ho	0	0	0	0	0	0.08	0	0.01	0.96	0.57
Er	0	0	0.03	0.32	0.56	0.55	0	0.2	1.79	1
Tm	0	0	0	0	0	0	0	0	0.64	0.3
Yb	0.1	0	0.04	0.33	0.7	0.47	0	0.69	2.08	1
Lu	0	0	0	0	0	0	0	0	0.38	0.2
Hf	0.13	0	0.09	10	0.96	0.6	0	1.8	3.71	1.2
Ta	0	0	0	0.45	0	0	0	0.07	0.62	0.3
W	0	0	0.1	0.42	0.16	0.04	0	0.11	1.08	0.99
Pb	2.1	1.3	0.71	4.9	4.4	2	0.36	2.27	15.1	9
Th	0.37	0.07	0.14	1.7	1.6	0.94	0	0.67	5.84	3.2
U	0	0	0.05	0.68	0.5	0.18	0.21	0.21	2.43	1.9

与中国煤中常量元素含量相比(Dai et al.,2012),准东煤田不同钻孔煤中 Na 的含量明显高于中国煤,均在中国煤含量的 5 倍以上;除五彩湾 ZK1805 和帐南东 ZK1203 外,其他钻孔煤中的 K 含量超过中国煤;五彩湾 ZK1805、西黑山 ZK0402、芨芨湖西 ZKJ124 和黑梭井 ZK0912 钻孔煤中的 Mg 含量也超过中国煤中 Mg 含量值;其他常量元素含量与中国煤相似或低于中国煤(图 6-4-1)。不同钻孔煤中常量元素含量也有一定差异。西黑山 ZK0402、芨芨湖西 ZKJ124 和黑梭井 ZK0912 钻孔煤中 K 含量高于其他钻孔;西黑山 ZK0402、芨芨湖西 ZKJ124、黑梭井 ZK0912、五彩湾 ZK1805 钻孔煤中 Mg 含量高于其他钻孔(图 6-4-1)。

2. 微量元素的含量

在判断煤中微量元素的富集和亏损程度时可采用富集系数进行评价,其中富集系数为研究样品与参考值的比值。如果研究样品为煤,参考值常采用中国煤(Dai et al.,2012)或世界煤(Ketris and Yudovich,2009)中微量元素含量均值。富集系数< 0.5、0.5~2、2.0~5.0、5.0~10、10~100 和>100

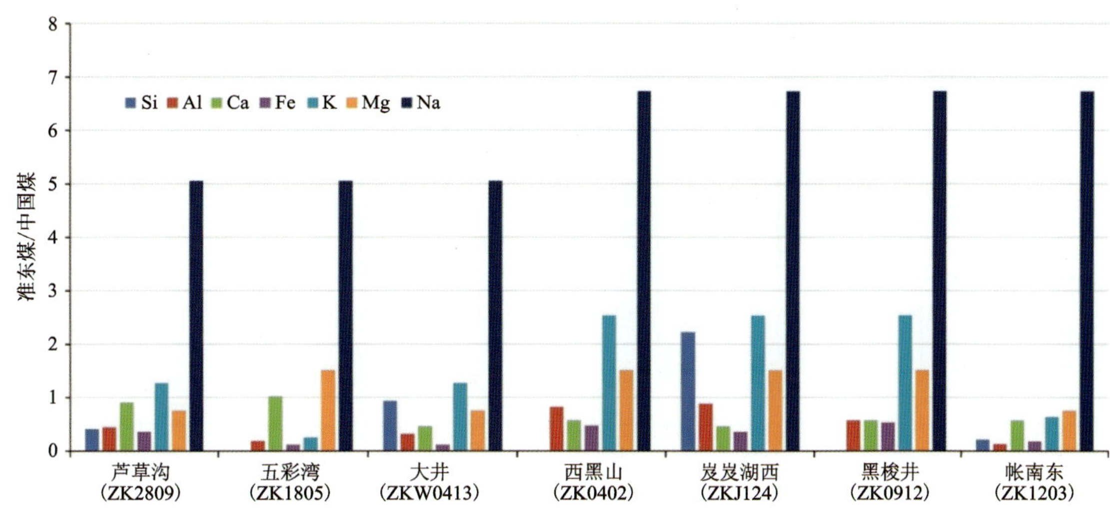

图 6-4-1 准东煤田不同钻孔煤中常量元素含量与中国煤中常量元素的对比

分别指示亏损、正常、轻度富集、富集、高度富集和异常富集(Dai et al.,2015)。

对比世界煤中微量元素丰度(Ketris and Yudovich,2009),准东煤田煤中的大多数微量元素含量低于世界煤中微量元素含量平均值。五彩湾勘探区 ZK1805 钻孔煤中大多数微量元素的含量低于世界煤微量元素含量平均值,处于亏损程度;微量元素 B、Mn、Se、Cd、Gd、Tm 和 Ta 含量与世界煤相似;Sr 含量处于轻度富集程度(图 6-4-2)。

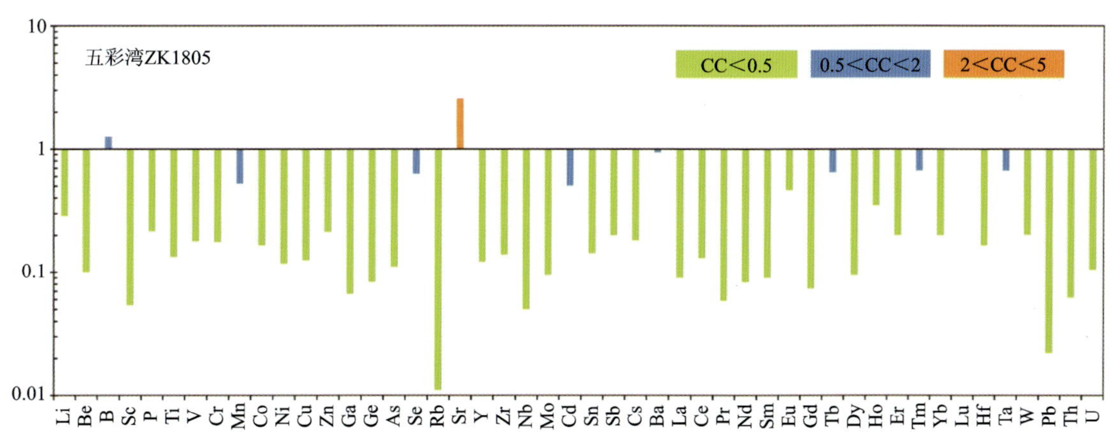

图 6-4-2 准东煤田五彩湾勘探区 ZK1805 钻孔煤中微量元素富集系数图

对比世界煤中微量元素丰度(Ketris and Yudovich,2009),芦草沟勘查区 ZK2809 钻孔煤中微量元素 B、P、Mn、Sr、Cd、Tb、Tm 和 Ta 含量与世界煤含量相似,其他微量元素亏损(图 6-4-3)。

对比世界煤中微量元素丰度(Ketris and Yudovich,2009),大井 ZKW0413 钻孔煤中微量元素 B、Mn、Sr、Cd、Tb、Tm 和 Ta 含量与世界煤含量相似,其他微量元素亏损(图 6-4-4)。

对比世界煤中微量元素丰度(Ketris and Yudovich,2009),西黑山勘探区 ZK0402 钻孔煤中微量元素 Sr 和 Ba 达到轻度富集程度,Be、Sc、P、Ti、V、Cr、Mn、Co、Ni、Cu、Zn、Ga、Y、Zr、Cd、Sn、Tb、Tm、Lu 和 Ta 含量与世界煤含量相似,其他微量元素亏损(图 6-4-5)。

对比世界煤中微量元素丰度(Ketris and Yudovich,2009),芨芨湖西 ZKJ124 钻孔煤中微量元素 Li、Be、Sc、P、Ti、V、Cr、Mn、Co、Ni、Cu、Zn、Ga、Sr、Y、Zr、Nb、Mo、Sb、Cs、Ba、Ce、Nd、Sm、Gd、Tb、Er、Tm、Yb、Hf、Ta 和 Th 含量与世界煤含量相似,其他微量元素亏损(图 6-4-6)。

对比世界煤中微量元素丰度(Ketris and Yudovich,2009),黑梭井 ZK0912 钻孔煤中微量元素 P、

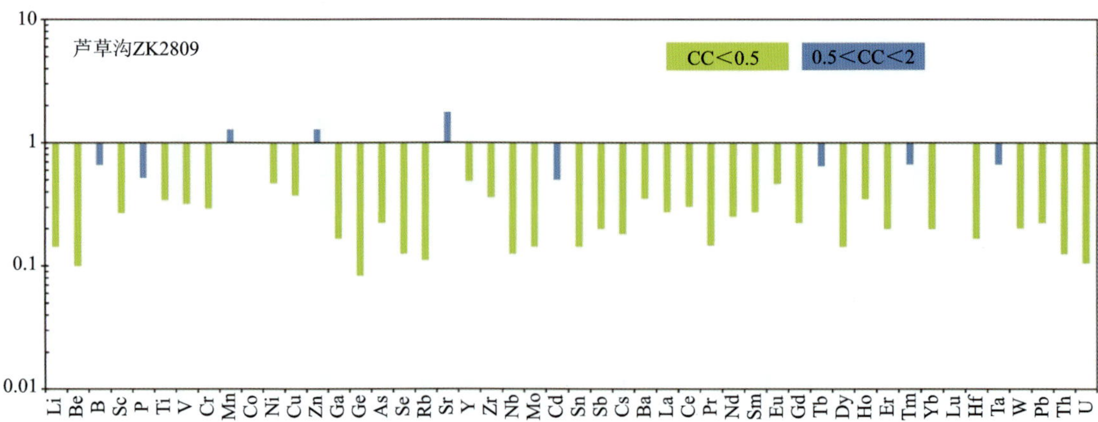

图 6-4-3 准东煤田芦草沟勘探区 ZK2809 钻孔煤中微量元素富集系数图

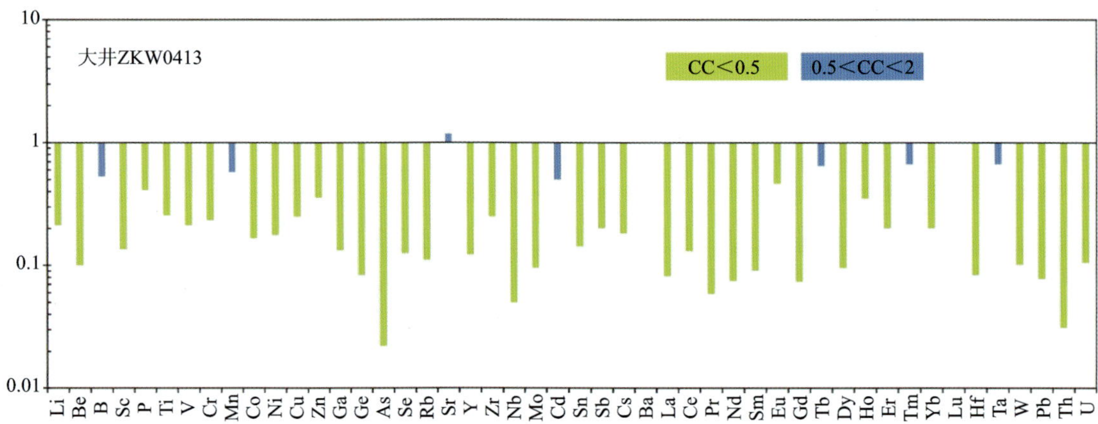

图 6-4-4 准东煤田大井 ZKW0413 钻孔煤中微量元素富集系数图

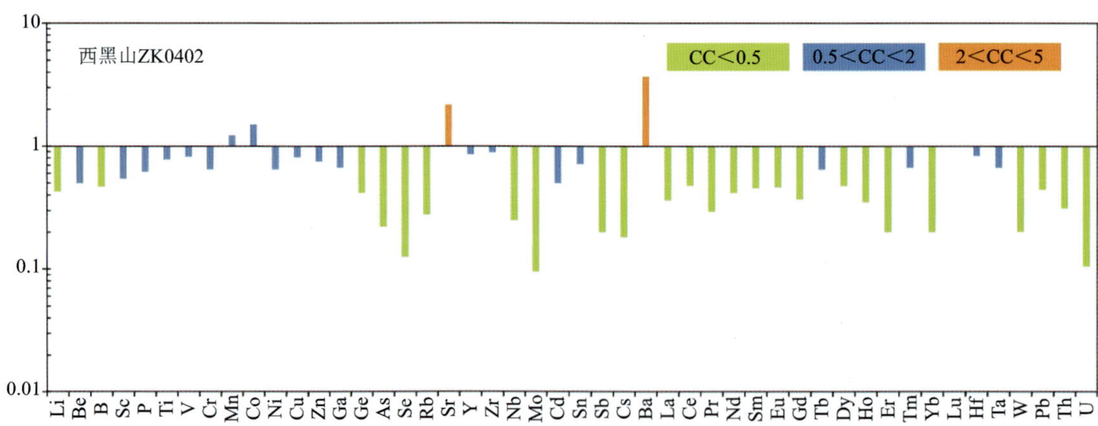

图 6-4-5 准东煤田西黑山勘探区 ZK0402 钻孔煤中微量元素富集系数图

Mn、Sr、Eu 和 Tb 含量达到轻度富集程度，Li、B、Rb 和 Pb 含量亏损，其他微量元素含量与世界煤中相应微量元素含量相似(图 6-4-7)。

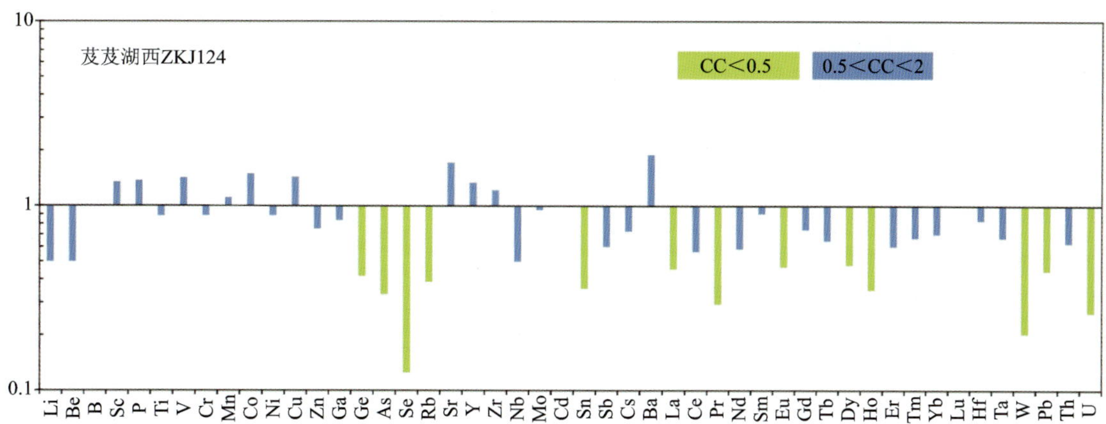

图 6-4-6 准东煤田芨芨湖西勘探区 ZKJ124 钻孔煤中微量元素富集系数图

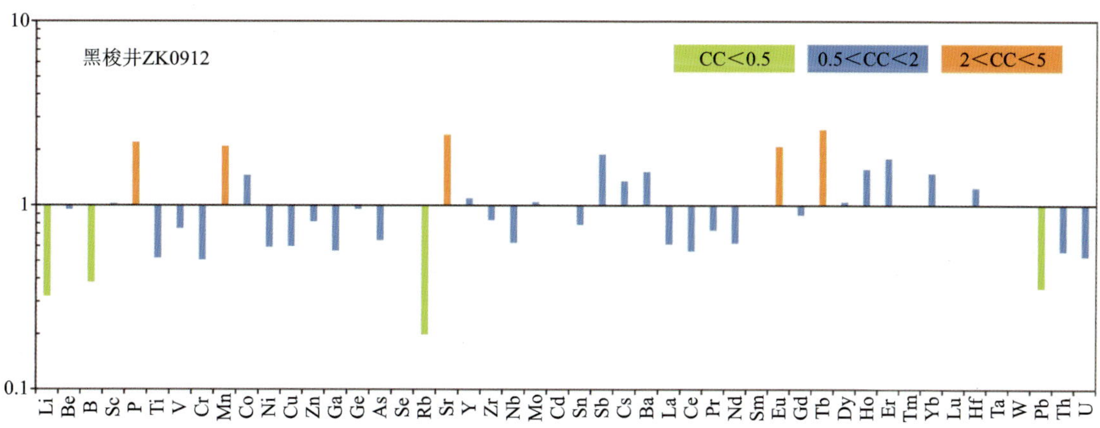

图 6-4-7 准东煤田黑梭井勘探区 ZK0912 钻孔煤中微量元素富集系数图

对比世界煤中微量元素丰度(Ketris and Yudovich,2009),帐南东 ZK1203 钻孔煤中微量元素 B、Zn、Sr、Ba 和 Pr 含量与世界煤中相应微量元素含量相似,其他微量元素含量亏损(图 6-4-8)。

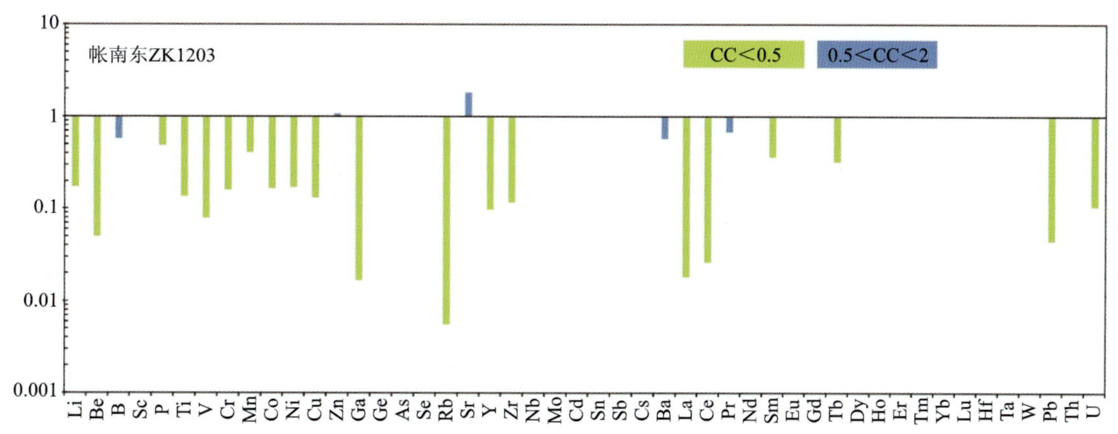

图 6-4-8 准东煤田帐南东勘探区 ZK1203 钻孔煤中微量元素富集系数图

二、元素垂向分布

五彩湾勘探区 ZK1805 钻孔煤层剖面中,Al、K、Li、Zr、Ti、Y、La、Ce、Nd、Ga、V、Cr、Th、Nb和 P 在

煤层的下部相对富集，并在煤层的底部和夹矸层附近具有相对高的峰值(图 6-4-9)。这意味着这些元素的富集与沼泽水淹期地表水中碎屑矿物的输入有关。在煤层的上部，这些元素的含量相对较低，因此，可以推断一种可能的泥炭沼泽演化特征，下部煤层为具有相对高水位的低位沼泽，而上部煤层为具有碎屑物影响较小的相对高位沼泽的特征。Fe 和 S 具有相似的分布特征，在上部和底部相对富集，在中间层位含量相对较低。Ca 和 Mn 具有相似的垂向分布特征，剖面上无明显变化规律。Sr 含量呈现出上部略高于下部的分布特征。

西黑山勘探区 ZK0402 钻孔煤层剖面中，Al、K、Ti、Ga、K、Rb、Nb、Li、Zr、REE、Hf、Th、V、Sc、Cr、Pb、Y、Cs、Sn、U 和 Cu 在下部煤层中相对富集，并在单一煤层中由底部到顶部含量具有向上降低的趋势(图 6-4-10)，表明这些泥炭沼泽可能具有由相对高水位低位沼泽向相对高位泥炭沼泽演化，而上部煤层具有碎屑物影响较小的高位沼泽特征。Fe 和 Mn 含量具有非常相似的分布趋势，Fe 含量在上部和底部煤层中相对富集，而在中部煤层中含量相对较低。Ca 与 Sr 含量具有相似的分布特征，总体呈现上高下低的分布趋势。S 含量呈现出中部相对较高、上下煤层较低的分布特征。Ba 含量在下部个别煤层中含量极高。

帐南东 ZK1203 钻孔煤层剖面中，Al、Fe、Li、Ti、V、Cr、Cu、Zr、REE 等在靠近顶板和底板的煤层中较为富集(图 6-4-11)，表明这些元素主要来源于陆源碎屑输入。Ca 含量呈现出下低上高的分布特征，P 含量在底部煤分层较为富集，S 含量在上部局部煤分层中较高，Mn、Sr 和 Ba 含量具有相似的分布特征和呈现出上下部与高中部低的分布特征。

芦草沟 ZK2809 钻孔煤层剖面中，Al、K、Li、Sc、Ti、V、Cr、Ni、Cu、Zn、Ga、Rb、Y、Zr、Nb、REE、Pb 和 Th 在靠近夹矸的中部煤分层中含量较高(图 6-4-12)，指示这些元素主要来源于陆源碎屑输入。Fe 和 Mn 含量具有相似的分布和呈现出上部含量最高的分布特征。S 和 As 含量具有相似的分布特征和表现出顶部最高的分布特征。Ca、Mn、P 和 Sr 等含量呈现出上部和下部高于中部的分布特征。

大井 ZKW0413 钻孔煤层剖面中，Al、K、P、Li、Ti、V、Cr、Ni、Cu、Ga、Rb、Sr、Y、Zr、REE 和 Pb 等表现出相似的垂向分布特征，尤其在邻近于底板的煤分层中含量最高(图 6-4-13)。Ca、Mg、Fe 和 Mn 含量具有相似的分布特征，主要在煤层的上部和下部相对富集，在接近夹矸的煤分层中含量降低。Ba 含量呈现出中部高、向上和向下降低的分布趋势。S 含量呈现出顶部和底部较高，但总体来看无明显变化。

岌岌湖西 ZKJ124 钻孔煤层剖面中，Al、Mg、K、Na、Li、Be、Sc、Ti、V、Cr、Ni、Cu、Zn、Ga、Rb、Y、Zr、Nb、Mo、Sn、Cs、REE、Hf、Pb、Th 和 U 等表现出相似的垂向分布特征，总体表现出上部薄煤层高于下部煤层(图 6-4-14)。Fe 和 Mn 含量具有相似的分布特征和呈现出中部煤层高于上部和下部煤层。S 和 As 含量具有相似的分布特征和呈现出顶部煤层高于其他煤层。Ca 含量呈现出顶部煤层和下部煤层高于中部煤层的分布特征。P、Sr 和 Ba 含量呈现出上部煤层高于其他层段煤层，但在下部厚煤层的中部(ZDJ18 和 ZDJ19)其含量较高。

三、元素赋存状态

相关分析表明，准东煤田不同钻孔煤中灰分产率与 Si、Al 和 K 呈现出显著的正相关关系(图 6-4-15)，表明这些元素主要赋存于无机矿物中，是灰分产率的主要组成部分。芦草沟 ZK2809、帐南东 ZK1203 和岌岌湖西 ZKJ124 钻孔中的高岭石含量与 Al 呈现显著的正相关关系(图 6-4-16)，表明这些煤中的 Al 主要赋存于高岭石中。大井 ZKW0413 钻孔煤中高岭石与 Al 无重要正相关关系(图 6-4-16)，可能主要由于 Al 赋存于多种矿物中(如高岭石、斜绿泥石、钙长石、微斜长石等)。准东煤田不同钻孔煤中的 Si 与石英含量呈现显著的正相关关系(图 6-4-17)，表明 Si 主要赋存于石英矿物中。

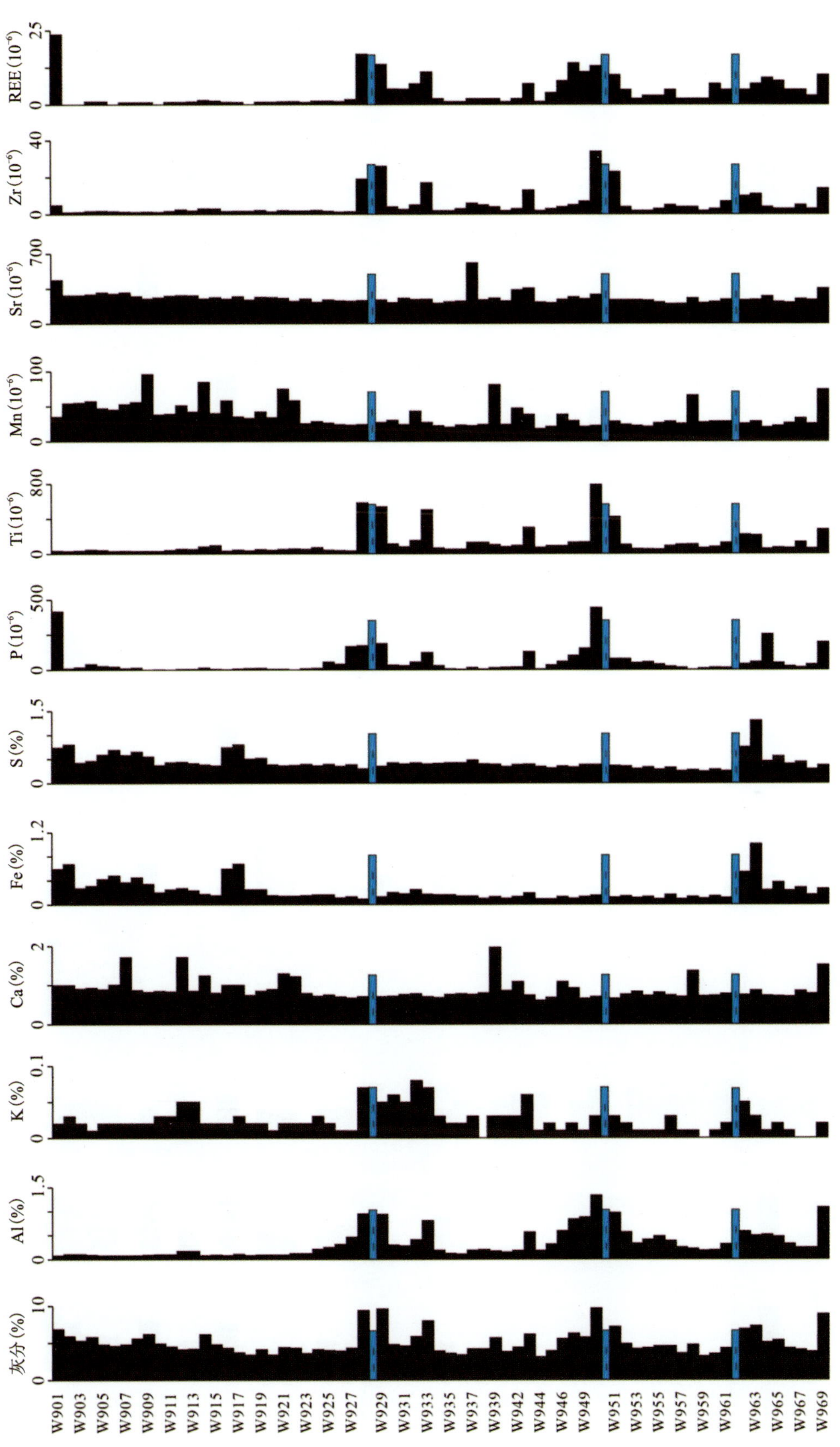

图 6-4-9 准东煤田五彩湾勘探区ZK1805钻孔部分常量和微量元素垂向分布图

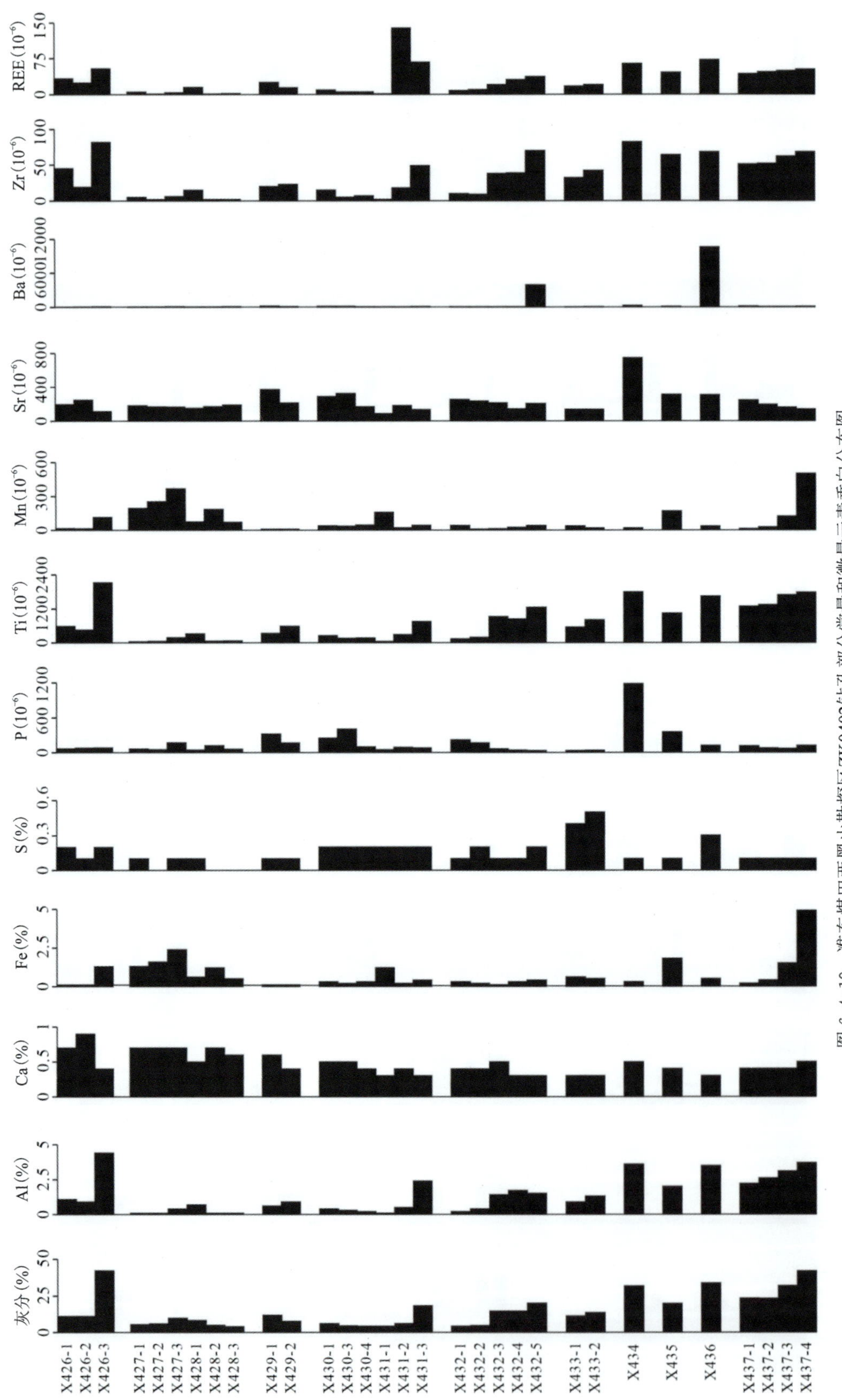

图6-4-10 准东煤田西黑山勘探区ZK0402钻孔部分常量和微量元素垂向分布图

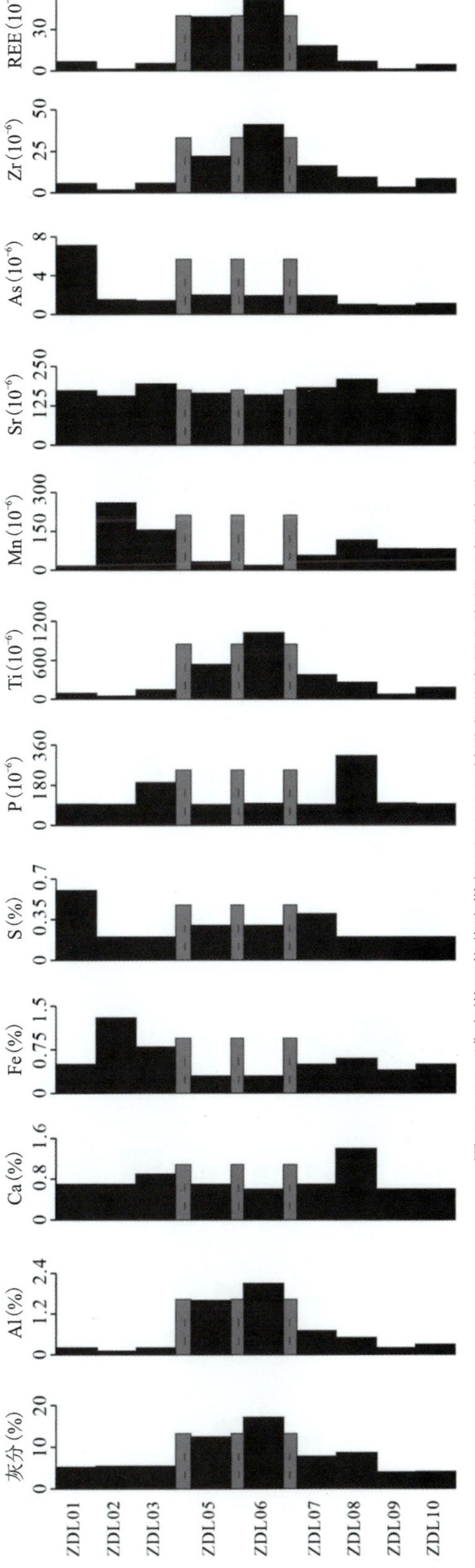

图 6-4-12 准东煤田芦草沟勘探区ZK2809钻孔部分常量和微量元素垂向分布图

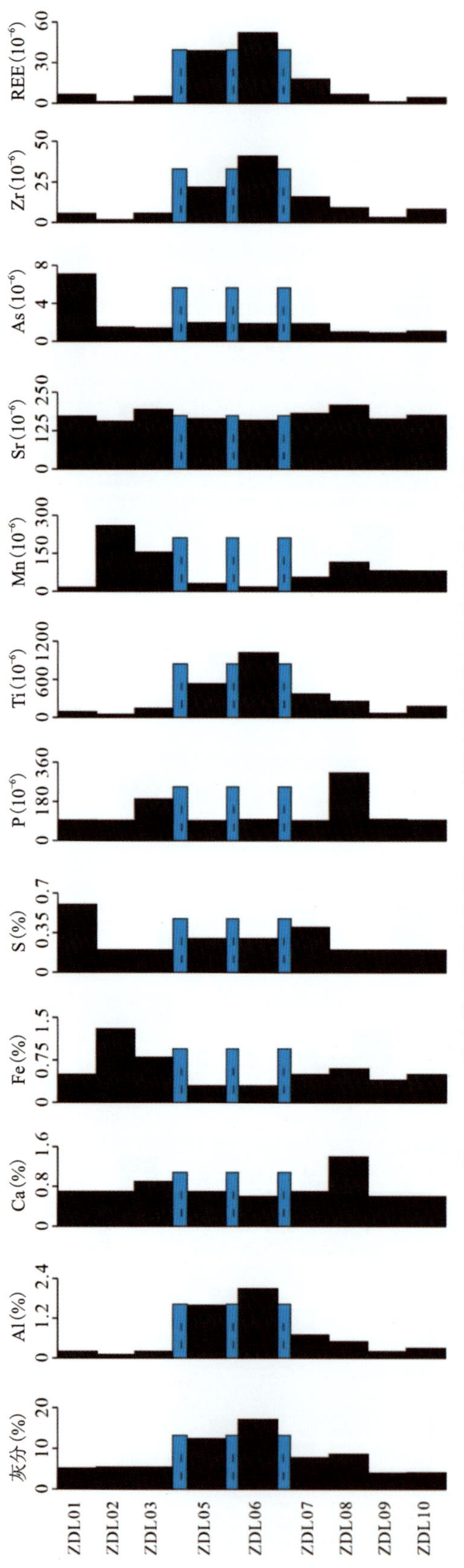

图 6-4-12 准东煤田芦草沟勘探区ZK2809钻孔部分常量和微量元素垂向分布图

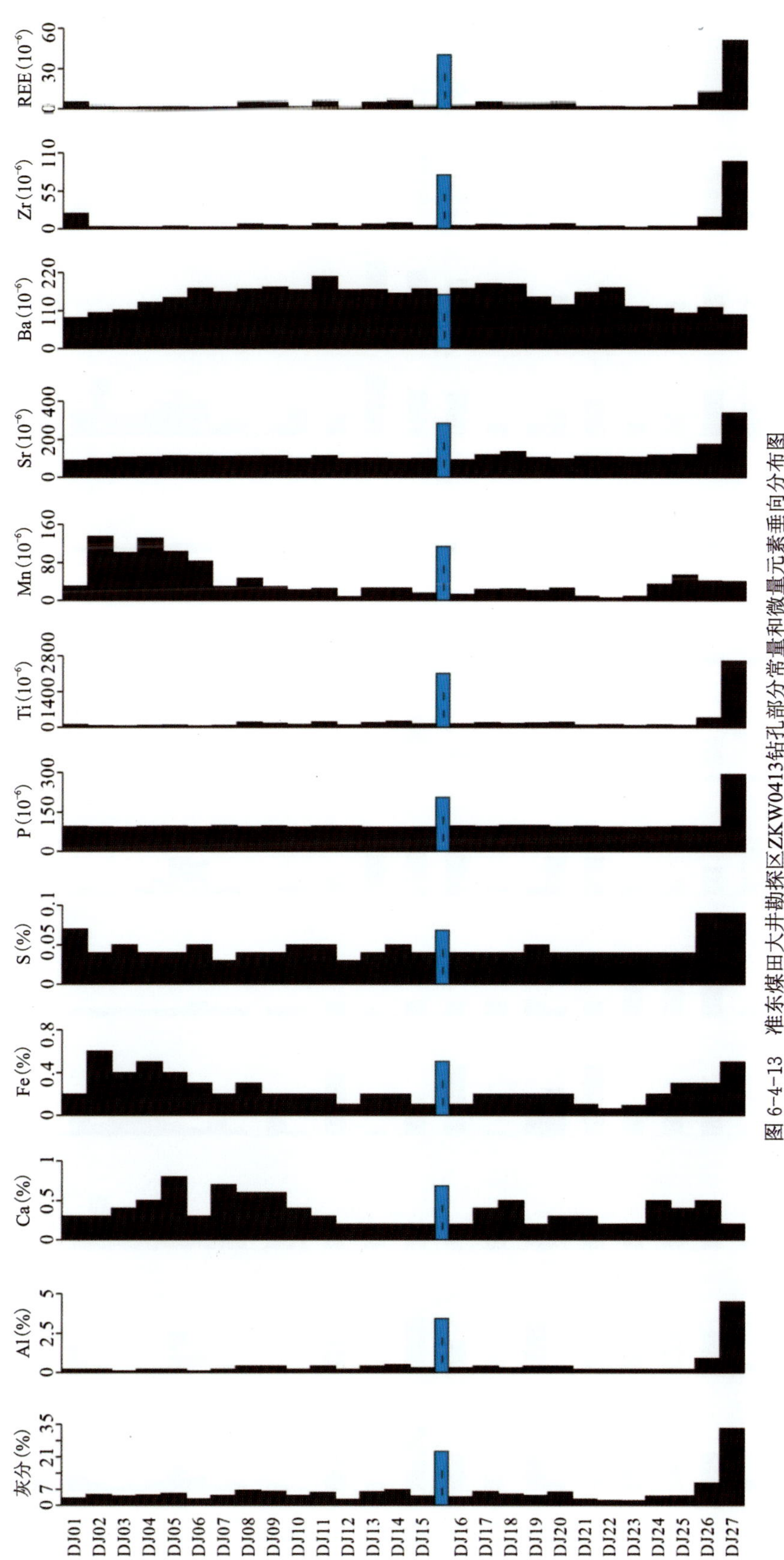

图 6-4-13 准东煤田大井勘探区ZKW0413钻孔部分常量和微量元素垂向分布图

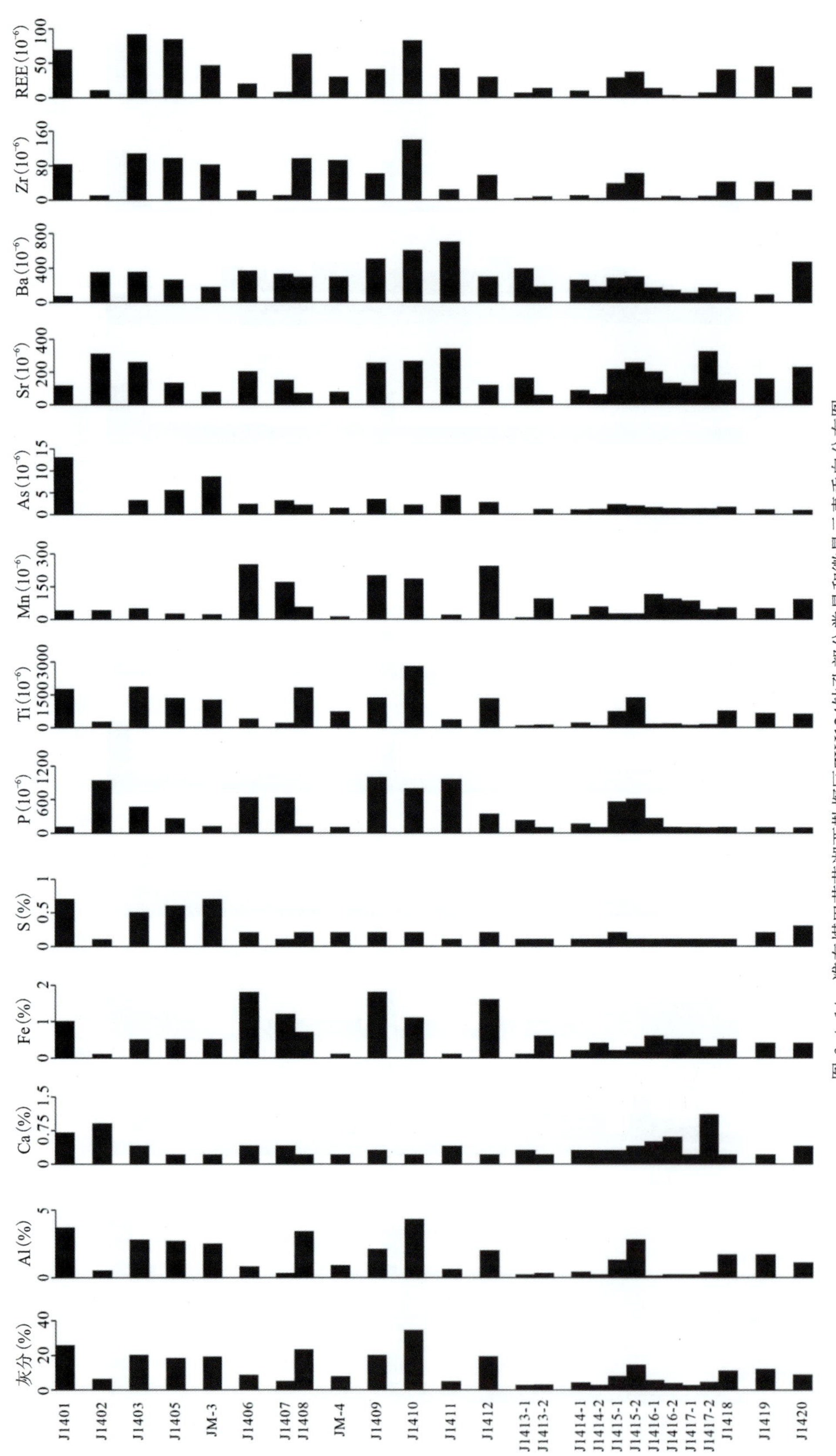

图 6-4-14　准东煤田五彩湾西勘探区ZKJ124钻孔部分常量和微量元素垂向分布图

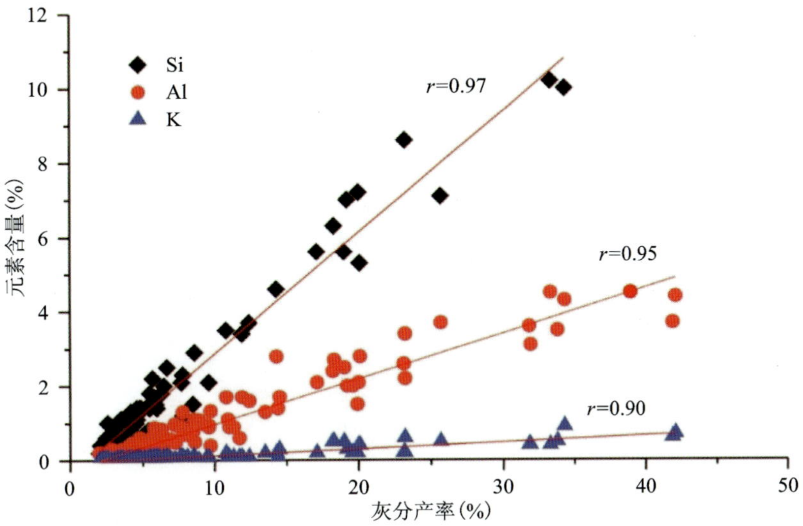

图 6-4-15 准东煤田煤中灰分产率与 Si、Al 和 K 的相关关系

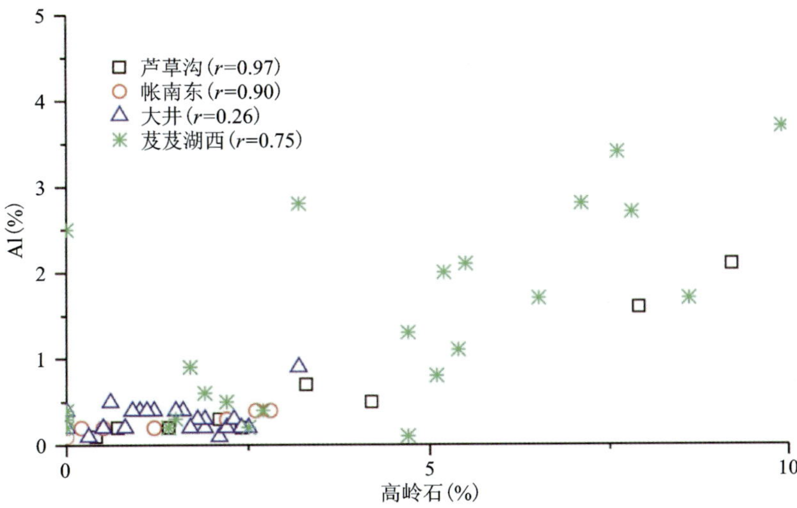

图 6-4-16 准东煤田煤中高岭石与 Al 的相关关系

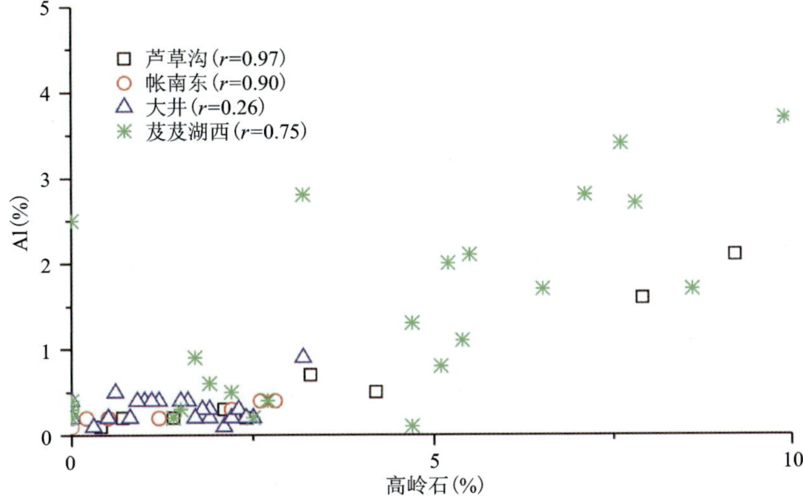

图 6-4-17 准东煤田煤中石英与 Si 的相关关系

尽管准东煤田不同钻孔煤中 Ca 和 Mg 无明显关系，但 Ca 与含 Ca 碳酸盐矿物具有一定的正相关关系(图 6-4-18A)，表明 Ca 主要赋存于碳酸盐矿物中。不同钻孔煤中的 CaO/MgO 比值主要分布于白云石和铁白云石之间(图 6-4-19)，表明 Ca 和 Mg 主要赋存于这些矿物中。部分样品分布于铁白云石的 CaO/MgO 线之上(图 6-4-19)，表明大多数的 Ca 可能赋存于其他矿物(如方解石、石膏等)中。

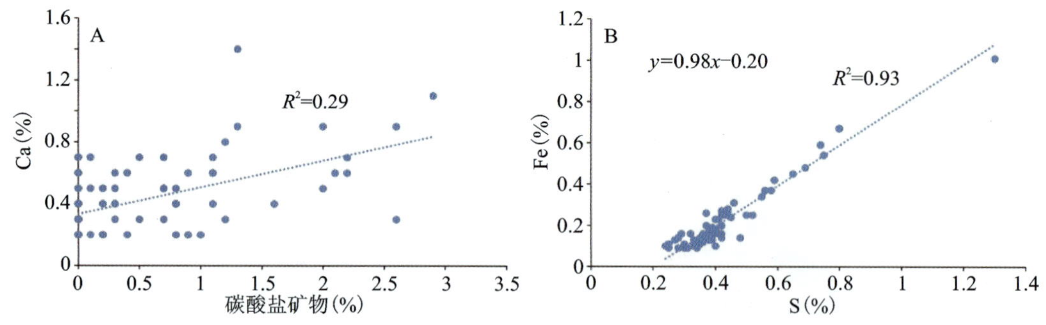

图 6-4-18　准东煤田煤中碳酸盐矿物与 Ca 的相关关系(A)和五彩湾勘探区 ZK1805 钻孔煤中 Fe-S 的相关关系(B)

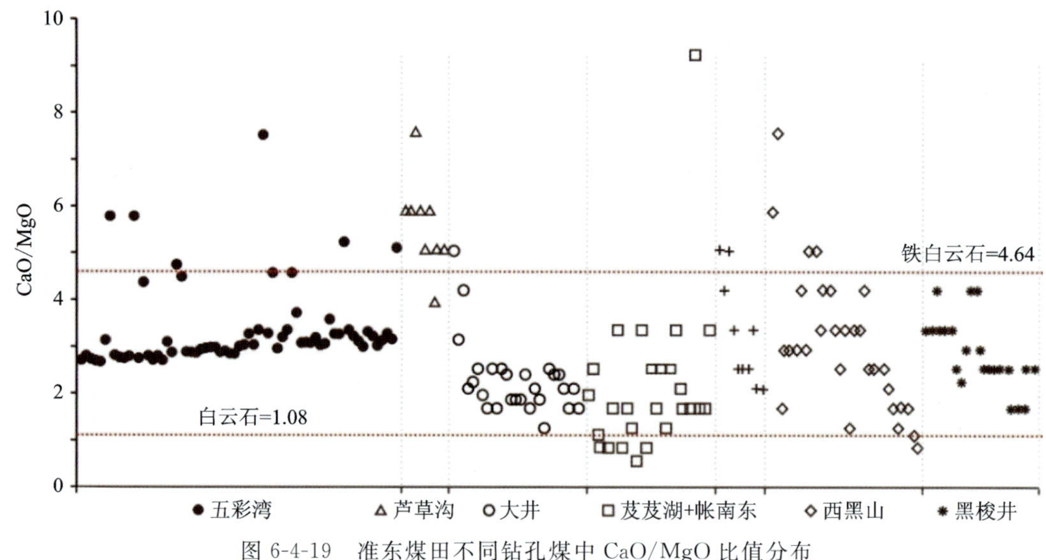

图 6-4-19　准东煤田不同钻孔煤中 CaO/MgO 比值分布

基于相关性分析，Al 代表铝硅酸盐矿物，Ca 代表碳酸盐矿物，P 代表磷酸盐矿物，对准东煤田不同钻孔煤中元素的赋存状态开展研究，煤中元素的赋存状态具有以下特征。

1. 五彩湾勘探区 ZK1805 钻孔

亲铝硅酸盐组合：主要包括 Al、K、Li、P、Ti、V、Cr、Ga、Y、Zr、Nb、REE 和 Th 等。这些元素与 Al 和灰分产率有显著的正相关关系(图 6-4-20)，表明这些元素主要赋存于黏土矿物(如高岭石)中，指示这些元素主要起源于陆源碎屑物质的输入。

亲碳酸盐组合：微量元素 Mn 与 Ca 呈现出显著的正相关关系(图 6-4-20)，可以推断 Mn 可能主要以 Ca-Mn 碳酸盐成岩矿物的形式存在于煤中。

亲硫化物组合：煤中 Fe 与 S 呈现显著的正相关关系(图 6-4-18B)，且回归方程的斜率(0.98)与黄铁矿中的 Fe/S 比值(0.88)非常接近，表明五彩湾钻孔煤中的 Fe 和 S 主要赋存于黄铁矿中。煤中其他微量元素与 Fe 和 S 的相关性很低(图 6-4-20)。

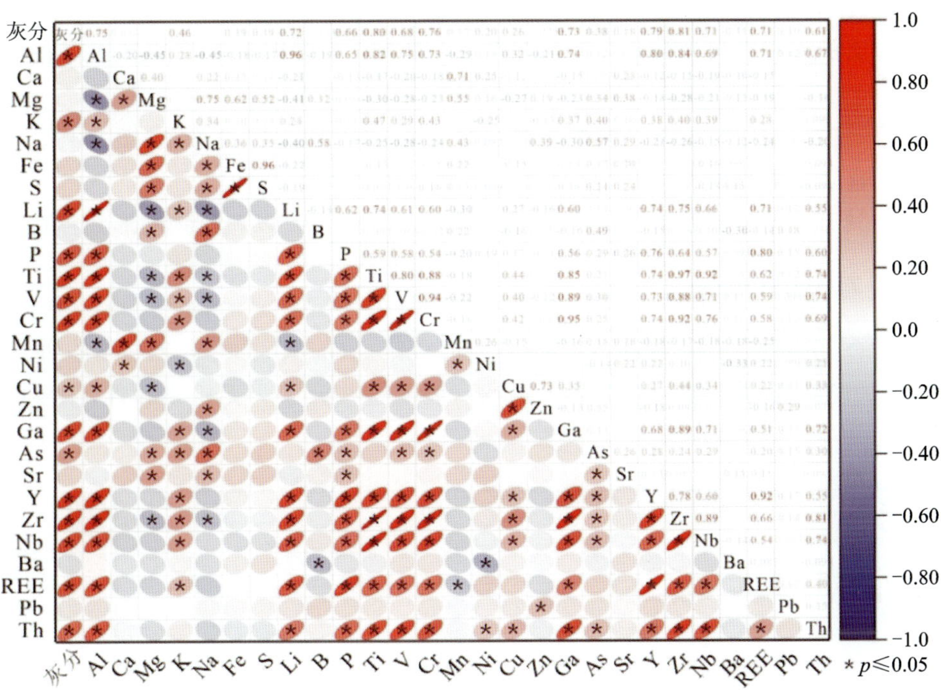
图 6-4-20 准东煤田五彩湾勘探区 ZK1805 钻孔煤中元素相关系数热图

2. 芦草沟勘探区 ZK2809 钻孔

亲铝硅酸盐组合：主要包括 Al、K、Li、Sc、Ti、V、Cr、Ni、Cu、Zn、Ga、Rb、Y、Zr、Nb、REE、Pb 和 Th。这些元素与灰分产率和 Al 均呈现显著的正相关关系(图 6-4-21)，表明这些元素主要以无机结合态存在，赋存于黏土矿物中。

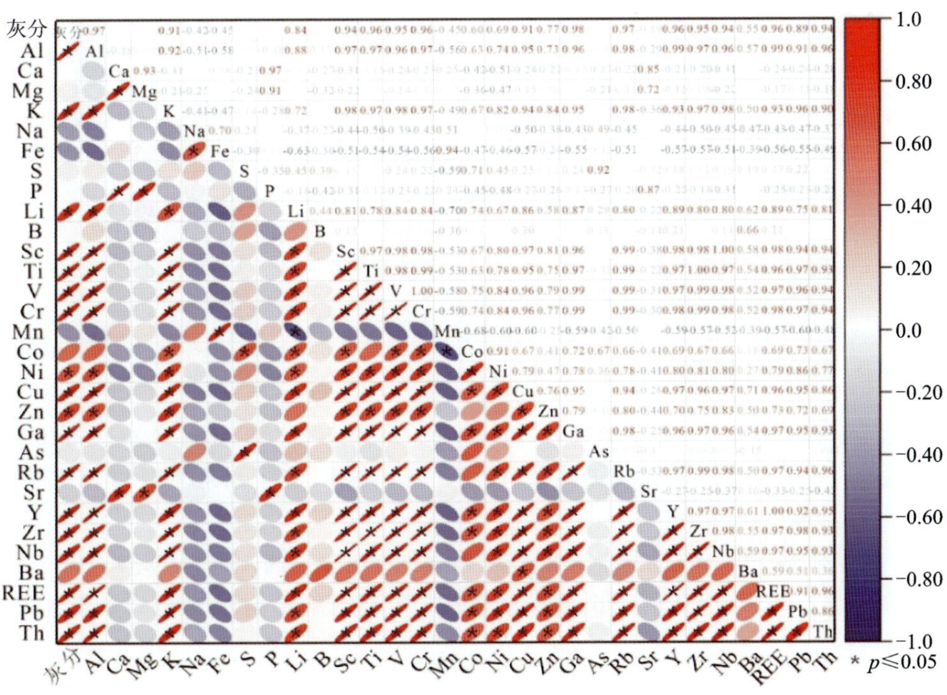
图 6-4-21 准东煤田芦草沟勘探区 ZK2809 钻孔煤中元素相关系数热图

亲碳酸盐组合：主要包括 Ca、Mg、Fe 和 Mn。Fe 和 Mn 具有显著的正相关关系（图 6-4-21），Fe 与菱铁矿含量也呈现显著的正相关关系（$r=0.93$），表明 Fe 和 Mn 主要以菱铁矿的形式存在，部分 Fe 也出现于黄铁矿中。

亲磷酸盐组合：主要包括 P 和 Sr。这些元素与 P 呈现显著的正相关关系（图 6-4-21），可能主要以磷酸盐矿物的形式存在。部分的 Ca 也可能赋存于碳酸盐矿物中。

此外，S 与 As 具有高的相关系数（$r^2=0.85$），表明 As 可能主要以硫化物的形式存在。

3. 大井勘探区 ZKW0413 钻孔

亲铝硅酸盐组合：主要包括 Al、K、P、Li、Ti、V、Cr、Ni、Cu、Ga、Rb、Sr、Y、Zr、REE 和 Pb。这些元素与灰分产率和 Al 呈现显著的正相关关系（图 6-4-22），表明这些元素为无机亲和性，主要赋存于黏土矿物中。

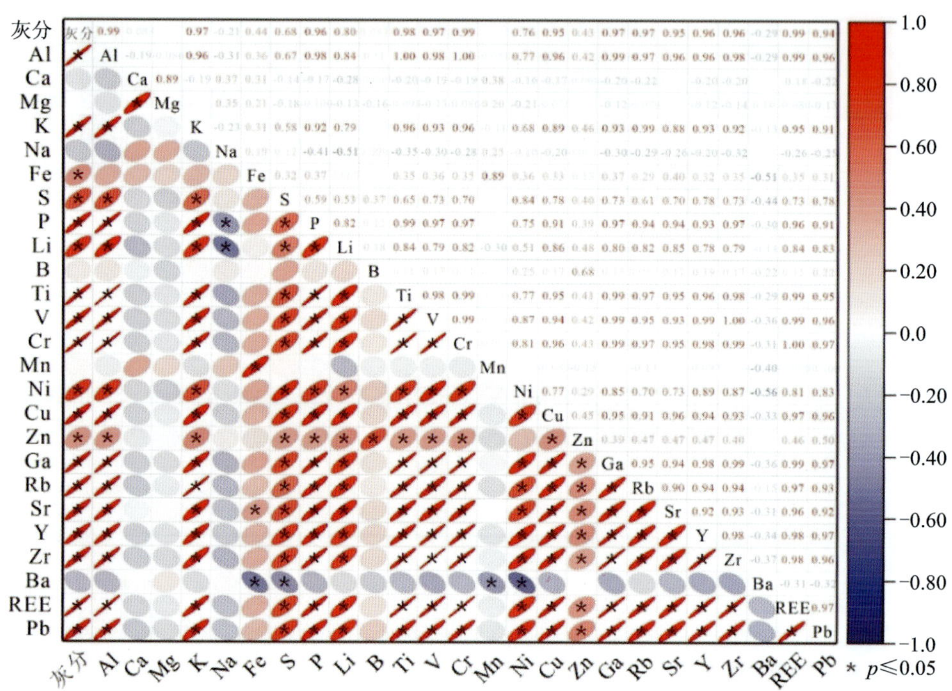

图 6-4-22　准东煤田大井勘探区 ZKW0413 钻孔煤中元素相关系数热图

亲碳酸盐组合：可能主要包括 Ca-Mg（$r^2=0.80$）和 Fe-Mn（$r^2=0.78$），主要赋存于碳酸盐矿物（图 6-4-22）。

4. 西黑山勘探区 ZK0402 钻孔

亲铝硅酸盐组合：主要包括 Al、Mg、K、Li、Ti、V、Cr、Cu、Zn、Ga、As、Rb、Y、Zr、Nb、REE 和 Pb。这些元素与灰分产率和 Al 呈现显著的正相关关系（图 6-4-23），表明这些元素主要以无机结合态存在，赋存于黏土矿物中。

亲碳酸盐组合：包括 Fe 和 Mn，这两个元素呈现显著的正相关关系（图 6-4-23）。该组合可能主要以菱铁矿的形式存在于煤中。因此，在西黑山勘探区煤中，由 X-射线衍射仪检测到微量的黄铁矿而没有检测到方解石。

亲磷酸盐组合：P 与 Sr 具有高的相关系数（$r^2=0.9$）（图 6-4-23），可能以磷酸盐的形式存在。

另外，煤中高含量的 Ba，可能以钡硫酸盐的形式存在，在高 Ba 含量的样品中已被 X 射线衍射和扫描电镜检测到重晶石存在。

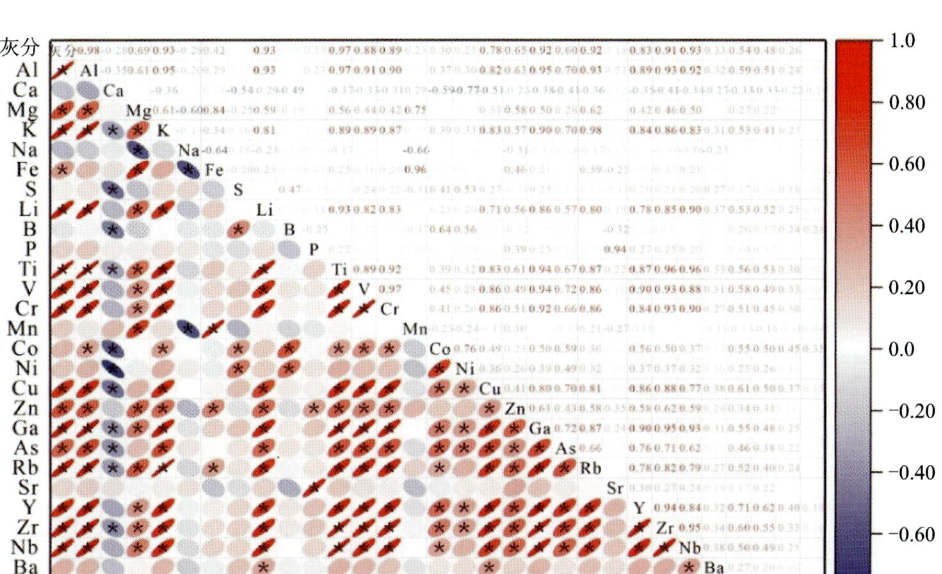

图 6-4-23 准东煤田西黑山勘探区 ZK0402 钻孔煤中元素相关系数热图

5. 岌岌湖西勘探区 ZKJ124 钻孔

亲铝硅酸盐组合：主要包括 Al、Mg、K、Na、Li、Be、Sc、Ti、V、Cr、Ni、Cu、Zn、Ga、Rb、Y、Zr、Nb、Mo、Sn、Cs、REE、Hf、Pb、Th 和 U。这些元素与灰分产率和 Al 呈现显著的正相关关系（图 6-4-24），可以推断这些元素主要存在于煤中的黏土矿物和重矿物中。

亲碳酸盐组合：Fe 与 Mn 具有高的相关系数（$r^2=0.82$），可能主要以菱铁矿的形式存在。

亲磷酸盐组合：P 与 Sr 和 Ba 呈现显著的正相关关系，可能主要以磷酸盐矿物的形式存在。

另外，S 与 As 具有较高的相关系数（$r^2=0.69$），可能主要以硫化物的形式存在。

6. 帐南东勘探区 ZK1203 钻孔

亲铝硅酸盐组合：主要包括 Al、Fe、Li、Ti、V、Cr、Cu、Zr 和 Pb 等。这些元素与灰分产率和 Al 呈现显著的正相关关系（图 6-4-25），可以推断这些元素主要存在于煤中的黏土矿物中。

亲碳酸盐组合：主要包括 Ca、Mg、Mn 和 Sr。Mn 和 Sr 与 Fe 具有显著的正相关关系（图 6-4-25），可能主要以菱铁矿的形式存在。

7. 黑梭井勘探区 ZK0912 钻孔

亲铝硅酸盐组合：主要包括 Al、K、Li、Be、Sc、Ti、V、Cr、Co、Ni、Cu、Zn、Ga、Rb、Y、Zr、Nb、REE、Hf、Pb 和 Th。这些元素与 Al 呈现显著的正相关关系（图 6-4-26），可以推断这些元素主要存在于煤中的黏土矿物中。

亲碳酸盐组合：主要包括 Ca、Mg、Fe 与 Mn。Ca 与 Mg 呈现显著的正相关关系，CaO/MgO 比值处于白云石和铁白云石之间（图 6-4-26），表明 Ca 和 Mg 可能主要赋存于白云石和铁白云石中。Fe 与 Mn 具有显著的正相关关系（图 6-4-26），可能主要以菱铁矿的形式存在。P、Sr、Y 和 REE 与 Ca 呈现出一定的正相关关系，表明部分的这些元素也出现于碳酸盐矿物中。

亲磷酸盐组合：P 与 Sr 和 Ba 呈现显著的正相关关系，可能主要以磷酸盐矿物的形式存在。

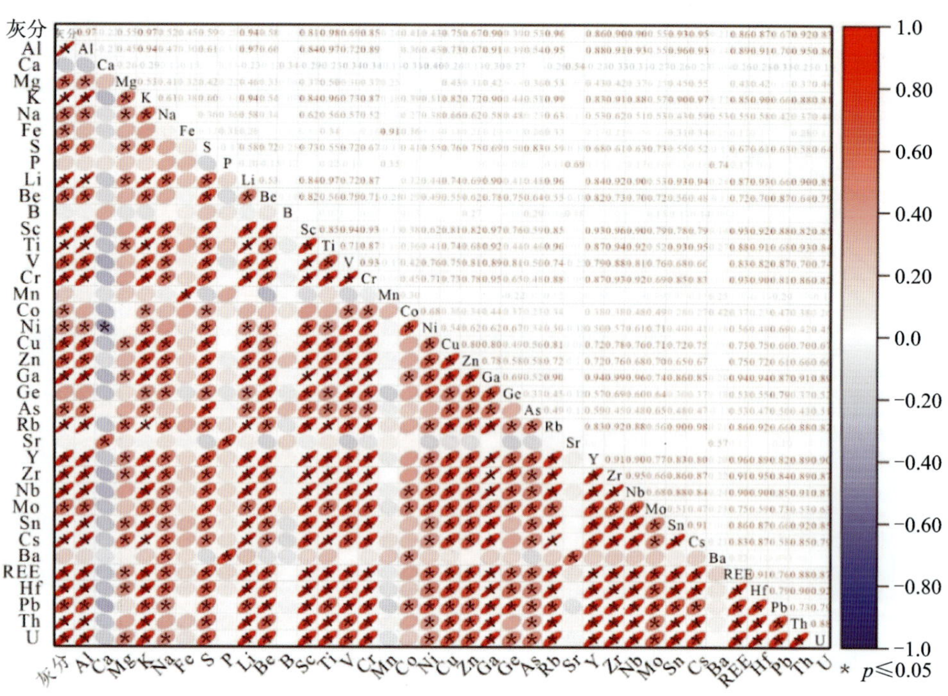

图 6-4-24 准东煤田芨芨湖西勘探区 ZKJ124 钻孔煤中元素相关系数热图

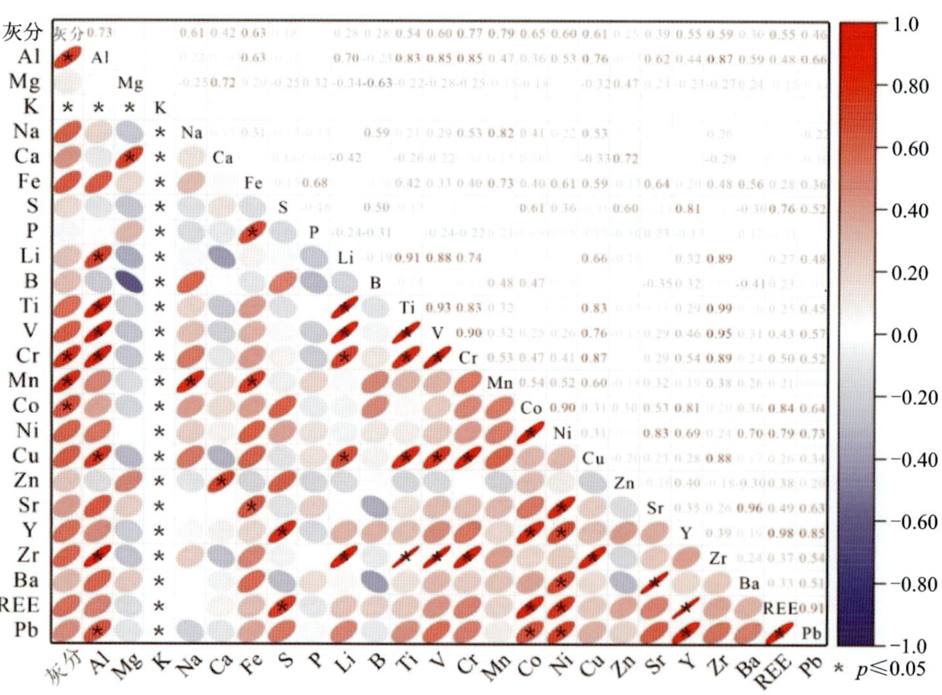

图 6-4-25 准东煤田帐南东勘探区 ZK1203 钻孔煤中元素相关系数热图

另外，S 与 As 呈现显著的正相关关系（图 6-4-26），表明 As 可能主要以硫化物的形式存在。

四、煤中碎屑物质的来源和性质

沉积学证据指示位于准东煤田东北部的克拉美丽山为含煤地层提供了重要的碎屑物质。许多不活动元素，例如 Al、Ti、Zr、Nb、Hf、Ta、Th、Sc 和稀土元素在源岩预测方面已被广泛应用，因为这些元素的氧化物和氢氧化物具有低的溶解度，在风化、搬运和沉积过程中基本保持不变，几乎全部被记录到沉积

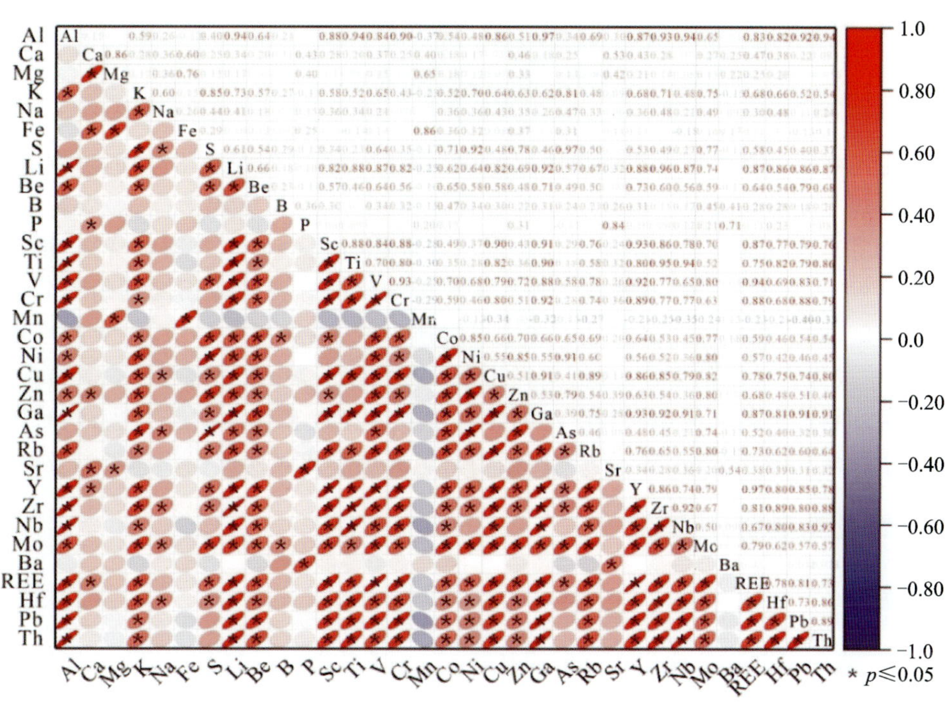

图 6-4-26 准东煤田黑梭井勘探区 ZK0912 钻孔煤中元素相关系数热图

地层中(Hayashi et al.,1997)。许多不活动元素的比值(如 Al_2O_3/TiO_2、Th/Sc、Nb/Y、Zr/TiO_2、Zr/Hf、Nb/Ta)在沉积岩形成过程中未发生明显变化,继承了母岩的化学组成和比值,常成为沉积岩物源示踪的可靠地球化学参数。Al_2O_3/TiO_2 比值是一个判断蚀源区母岩性质(基性、中性和酸性)的有效地球化学指标,广泛应用于含煤岩系碎屑物质性质的恢复(Li et al.,2017,2020),其值为 3～8、8～21 和 21～70 时,分别指示酸性、中性和基性组分(Hayashi et al.,1997)。在 Al_2O_3-TiO_2 图解中(图 6-4-27),准东煤田不同钻孔煤样品几乎全部落入中性岩—酸岩性区域,表明煤中碎屑物质以中性—酸性组分为主。五彩湾 ZK1805 钻孔煤中 Al_2O_3/TiO_2 比值(平均为 37)高于其他钻孔煤中的 Al_2O_3/TiO_2 比值(图 6-4-27),表明五彩湾 ZK1805 钻孔煤中输入了更多的酸性碎屑物质。

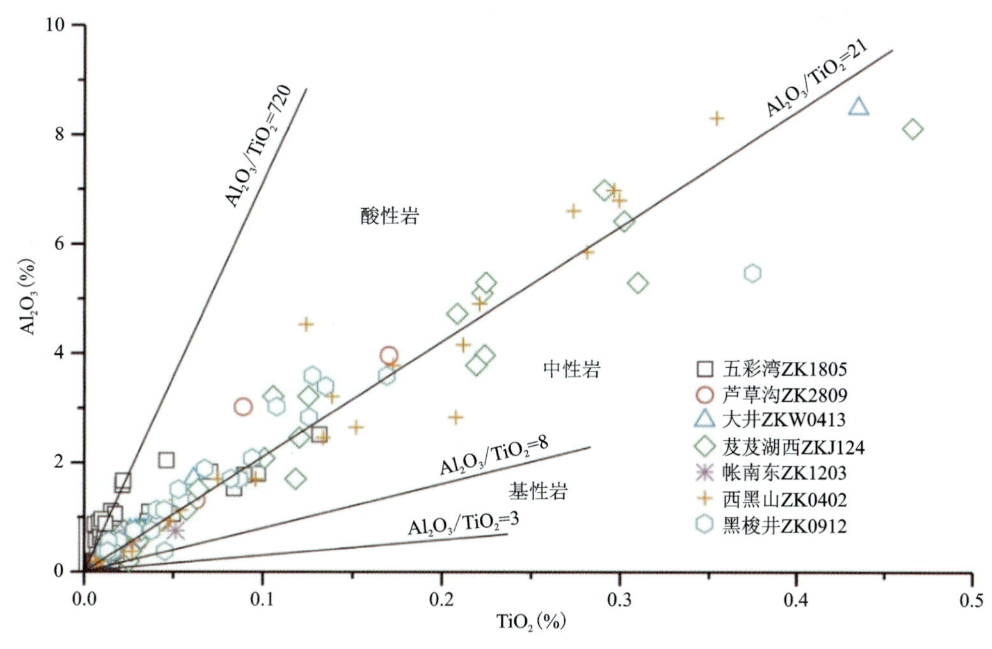

图 6-4-27 准东煤田不同钻孔煤中 Al_2O_3-TiO_2 二元图

第五节　煤相分析

煤相是指一定泥炭沼泽环境下形成的煤的原始成因类型。不同的泥炭沼泽环境(即成煤环境)对应不同的煤相类型。煤相划分主要是依据煤层中的各种成因相标志(如沉积学标志、煤岩学标志、古植物学及地球化学标志等),这种成因相标志能够反映古泥炭堆积过程中不同的环境特征、植物组合及生长特征、古构造、古气候、古地理特征以及其遭受外界水流影响状况等各种成因因素的不同成因单元及其组合类型(高清海,2006)。煤层煤相研究是了解成煤物质来源、成煤沼泽环境、泥炭的堆积过程及其变化的重要途径,对于成煤古环境的重建、分析聚煤作用及其控制因素、建立聚煤模式具有重要意义。

本研究主要采用目前国内外应用比较广泛的煤岩学成因参数和煤相图解方法,同时结合煤化学和煤地球化学方法进行煤相演化分析,揭示研究区西山窑组煤层形成时期泥炭沼泽类型及其演化规律。

一、煤相参数及类型划分

1. 煤相特征参数

在煤的岩石学、煤化学和煤地球化学分析的基础上,选择显微组分特征参数(结构保存指数和凝胶化指数)、煤化学(灰分含量)和地球化学参数(硫含量和与黏土矿物具有亲和性的常量和微量元素)作为煤相的特征参数。

1)结构保存指数(TPI)与凝胶化指数(GI)

凝胶化指数于1982年由George首先提出。Diessel(1982,1986)修正了凝胶化指数(GI),同时提出了结构保存指数(TPI),并应用这两个参数表征泥炭沼泽形成时的环境和植被类型,进行泥炭沼泽类型划分。Kalkreuth(2004)、Silva(2008)等也先后对TPI和GI进行了修改和应用。目前TPI和GI已被广泛的应用于煤相研究。

凝胶化指数(GI)主要表示泥炭沼泽的潮湿程度及其持续时间,代表了泥炭形成早期古泥炭沼泽的水位变化特征和植物遗体遭受凝胶化作用的程度,GI高值表示相对高的水位,低值表示相对低的水位。GI越高,反映沼泽覆水越深,介质的还原性越强。该指数为经受过凝胶化作用形成的显微组分与经丝炭化作用形成的显微组分的比值,由下列公式计算获得

$$\mathrm{GI}=\frac{\text{镜质组}+\text{粗粒体}}{\text{丝质体}+\text{半丝质体}+\text{碎屑惰质体}}$$

结构保存指数(TPI)用于表征植物细胞结构经泥炭化作用后的保存程度。结构保存指数不仅与成煤的先存物质有关,而且反映了植物组织的降解程度。由高等木本植物形成的泥炭,其结构保存指数高于低等水生及草本植物形成的泥炭;在覆水深相对还原的沼泽环境,埋藏速率快降解程度低可形成高的结构保存指数;在覆水浅相对氧化的沼泽环境,强的丝炭化作用也可形成相对高的结构保存指数。该指数为具有结构的显微组分与没有结构的显微组分的比值,由下列公式计算获得

$$\mathrm{TPI}=\frac{\text{结构镜质体}+\text{均质镜质体}+\text{丝质体}+\text{半丝质体}}{\text{基质镜质体}+\text{碎屑镜质体}+\text{粗粒体}+\text{碎屑惰质体}}$$

2)灰分含量

煤中的灰分含量主要反映煤中的无机组分(主要为矿物质)含量的高低。煤中的矿物质主要来源于陆源碎屑和溶液态离子、大气降尘和植物自身的无机质。煤中的矿物质主要形成于泥炭沼泽阶段,大气降尘和植物自身的无机质贡献很少。陆源碎屑和溶液态离子进入沼泽与地表水和地下水补给有关,流入沼泽的水系发育或覆水较深,灰分含量则相对较高。因此,灰分含量一定程度上反映沼泽覆水的相对高低以及地表水系的活动性。

3)硫含量

煤中硫含量与水体中的硫酸根离子有关,一般来说,海水中的硫酸根离子含量大于淡水中硫酸根离子含量,因此受海水影响的煤层的硫含量往往大于陆相盆地中煤的硫含量。硫含量的变化反映泥炭形成时水体的相对氧化还原条件,高硫分煤代表一种偏碱性还原性的水介质,特低硫煤和低硫分煤代表一种偏酸性的水介质(周春光等,1998),比较还原的环境条件易于形成相对高的硫含量。另外,煤中黄铁矿硫还可形成于煤的成岩阶段,在相对氧化的泥炭沼泽被水体覆盖处于比较还原的环境条件,水体中的硫酸根离子可以下渗进入泥炭形成黄铁矿。

4)Al、Li、K、Ti、Zr、V、REE 等含量

准东煤田煤的地球化学研究表明 Al、Li、K、Ti、Zr、V 和 REE 元素具有好的亲和性,它们与灰分含量也具有好的相关性,主要来自陆源的细碎屑铝硅酸盐矿物,其含量变化与沼泽的覆水和水的活动性有关。覆水深度增加和水的活动性增强,这些元素的含量增高。煤中稀土元素的来源和赋存方式以及轻重稀土的比重都可以反映成煤环境。一般咸水沉积富集重稀土,而淡水沉积富集轻稀土。

2. 煤相类型划分

根据钻孔分层煤样的显微组分资料,计算获得分层样品的凝胶化指数(GI)和结构保存指数(TPI)。利用 TPI-GI 相图(Diessel,1986)对这些钻孔分层煤样的煤相进行划分。以结构保存指数 1.0 为界,低于 1.0 的为低等植物(草本和芦苇)的沼泽,高于 1.0 的为高等植物的森林沼泽;对于高等植物的森林沼泽,分别以凝胶化指数 GI<1、1≤GI<5、5≤GI<10 和 GI≥10 为单元划分为干燥森林沼泽相、湿地森林沼泽相、较浅覆水森林沼泽相和较深覆水森林沼泽相;对于低等植物为主的沼泽,凝胶化指数小于 5 划分为湿地草本沼泽相,凝胶化指数大于 5 划分为低位沼泽(芦苇)相。

图 6-5-1~图 6-5-8 为分析钻孔的分层煤样 TPI-GI 相图。从这些相图中可以看出:大井勘探区(ZKW0413)所有分层煤样品都落入干燥森林沼泽相区(图 6-5-1);帐南西勘探区(ZK003)分层煤样品主要落入干燥森林沼泽相区,部分样品落入湿地森林沼泽相区(图 6-5-2);西黑山勘探区(ZK0402)分层煤样品主要落入干燥森林沼泽相和湿地森林沼泽相区(图 6-5-3);南黄草湖勘探区(ZK1606)分层煤样品主要落入干燥森林沼泽相区,部分样品落入湿地森林沼泽相区,1 个样品落入湿地草本沼泽相,1 个样品落入低位沼泽(芦苇)相(图 6-5-4);芦草沟勘探区(ZK2809)分层煤样品主要落入干燥森林沼泽相区,部分样品落入湿地森林沼泽相和湿地草本沼泽相区(图 6-5-5);岌岌湖西勘探区(ZKJ124)分层煤样品主要落入湿地森林沼泽相区,次为干燥森林沼泽相,部分样品落入较浅和较深覆水森林沼泽相区(图 6-5-6);五彩湾勘探区(ZK1805)分层煤样品主要落入干燥森林沼泽相区,部分样品落入湿地森林沼泽相区(图 6-5-7);西黑山勘探区(ZK1105)分层煤样品主要落入干燥森林沼泽相区和湿地森林沼泽相区(图 6-5-8)。

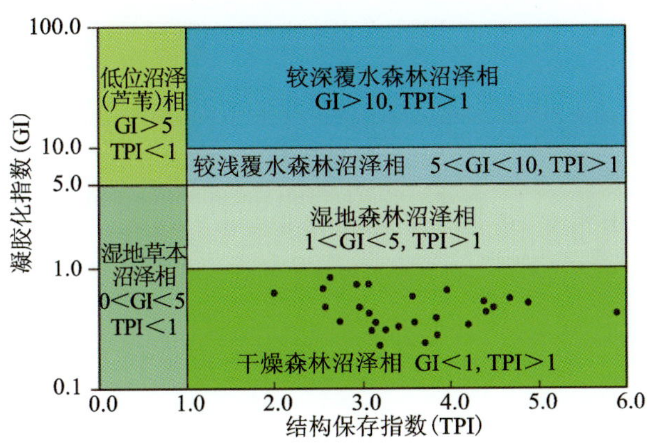

图 6-5-1 大井勘探区 ZKW0413 井 TPI-GI 相图

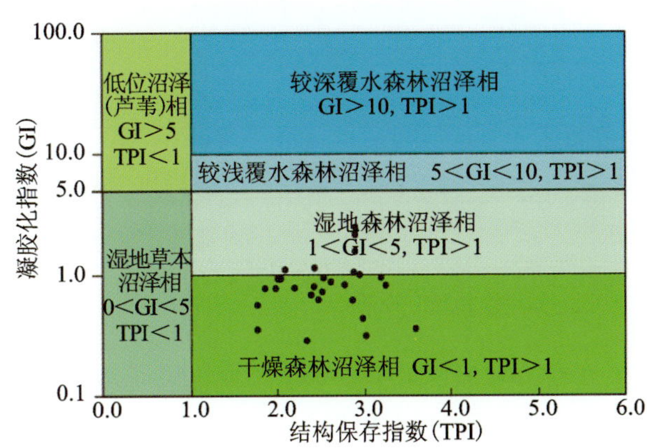

图 6-5-2 帐南西勘探区 ZK003 井 TPI-GI 相图

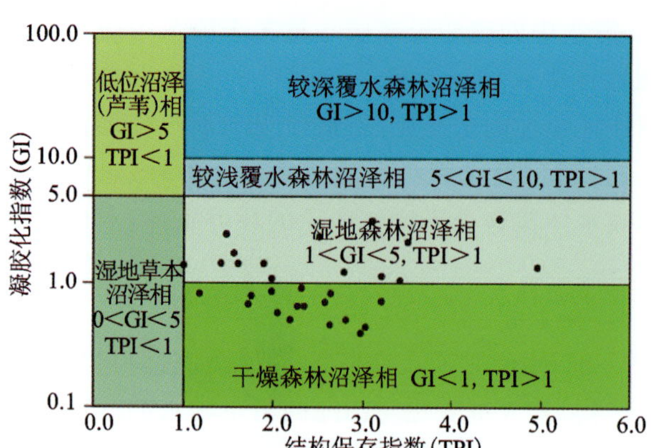

图 6-5-3 西黑山勘探区 ZK0402 井 TPI-GI 相图

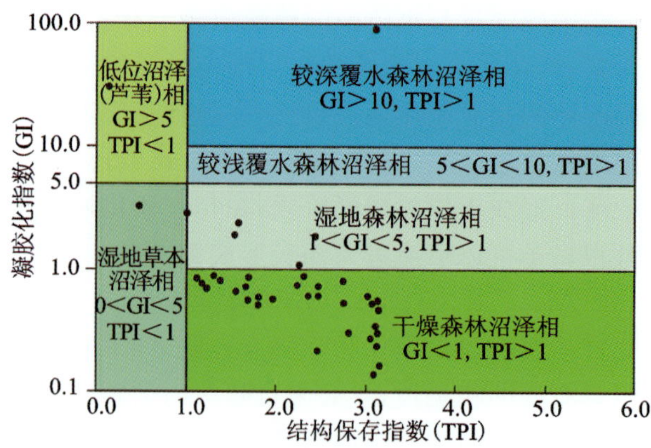

图 6-5-4 南黄草湖勘探区 ZK1606 井 TPI-GI 相图

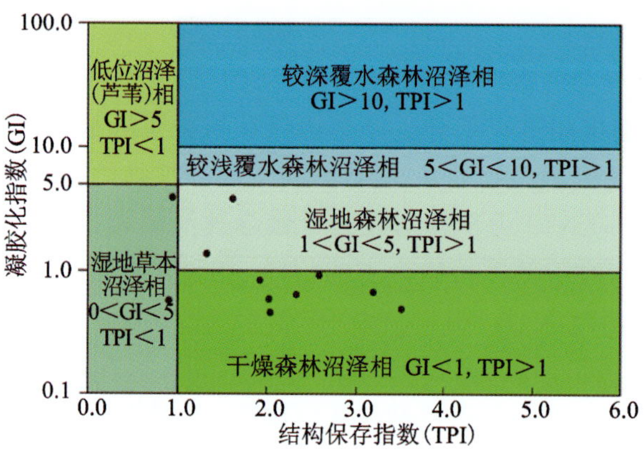

图 6-5-5 芦草沟勘探区 ZK2809 井 TPI-GI 相图

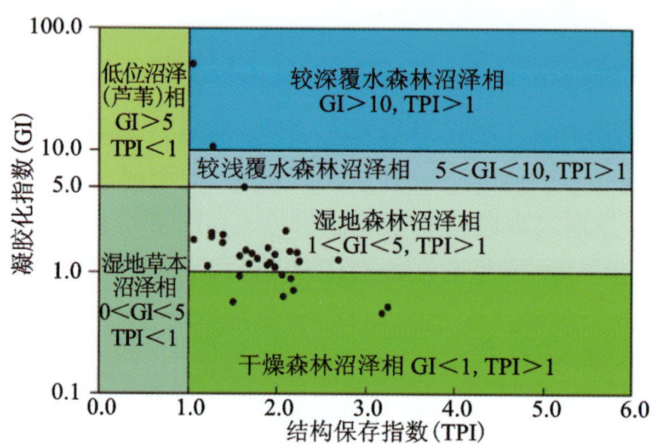

图 6-5-6 岌岌湖西勘探区 ZKJ124 井 TPI-GI 相图

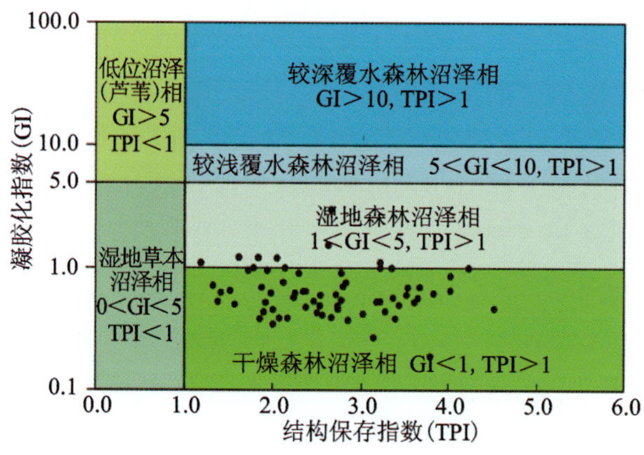

图 6-5-7 五彩湾勘探区 ZK1805 井 TPI-GI 相图

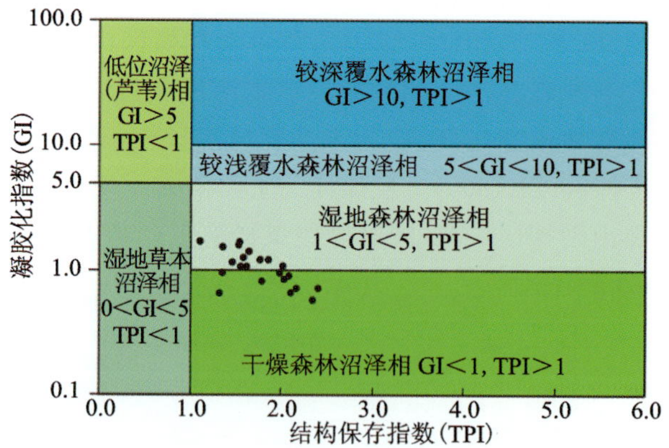

图 6-5-8 西黑山勘探区 ZK1105 井 TPI-GI 相图

二、煤相垂向分布

五彩湾勘探区 ZK1805 孔发育 1 层厚达 68m 的煤层。总体来看，该煤层下部主要形成于干燥森林沼泽相和湿地森林沼泽相交替，煤层上部主要形成于干燥森林沼泽相(图 3-4-1)。煤层中的 3 个碳质泥岩夹矸层表明泥炭沼泽发育过程中 3 次重要的水进事件，夹矸层附近煤中灰分、Al 和 Zr，以及与 Al 亲合性元素含量明显增高，表明陆源碎屑物质输入对泥炭沼泽的影响。

大井勘探区ZKW0413钻孔发育1层厚煤层，湖扩体系域和高位体系域煤层均形成于干燥森林沼泽相(图3-4-2)。在靠近夹矸的煤分层中灰分产率无明显变化，镜质组含量、结构保存指数(TPI)和凝胶化指数(GI)有所增高，但变化幅度较小。

芦草沟勘探区ZK2809钻孔主要发育1层厚煤层，总体来看，湖扩体系域煤层主要形成于湿地森林沼泽相、干燥森林沼泽相和湿地草本沼泽相，高位体系域煤层形成于干燥森林沼泽相(图6-5-9)。在靠近中间夹矸的煤分层中(ZDL06)呈现出最高的镜质组含量、V/I值和GI值以及最低的惰质组含量和TPI值，表明此时沼泽覆水较深和水动力活动较强，导致结构显微组分的破坏。

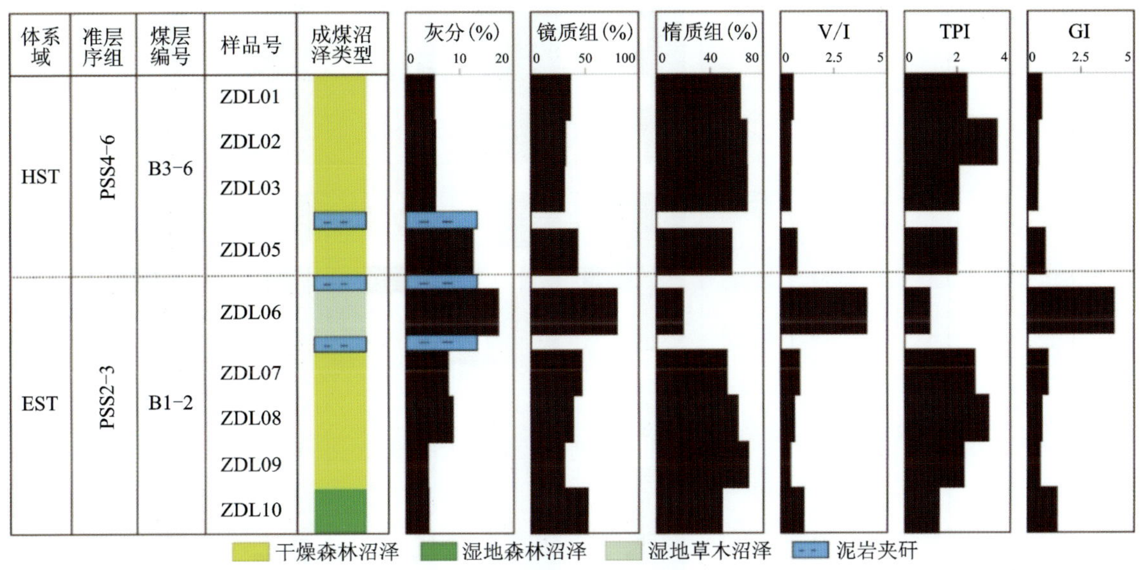

图6-5-9 准东煤田芦草沟勘探区ZK2809钻孔煤相垂向变化

帐南西勘探区ZK003钻孔发育多层煤层，低位体系域的B0煤层由干燥森林沼泽相和湿地森林沼泽相构成，镜质组含量、V/I值和GI值呈向上增加的趋势。湖扩体系域的B1-2煤层以湿地森林沼泽相和干燥森林沼泽相为主，在靠近夹矸的煤分层(Zn764)中镜质组含量、V/I值和GI值达最大。高位体系域的B3-6煤层以干燥森林沼泽相为主，在靠近夹矸的煤分层中出现湿地森林沼泽相，表明出现了一次明显的水进事件(图6-5-10)。

大庆沟勘探区ZK2601钻孔发育多层煤层。湖扩体系域上部和下部煤层形成于干燥森林沼泽相，中部煤层形成于湿地森林沼泽相。高位体系域煤层形成于干燥森林沼泽相，在高位体系域的最上部厚煤层中镜质组含量、V/I值和GI值呈现向上逐渐降低的变化特征，表明沼泽覆水逐渐减低，从低位沼泽向高位沼泽转变(图6-5-11)。

南黄草湖勘探区ZK1606钻孔发育多层煤层。湖扩体系域以干燥森林沼泽相为主，局部夹有湿地森林沼泽相。高位体系域的下部煤层以干燥森林沼泽相为主；中部煤层上下部为干燥森林沼泽相，泥岩夹矸夹持的煤分层中出现了低位沼泽(芦苇)相；上部煤层底部发育湿地草本沼泽相，中间夹有湿地森林沼泽相和较深覆水森林沼泽相，其他为干燥森林沼泽相(图6-5-12)。

西黑山勘探区(ZK0402)钻孔发育9层可采煤层(图6-5-13)，总体来看，湖扩体系域煤层主要形成于湿地森林沼泽相，局部形成于干燥森林沼泽相；高位体系域煤层主要形成于干燥森林沼泽相，局部形成于湿地森林沼泽相。总体而言，湖扩体系域煤层的镜质组含量、镜/惰比值(V/I)、灰分产率、Al和Zr，以及与Al亲合性元素含量高于高位体系域煤层(图6-4-10、图6-5-13)，表明湖扩体系域煤层形成过程中地下水位较高，地下水携带的无机组分输入较为充足。

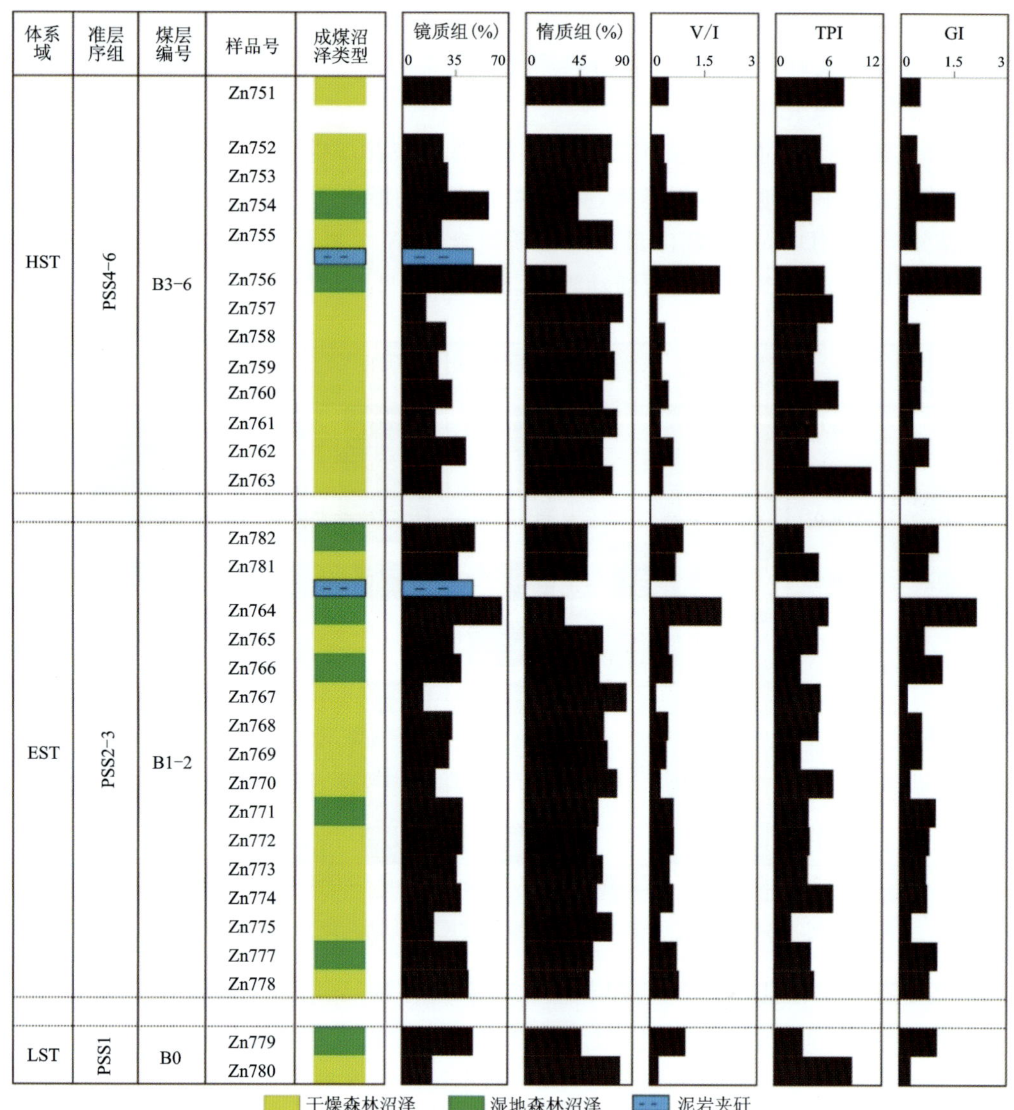

图 6-5-10 准东煤田帐南西勘探区 ZK003 钻孔煤相垂向变化

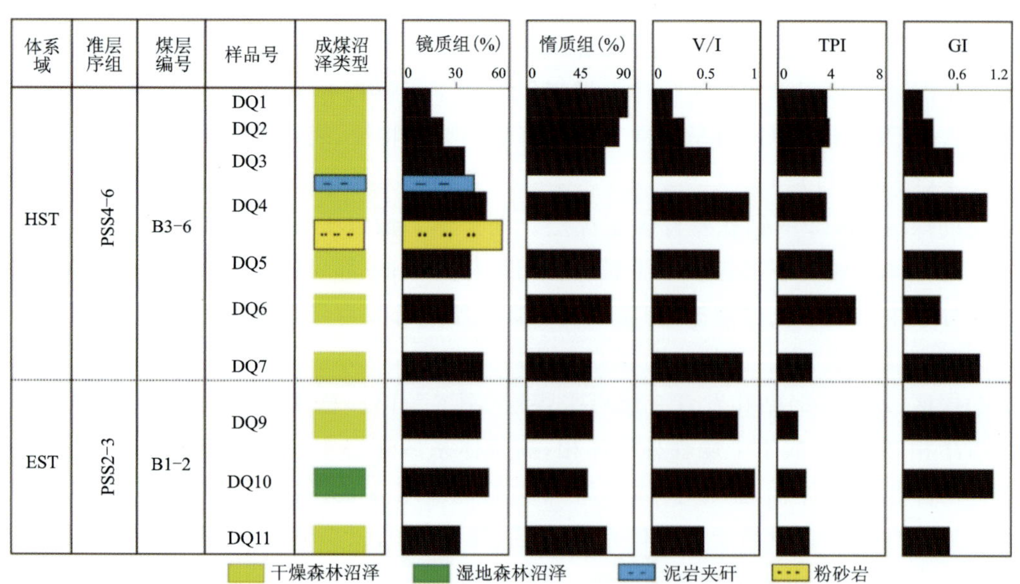

图 6-5-11 准东煤田大庆沟 ZK2601 钻孔煤相垂向变化

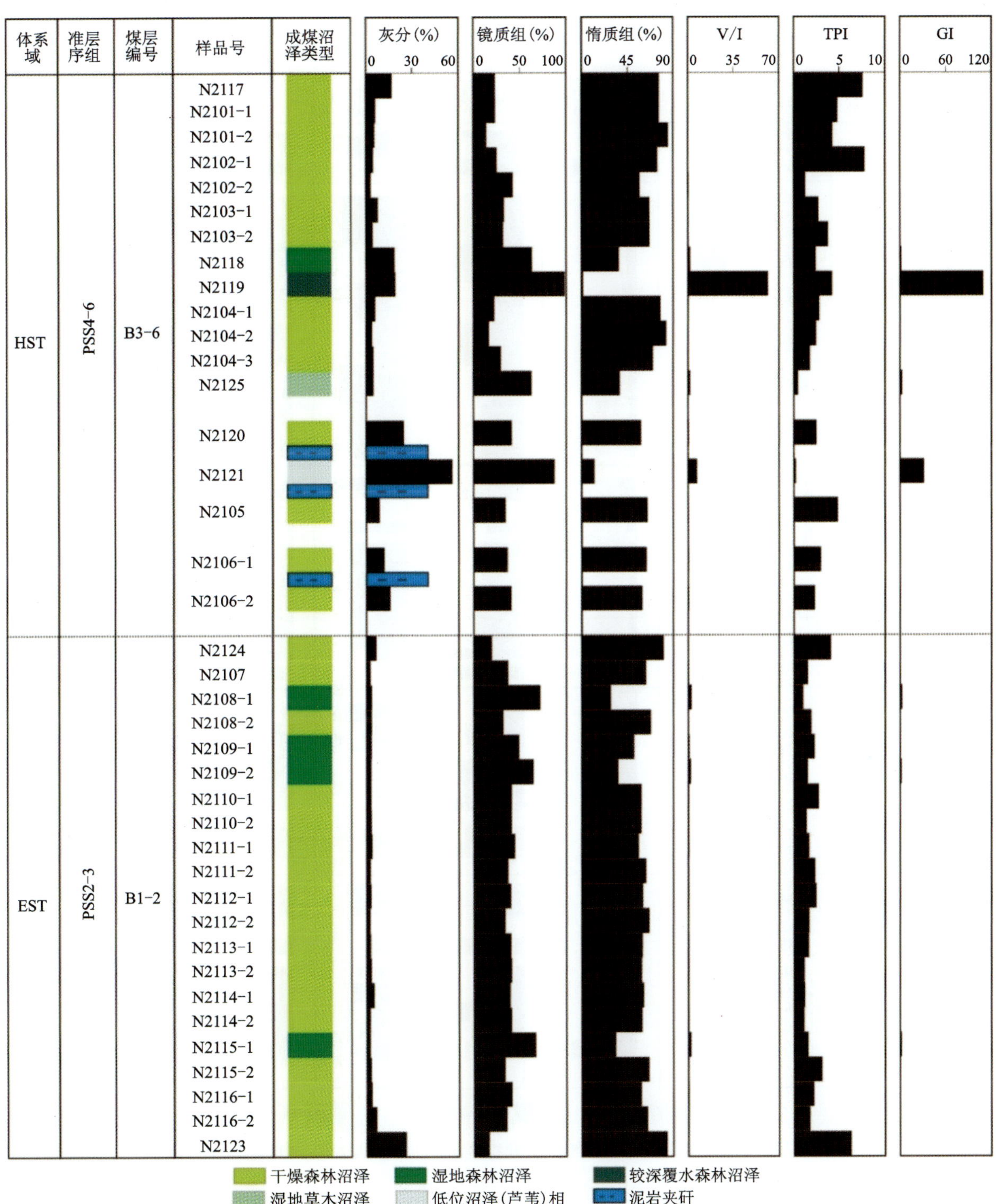

图 6-5-12 准东煤田南黄草湖勘探区 ZK1606 钻孔煤相垂向变化

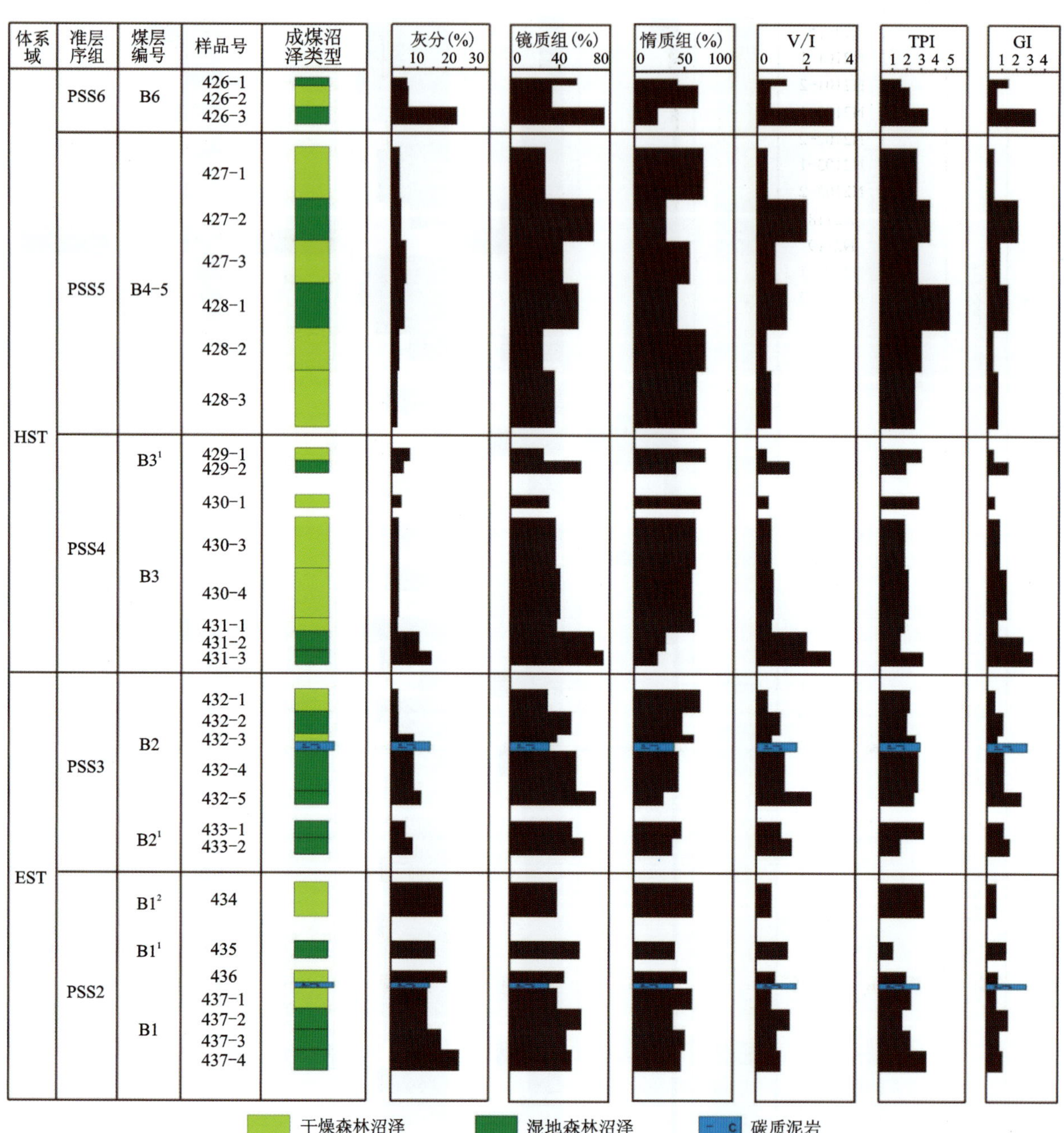

图 6-5-13 准东煤田西黑山勘探区 ZK0402 井煤相垂向变化

西黑山勘探区 ZK1105 钻孔主要发育 2 层可采煤层，总体来看，湖扩体系域煤层主要形成于湿地森林沼泽相，局部形成于干燥森林沼泽相；高位体系域煤层的上下部主要形成湿地森林沼泽相，中部主要形成于干燥森林沼泽相（图 6-5-14）。高位体系域煤层中的镜质组含量、V/I 值和 GI 值总体呈现向上增加的趋势。

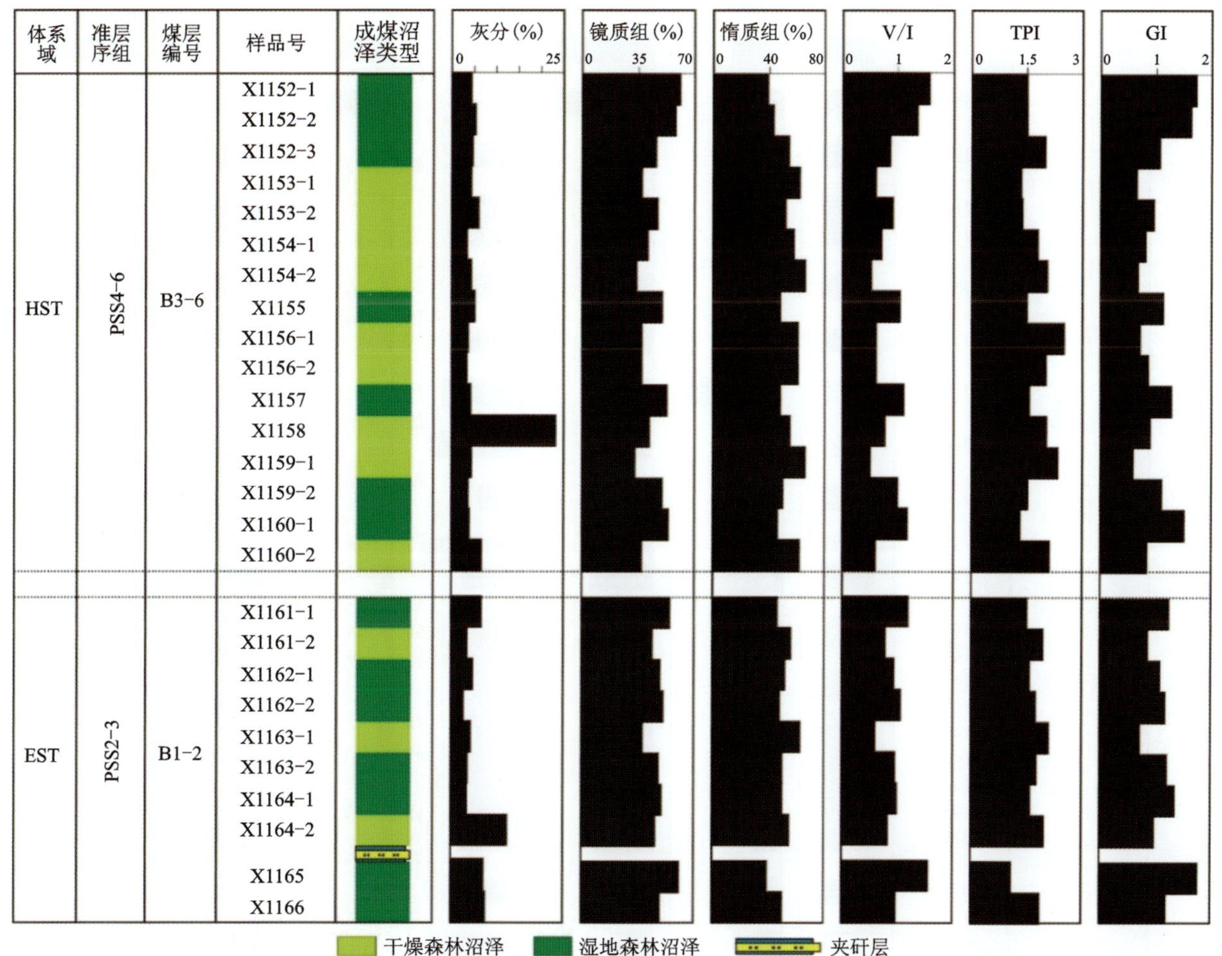

图 6-5-14 准东煤田西黑山勘探区 ZK1105 钻孔煤相垂向变化

芨芨湖西勘探区 ZKJ124 钻孔发育多层煤层，总体来看，湖扩体系域煤层主要形成于湿地森林沼泽相，在其上部和下部少数煤层形成于干燥森林沼泽相；高位体系域煤层主要形成于湿地森林沼泽相，中间煤层形成于较深覆水森林沼泽相，下部和上部少数煤层形成于干燥森林沼泽相（图 6-5-15）。

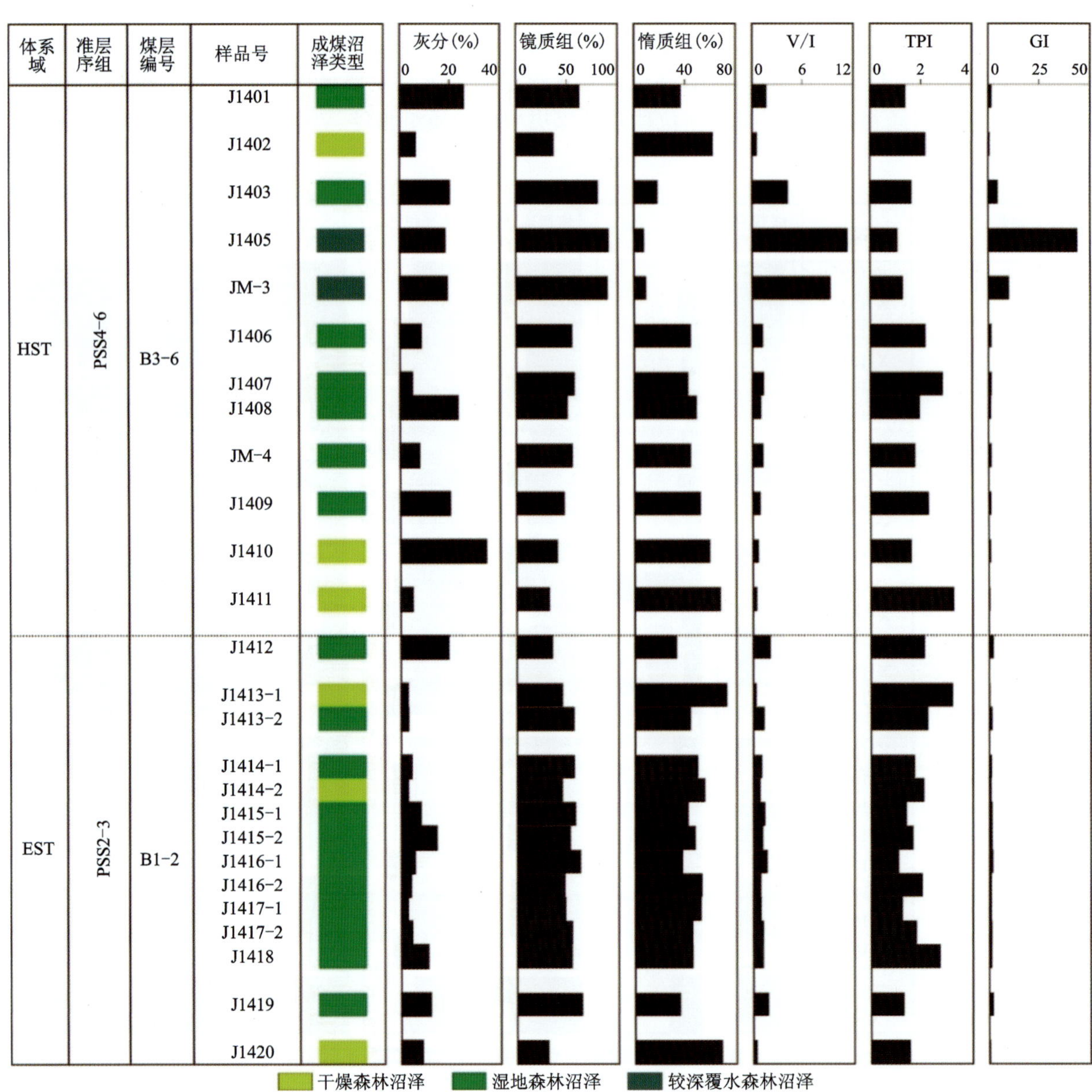

图 6-5-15　准东煤田芨芨湖西勘探区 ZKJ124 钻孔煤相垂向变化

第七章　主要结论

本书以新疆准东煤田中下侏罗统八道湾组和西山窑组含煤岩系为重点研究对象，综合运用层序地层学、沉积学、煤地质学等理论和方法，通过对研究区地震资料、钻井岩芯和测井资料，以及煤质分析资料的综合分析，系统阐明了准东煤田的勘探历程、矿区规划和煤炭资源赋存特征，建立了侏罗系含煤岩系层序地层格架，阐述了含煤岩系的沉积体系发育和时空展布，揭示了煤的聚集规律和控制因素。同时阐明了煤的岩石学、煤化学、矿物和地球化学特征和探讨了其控制因素。取得的主要认识如下。

一、层序地层和沉积相

准东煤田侏罗系可划分为 2 个二级层序和 6 个三级层序。八道湾组、三工河组和西山窑组为一个构造层序(TS1)，石树沟群的头屯河组和齐古组为一个构造层序(TS2)。在 TS1 构造层序内，八道湾组划分为 2 个三级层序(SQ1、SQ2)，三工河组划分为 1 个三级层序(SQ3)，西山窑组划分为 1 个三级层序(SQ4)。在 TS2 构造层序内，石树沟群划分为 2 个三级层序(SQ5、SQ6)。主要含煤地层西山窑组层序(SQ4)发育低位体系域、湖扩体系域和高位体系域，其中低位体系域由 1 个准层序组构成(PSS1)，湖扩体系域由 2 个准层序组构成(PSS2、PSS3)，高位体系域由 4 个准层序组构成(PSS4～PSS7)。

西山窑组层序(SQ4)构成具有明显的构造坡折样式，煤田西北部和北部边缘位于坡折带上部的缓坡区，基底沉降速率相对缓慢，除低位体系域发育辫状河、辫状河三角洲—滨浅湖准层序外，湖扩体系域和高位体系域主要由多个进积和退积泥炭沼泽准层序构成。煤田东南部位于坡折带下部的坳陷区，基底沉降速率相对较快，低位体系域发育辫状河三角洲—滨浅湖准层序，湖扩体系域和高位体系域主要由多个含煤的碎屑沉积准层序构成。

主要含煤地层西山窑组(SQ4)主要发育辫状河、辫状河三角洲—滨浅湖和网状河三种沉积体系类型。低位体系域(PSS1)主要发育辫状河流、辫状河三角洲以及滨浅湖沉积体系，其中辫状河流和辫状河三角洲沉积体系主要发育于准东煤田北部，滨浅湖沉积体系主要发育于煤田南部。湖扩体系域(PSS2 和 PSS3)和高位体系域早期(PSS4)主要为滨浅湖沉积，中期(PSS5 和 PSS6)形成网状河流沉积体系，晚期(PSS7)则主要为辫状河三角洲和滨浅湖沉积。

二、煤的聚集规律

主要含煤地层西山窑组(SQ4)含可采煤层 1～17 层，在煤田西部的五彩湾矿区和中部的大井和将军庙矿区，可采煤层层数较少，一般为 1～4 层，但多为厚和巨厚煤层。向东部和中南部可采煤层层数明显增加，在煤田中东部的西黑山矿区和东部的老君庙矿区和梧桐窝子勘查区，可采煤层层数最多，一般为 4～17 层，煤层相对较薄，一般为中厚和厚煤层。

西山窑组(SQ4)单层煤层厚度变化较大，在五彩湾矿区和大井矿区发育于湖扩体系域的 B1 煤层和发育于高位体系域的 B2 煤层局部合并为巨厚煤层，最大厚度可达 87.4m。可采煤层累积厚度变化相对较小，总体具有自煤田边缘向煤田中部增厚，自煤田东部向中部和西部增厚的趋势。煤田自西向东出现 5 个富煤中心，分别为五彩湾矿区中东部、大井矿区西部、将军庙矿区中部、将军庙-西黑山矿区南部以及老君庙矿区。

聚煤作用受控于湖平面变化、基底构造沉降速率和沉积体系的共同控制。在湖扩体系域时期，随湖平面的不断上升，聚煤作用强度总体由盆内向边缘不断推进。在高位体系域，聚煤作用强度总体由盆缘向盆内迁移。高位体系域发育的煤层比湖扩体系域发育的煤层横向分布更稳定，分布面积更大。煤田内发育的坡折带对煤的聚集规律具有重要影响，西部和中部矿区位于坡折带之上的隆起区，盆地基底构造沉降速率较低，物源碎屑体系不甚发育，可容纳空间增长速率与泥炭堆积速率保持长期动态平衡，故该区煤层层数少但单层厚度大；煤田东部处于坡折带之下的凹陷区，盆地基底构造沉降速率较快和物源体系较为发育，可容纳空间增长速率与泥炭堆积速率不能长期保持动态平衡，泥炭沼泽发育相对不稳定，故该区煤层层数多但单层煤厚度较薄。

三、煤质特征

准东煤田八道湾组煤的显微组分主要由镜质组组成，其次为惰质组，壳质组含量很低；西山窑组煤中显微组分主要由惰质组组成，其次为镜质组，壳质组含量很低。平面上看，西山窑组煤中镜质组含量总体具有由西向东增高的趋势。垂向上看，下部湖扩体系域煤层镜质组含量总体高于上部高位体系域煤层。煤中显微组分的变化可能主要与盆地基底沉降速率和泥炭沼泽的埋藏速率有关，八道湾组沉积期盆地基底沉降速率和泥炭沼泽的埋藏速率相对较快，故八道湾组煤中镜质组含量高于西山窑组；西山窑组沉积期煤田东部盆地基底沉降速率和泥炭沼泽的埋藏速率高于西部和中部，故中部大井和西部五彩湾矿区煤中镜质组含量低于东部煤中镜质组含量。

准东煤田西山窑组煤中矿物主要为石英和高岭石，其次为碳酸盐和长石类矿物，含少量的黄铁矿和硫酸盐矿物，部分样品可见少量的伊利石、皂石、石膏、坡缕石和伊-蒙混层矿物。碳酸盐矿物有铁白云石、白云石、方解石和菱铁矿等，长石类矿物有微斜长石、钙长石和钠长石等。在靠近煤层顶底板和夹矸的煤分层中的高岭石和石英含量明显增高。

准东煤田八道湾组煤以低—中水分含量、特低—低灰产率、高挥发分产率、特低—低硫含量、低磷含量、特低—低氯含量、一级—二级含砷、中高—高发热量、含油—富油等为特征，以41号长焰煤(41CY)为主，是良好的工业动力发电和民用煤。西山窑组煤以低—中高水分含量、特低—低灰分产率、中高挥发分产率、特低—中硫含量、低磷含量、特低—低氯含量、一级—二级含砷、中高—高发热量、含油等为特征，以31号不黏煤(BN31)为主，是良好的工业动力发电和民用煤。

准东煤田西山窑组煤的灰分产率呈现出东部矿区(西黑山矿区)高于中部和西部矿区(大井和五彩湾矿区)，煤田北部和南部边缘高于煤田中心。煤的挥发分产率呈现出30%～35%挥发分产率区在煤田广泛分布，相对高的挥发分产率区(35%～40%)零星分布，相对低的挥发分产率区(25%～30%)主要分布在煤田的中部大井和石浅滩勘探区。煤的全硫含量呈现出西部矿区大于东部矿区，中部矿区全硫含量较低，含硫量较高(>0.9%)的煤主要分布于五彩湾矿区火烧区和露头区附近。

准东煤田西山窑组煤中常量元素主要由Si组成，其次为Al、Ca、Fe和Na，含少量的Mg和K。煤中Na含量是中国煤均值的5倍以上，其他常量元素含量与中国煤相似或亏损。对比于世界煤含量均值，准东煤田煤中的Sr和Ba较为富集，其他微量元素含量低于世界煤均值或与世界煤相似。准东煤田西山窑组大多数煤中的Al、REY、Rb、Sc、Ti、Cr、Zr、Ga、Th、V、Nb、Cu、K、Pb、Li、Hf、Ni和Zn等具铝硅酸盐亲和性，P和Sr具磷酸盐亲和性，Fe、Mn、Ca和Mg具碳酸盐亲和性，S、Fe和As等具硫化物亲和性，Ba具硫酸盐亲和性。

西山窑组下部湖扩体系域煤层主要以湿地森林沼泽和干燥森林沼泽交替出现为特征，上部高位体系域煤层以干燥森林沼泽为主。平面上，准东煤田西部五彩湾矿区、大井矿区和将军庙矿区煤主要形成于干燥森林沼泽相，其次为湿地森林沼泽相；煤田东部西黑山矿区煤主要形成于湿地森林沼泽相，其次为干燥森林沼泽相。

参考文献

鲍志东,管守锐,李儒峰,等,2002.准噶尔盆地侏罗系层序地层学研究[J].石油勘探与开发,29(1):48-51.

陈发景,汪新文,汪新伟,2005.准噶尔盆地的原型和构造演化[J].地学前缘,12(2):78-89.

陈世悦,2000.华北石炭二叠纪海平面变化对聚煤作用的控制[J].煤田地质与勘探(5):8-11.

陈世悦,刘焕杰,1994.华北石炭二叠纪层序地层学研究的特点[J].岩相古地理,14(5):11-20.

陈世悦,刘焕杰,1999.华北石炭—二叠纪层序地层格架及其特征[J].沉积学报(1):63-70.

陈书平,张一伟,汤良杰,2001.准噶尔晚石炭世—二叠纪前陆盆地的演化[J].石油大学学报(自然科学版),25(5):11-15.

陈新蔚,庄新国,周继兵,等,2013.准东煤田煤质特征及分布规律[J].新疆地质,31(1):89-93.

陈业全,王伟锋,2004.准噶尔盆地构造动力学过程[J].地质力学学报,10(2):155-164.

董大啸,邵龙义,李明培,2017.华北地台晚石炭世—早二叠世含煤岩系聚煤规律研究[J].煤炭科学技术,45(9):175-181+187.

杜振川,金瞰昆,2001.含煤岩系高分辨率层序地层格架及特征研究:以河北石炭—二叠纪为例[J].中国矿业大学学报,30(4):407-411.

冯烁,2015.三塘湖盆地中—下侏罗统沉积演化及聚煤规律研究[D].乌鲁木齐:新疆大学.

高彩霞,2014.川渝滇黔晚二叠世层序—古地理与聚煤规律研究[D].北京:中国矿业大学(北京).

高青海,2006.煤层成因和煤相研究历史回顾及其研究现状[J].中国煤田地质,18(2):18-21.

龚绍礼,张春晓,2001.华南二叠纪盆地层序地层特征及聚煤规律[J].中国煤田地质(2):10-12+117.

郭立君,洪愿进,邵龙义,等,2011.黔西织纳煤田上二叠统层序地层及聚煤作用[J].古地理学报,13(5):493-500.

韩德馨,杨起,1980.中国煤田地质学[M].北京:煤炭工业出版社.

韩美莲,魏久传,2000.巨野煤田含煤地层层序单元划分[J].山东科技大学学报(自然科学版),19(12):33-37.

何登发,张磊,吴松涛,等,2018.准噶尔盆地构造演化阶段及其特征[J].石油与天然气地质,39(5):845-861.

何起祥,业治铮,张明书,等,1991.受限陆表海的海侵模式[J].沉积学报,9(1):1-10.

胡社荣,蔺丽娜,黄灿,等,2011.超厚煤层分布与成因模式[J].中国煤炭地质,23(1):1-5.

黄曼,邵龙义,鲁静,等,2007.柴北缘老高泉地区侏罗纪含煤岩系层序地层特征[J].煤炭学报,32(5):485-489.

姜云辉,杨万志,程遂欣,2008.新疆煤类分布、变质规律及变质作用分析[J].新疆地质(3):301-304.

金高峰,龚绍礼,张春晓,等,2000.聚煤作用的层序模式[J].煤田地质与勘探,28(1):1-5.

康高峰,王辉,王巨民,等,2009.滇东北晚二叠世沉积体系与层序地层格架下的聚煤特征[J].地质通报,28(1):91-98.

雷国明,周继兵,张东亮,等,2012.东煤田五彩湾矿区西山窑组巨厚煤层煤相研究[J].新疆地质,30(3):347-349.

李宝芳,温显贵,李贵东,1999.华北石炭二叠系高分辨率层序地层分析[J].地学前缘,6(增刊):81-94.

李宝庆,王平,庄新国,等,2014.伊宁凹陷侏罗系水西沟群层序地层学与聚煤规律分析[J].新疆地质,32(1):125-129.

李虎威,赵红超,牙生·吾甫尔,等,2017.新疆煤炭资源科学开采发展趋势与前景分析[J].煤炭工程,49(6):20-22+25.

李晶,庄新国,周继兵,等,2012.新疆准东煤田西山窑组巨厚煤层煤相特征及水进水退含煤旋回的判别[J].吉林大学学报(地球科学版),42(增刊2):104-114.

李思田,林畅松,解习农,等,1995.大型陆相盆地层序地层学研究:以鄂尔多斯中生代盆地为例[J].地学前沿,2(3-4):133-136.

李思田,林畅松,李祯,等,1993.含煤盆地层序地层分析的几个基本问题[J].煤田地质与勘探,21(3):1-10.

李鑫,庄新国,周继兵,等,2010.准东煤田中部矿区西山窑组巨厚煤层煤相分析[J].地质科技情报,29(5):84-88.

李增学,1994.内陆表海聚煤盆地的层序地层分析[J].地球科学进展,9(6):65-70.

李增学,韩美莲,魏久传,等,2008.鄂尔多斯盆地上古生界高分辨率层序划分与煤聚积规律分析[J].中国石油大学学报(自然科学版)(1):5-12.

李增学,李守春,魏久传,1996b.内陆表海含煤盆地层序地层分析的思路与方法[J].石油与天然气地质,17(1):1-7.

李增学,吕大炜,王东东,等,2015.多元聚煤理论体系及聚煤模式[J].地球学报,36(3):271-282.

李增学,单松炜,2000e.陆表海盆地含煤地层的高分辨率层序地层研究[J].煤田地质与勘探,28(4):13-16.

李增学,王明镇,余继峰,等,2006.鄂尔多斯盆地晚古生代含煤地层层序地层与海侵成煤特点[J].沉积学报(6):834-840.

李增学,魏久传,韩美莲,2000a.华北晚古生代陆表海盆地东南缘高频海侵事件对聚煤作用的影响[J],地学前缘(3):202.

李增学,魏久传,韩美莲,2000b.鲁西陆表海盆地高分辨率层序划分与海侵过程成煤特点[J].沉积学报,18(3):363-368.

李增学,魏久传,韩美莲,2001a.海侵事件成煤作用:一种新的聚煤模式[J].地球科学进展,16(1):120-124.

李增学,魏久传,金秀昆,2000c.淮南煤田二叠系高分辨率层序地层学特征[J].地层学杂志,24(1):34-39.

李增学,魏久传,李守春,1995.山东及邻区石炭二叠纪含煤地层的层序地层式样[J].沉积学报,13(增刊):18-26.

李增学,魏久传,李守春,等,1996a.内陆表海含煤盆地级层序的划分原则及基本构成特点[J].地质科学,31(2):186-192.

李增学,魏久传,王明镇,等,1996c.华北南部晚古生代陆表海盆地层序地层格架与海平面变化[J].岩相古地理,16(5):1-11.

李增学，魏久传，魏振岱，等，2000d. 含煤盆地层序地层学[M]. 北京：地质出版社.

李增学，余继峰，杜振川，2001b. 含煤地层高分辨层序地层研究的现状与展望[J]. 山东科技大学学报(自然科学版)，20(4)：8-12.

李增学，余继峰，郭建斌，2002. 华北陆表海盆地海侵事件聚煤作用研究[J]. 煤田地质与勘探(5)：1-5.

李增学，余继峰，郭建斌，等，2003. 陆表海盆地海侵事件成煤作用机制分析[J]. 沉积学报(2)：288-296+306.

刘炳强，王敏，王东东，等，2024. 巨厚煤层物质组成特征与成因机制：以柴北缘鱼卡地区中侏罗统为例[J]. 煤炭科学技术，52(5)：176-190.

刘海涛，卫延召，张光亚，等，2006. 准噶尔盆地白家海地区侏罗系聚煤作用与层序地层[J]. 天然气地球科学，17(6)：802-806.

刘豪，王英民，2002. 浅析准噶尔盆地侏罗系煤层在层序地层中的意义[J]. 沉积学报，20(2)：197-202.

刘豪，王英民，王媛，2002. 浅析准噶尔盆地侏罗系煤层在层序地层中的意义[J]. 沉积学报(2)：197-202.

刘洪林，王红岩，张建博，2004. 层序地层学在煤层气勘探中的应用[J]. 天然气工业，24(5)：30-32.

柳永清，李寅，2001. 准噶尔盆地侏罗系露头层序地层及沉积学特征[J]. 地球学报，22(1)：49-54.

鲁静，邵龙义，孙斌，等，2012. 鄂尔多斯盆地东缘石炭—二叠纪煤系层序-古地理与聚煤作用[J]. 煤炭学报，37(5)：747-754.

吕大炜，李增学，刘海燕，等，2009. 华北晚古生代海平面变化及其层序地层响应[J]. 中国地质，36(5)：1079-1086.

毛婉慧，庄新国，周继兵，等，2011. 煤相参数在煤层层序划分中的应用：以新疆准东煤田帐南西矿区为例[J]. 煤田地质与勘探. 39(1)：6-10.

苗雨雁，2003. 疏叶薄果穗(Leptostrobus laxiflora Heer)在新疆额敏白杨河中侏罗统的发现[J]. 吉林大学学报(地球科学版)(3)：263-269.

潘松圻，庄新国，王小明，等，2013. 准东煤田西山窑组层序地层对煤相演化规律的控制[J]. 煤田地质与勘探，41(6)：2-6.

彭希龄，1983. 库车洼地塔里奇克组的时代及新疆陆相三叠、侏罗系的界线[J]. 新疆石油地质(2)：18-30.

邱春光，邓宏文，吴铁壮，等，2006. 准噶尔盆地腹部侏罗系层序地层划分[J]. 新疆地质，24(2)：165-167.

桑树勋，李壮富，范炳恒，等，2001. 层序地层格架与煤岩层对比-层序地层学在山西阳曲煤田普查勘探中的应用[J]. 沉积学报，19(4)：556-562.

桑树勋，秦勇，范炳恒，等，2002. 层序地层学在陆相盆地煤层气资源评价中的应用研究[J]. 煤炭学报，27(2)：113-118.

邵凯，2013. 中国东北地区早白垩世层序地层与聚煤规律研究[D]. 北京：中国矿业大学(北京).

邵龙义，1997. 湘中早石炭世沉积学及层序地层学[M]. 徐州：中国矿业大学出版社.

邵龙义，陈家良，李瑞军，等，2003. 广西合山晚二叠世碳酸盐岩型煤系层序地层分析[J]. 沉积学报 21(1)：168-174.

邵龙义，董大啸，李明培，等，2014. 华北石炭—二叠纪层序-古地理及聚煤规律[J]. 煤炭学报，39(8)：1725-1734.

邵龙义，窦建伟，张鹏飞，1998. 含煤岩系沉积学和层序地层学研究现状和展望[J]. 煤田地质与勘探,26(1):4-9.

邵龙义,高彩霞,张超,等,2013.西南地区晚二叠世层序——古地理及聚煤特征[J].沉积学报,31(5):856-866.

邵龙义,鲁静,汪浩,等,2008.近海型含煤岩系沉积学及层序地层学研究进展[J].古地理学报(6):561-570.

邵龙义,鲁静,汪浩,等,2009.中国含煤岩系层序地层学研究进展[J].沉积学报,27(5):904-914.

邵龙义,王学天,鲁静,等,2017.再论中国含煤岩系沉积学研究进展及发展趋势[J].沉积学报,35(5):1016-1031.

邵龙义,徐小涛,王帅,等,2021.中国含煤岩系古地理及古环境演化研究进展[J].古地理学报,23(1):19-38.

邵龙义,张超,闫志明,等,2016.华南晚二叠世层序:古地理及聚煤规律[J].古地理学报,18(6):905-919.

邵龙义,张鹏飞,1997.论幕式聚煤作用及含煤岩系层序地层学研究[M].北京:石油出版社.

邵龙义,张鹏飞,1998.含煤岩系层序地层模式[J].长春科技大学学报:67-72.

邵龙义,张鹏飞,窦建伟,等,1999.含煤岩系层序地层分析的新认识:兼论河北南部晚古生代层序地层格架[J].中国矿业大学学报,28(1):20-24.

邵龙义,张鹏飞,刘钦甫,等,1992.湘中地区下石炭统测水组沉积层序及幕式聚煤作用[J].地质论评,38(1):52-59.

邵龙义,郑明泉,侯海海,等,2018.山西省石炭—二叠纪含煤岩系层序-古地理与聚煤特征[J].煤炭科学技术,46(2):1-8+34.

田继军,杨曙光,2011.准噶尔盆地南缘下—中侏罗统层序地层格架与聚煤规律[J].煤炭学报,36(1):58-64.

汪浩,2011.滇东、黔西晚二叠世煤的沉积学特征及古环境意义[D].北京:中国矿业大学(北京).

王东东,2012.鄂尔多斯盆地中侏罗世延安组层序-古地理与聚煤规律[D].北京:中国矿业大学(北京).

王东东,邵龙义,刘海燕,等,2016.超厚煤层成因机制研究进展[J].煤炭学报,41(6):1487-1497.

王平,马小平,曾宪军,等,2013.波阻抗反演技术在三维地震勘探煤层解释中的应用[J].新疆地质,31(1):104-105.

王帅,邵龙义,闫志明,等,2015.二连盆地吉尔嘎朗图凹陷下白垩统赛汉塔拉组层序地层及聚煤特征[J].古地理学报,17(3):393-403.

王双明,张玉平,1999.鄂尔多斯侏罗纪盆地形成演化和聚煤规律[J].地学前缘,6(增刊):30-35.

王佟,田野,邵龙义,等,2013.新疆准噶尔盆地早—中侏罗世层序-古地理及聚煤特征[J].煤炭学报,38(1):114-121.

王宜林,王英民,齐雪峰,等,2001.准噶尔盆地侏罗系层序地层划分[J].新疆石油地质,22(5):382-386.

王昭晖,李新光,许平,等,2011.芨芨湖西煤矿西山窑组层序地层划分及沉积环境演化特征浅析[J].新疆地质,29(1):86-89.

文怀军,鲁静,尚潞君,等,2006.青海聚乎更矿区侏罗纪含煤岩系层序地层研究[J].中国煤田地质,18(5):19-21.

吴冲龙,李绍虎,王根发,等,2003.陆相断陷盆地超厚煤层异地堆积的新模式[J].地球科学(3):289-296.

吴冲龙,李绍虎,王根发,等,2006.先锋盆地超厚优质煤层的异地成因模式[J].沉积学报(1):1-9.

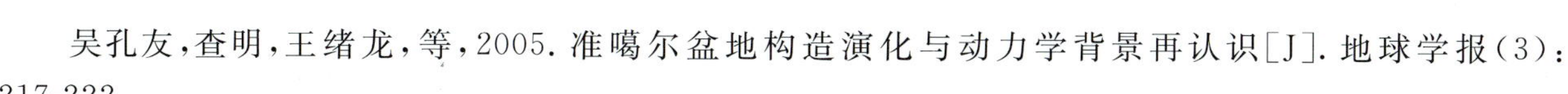

吴孔友，查明，王绪龙，等，2005. 准噶尔盆地构造演化与动力学背景再认识[J]. 地球学报(3)：217-222.

杨明慧，夏文臣，1998. 非海相前陆盆地含煤沉积层序地层分析：以柴达木盆地大煤沟侏罗系剖面为例[J]. 煤田地质与勘探，26(3)：56-63.

杨起，韩德馨，1979. 中国煤田地质学[M]. 北京：煤炭工业出版社.

杨荣丰，张鹏飞，刘钦甫，2001. 北京地区侏罗系煤田层序地层与聚煤特征研究[J]. 煤炭科学技术，29(6)：41-44.

尤绮妹，1992. 准噶尔盆地各构造阶段的大地构造单元划分及含油气性[M]. 兰州：甘肃科技出版社.

张超，2013. 华南晚二叠世层序-古地理与聚煤规律研究[D]. 北京：中国矿业大学(北京).

张朝军，何登发，吴晓智，等，2006. 准噶尔多旋回叠合盆地的形成与演化[J]. 中国石油勘探(1)：47-58+7.

张东亮，周继兵，易贤银，等，2009. 新疆准东煤田西黑山勘查区中侏罗统西山窑组辫状河三角洲-滨浅湖沉积体系[J]. 内蒙古石油化工(8)：105-108.

张冬玲，鲍志东，杨文秀，2005. 准噶尔盆地侏罗系层序地层格建立及主控因素分析[J]. 大庆石油学院学报，29(2)：10-12.

张冀，雷国明，周继兵，2014a. 新疆准东煤田芦草沟矿区西山窑组 B_1 煤层煤岩、煤相学研究[J]. 新疆地质，32(3)：392-395.

张冀，雷国明，周继兵，2014b. 准东煤田五彩湾矿区西山窑组层序地层学及聚煤规律分析[J]. 新疆地质，32(2)：261-265.

张满郎，张琴，朱筱敏，2000. 准噶尔盆地侏罗系层序地层划分探讨[J]. 石油实验地质，22(3)：236-240.

张周良，刘少宾，1994. 中国的网状河流体系[J]. 应用基础与工程科学学报(增刊 1)：204-212.

赵白，1992. 准噶尔盆地的基底性质[J]. 新疆石油地质(2)：95-99.

赵隆业，姜炳栋，1982. 煤层现在埋藏深度对煤化作用的影响[J]. 科学通报，(11)：681-682.

赵省民，郑浚茂，1997. 晋北晚古生代高分辨率含煤层序[J]. 沉积学报 15(1)：31-36.

周春光，杨起，康西栋，等，1998. 煤相研究进展[J]. 中国煤田地质(4)：17-23.

周继兵，庄新国，张东亮，2010. 新疆准东煤田东部层序地层学及聚煤规律研究[J]. 新疆地质，28(3)：334-338.

周兴福，杨晓平，郝永鸿，等，2005. 鸡西盆地高分辨率层序地层研究与聚煤作用分析[J]. 地质调查与研究，28(2)：79-86.

朱爱国，王加佳，帕尔哈提，2005. 准噶尔盆地东部侏罗系网状河流相沉积[J]. 新疆石油天然气(1)：1-5+99.

庄军，1995. 鄂尔多斯盆地南部巨厚煤层形成条件[J]. 煤田地质与勘探(1)：9-13.

庄新国，王平，周继兵，等，2013. 准东煤田煤地球化学特征[J]. 新疆地质，31(1)：94-98.

ALVES R G，ADE M V B，1996. Sequence stratigraphy and coal petrography applied to the Candiota coal field，Rio Grande do Sul，Brazil：A depositional mode[J]. International Journal of Coal Geology，30(3)：231-248.

ARDITTO P A，1991. A sequence stratigraphic analysis of the Late Permian succession in the Southern Coalfield，Sydney Basin，new South Wales，Australia[J]. Journal of Earth System Science，38：125-137.

BANERJEE I，KALKREUTH W，2002. Sedimentology，sequence stratigraphy，organic petrology， geochemistry, and palynology of Mannville Group coals in south-central Alberta[J]. Bulletin of the Geological Survey of Canada, 571: 1-58.

BANERJEE J, KALKREUTH W, DAVIES E, 1996. Coal seam splits and transgressive-regressive coal couplets: A key to stratigraphy of high-frequency sequences[J]. Geology, 24: 1001-1004.

BOHACS K, SUTER J, 1997. Sequence stratigraphic distribution of coaly rocks: Fundamental controls and paralic examples [J]. American Association of Petroleum Geologists Bulletin, 81: 1612-1639.

CALDER J H, GIBLING M R, MUKHOPADHYAY P K, 1991. Peat formation in a Westphalian B piedmont setting, Cumberland Basin, Nova Scotia: Implications for the maceral-based interpretation of rheotrophic and raised paleomires[J]. Bulletin de la Societe Geologique de France, 162: 283-298.

CHRIS H, 1997. Relative sea level control of deposition in the Late Permian Newcastle coal measures of the Sydney Basin, Australia[J]. Sedimentary Geology, 107: 167-187.

DAI S F, SEREDIN V V, WARD C R, et al., 2015. Enrichment of U-Se-Mo-Re-V in coals preserved within marine carbonate successions: Geochemical and mineralogical data from the Late Permian Guiding coalfield, Guizhou, China[J]. Mineralium Deposita, 50: 159-186.

DAI S F, ZOU J H, JIANG Y F, et al., 2012. Mineralogical and geochemical compositions of the Pennsylvanian coal in the Adaohai mine, Daqingshan Coalfield, Inner Mongolia, China: Modes of occurrence and origin of diaspore, gorceixite, and ammonian illite[J]. International Journal of Coal Geology, 94: 250-270.

DAI S, LI D, CHOU C L, et al., 2008. Mineralogy and geochemistry of boehmite-rich coals: New insights from the Haerwusu Surface Mine, Jungar Coalfield, Inner Mongolia, China[J]. International Journal of Coal Geology, 74: 185-202.

DAI S, ZHOU Y, REN D, et al., 2007. Geochemistry and mineralogy of the Late Permian coals from the Songzao Coalfield, Chongqing, southwestern China[J]. Science in China Series D: Earth Science, 50: 678-688.

DAVIES R, DIESSEL C, HOWELL S, et al., 2005. Vertical and lateral variation in the petrography of the Upper Cretaceous Sunnyside coal of Eastern Utah, USA-implications for the recognition of high-resolution accommodation changes in paralic coal seams[J]. International Journal of Coal Geology, 61: 13-33.

DIESSEL C F K, 1992. Coal-bearing depositional systems[J]. Springer International Journal of Coal Geology: 19-22.

DIESSEL C F K, 1998. Sequence stratigraphy applied to coal seams: Two case histories[J]. International Journal of Coal Geology: 59.

DIESSEL C F K, 2007. Utility of coal petrology for sequence-stratigraphic analysis [J]. International Journal of Coal Geology, 70: 3-34.

DIESSEL C F K, BOYD R, CHALMERS G, et al., 1999. New significant surfaces in onshore sequence stratigraphy[J]. International Journal of Coal Geology, 22: 311-323.

DIESSEL C F K, BOYD R, GAMMIDGE L C, 1995. The sequence stratigraphic interpretation of coal measure sedimentation[J]. Sixth New Zealand Coal Conference, 2: 295-303.

DIESSEL C F K, BOYD R, WADSWORTH J, et al., 2000a. Significant surfaces and accommodation trends in paralic coal seams[J]. International Journal of Coal Geology: 15-20.

DIESSEL C F K, BOYD R, WADSWORTH J, et al., 2000b. On balanced and unbalanced accommodation and peat accumulation ratios in the Cretaceous coals from Gates Formation, Western Canada, and their sequence-stratigraphic significance[J]. International Journal of Coal Geology, 43: 143-186.

DIESSEL C F K, SWIFT E, FRANCIS S et al., 2000. Advances in the study of the Sydney Basin [J]. Newcastle Symposium: 169-181.

DIESSEL C F K, 1986. On the correlation between coal facies and depositional environment: Advances in the study of the Sydney Basin[J]. Proceedings of 20th Symposium of University of Newcastle: 19-22.

FLINT S, AITKEN J, HAMPSON G, 1995. Application of sequence stratigraphy to coal-bearing coastal plain successions: Implications for the UK coal measures[J]. International Journal of Coal Geology, 82: 1-16.

HAMPSON G, STOLLHOFEN H, FLINT S, 1999. A sequence stratigraphic model for the Lower Coal Measures (Upper Carboniferous) of the Ruhr District, north-west Germany[J]. Sedimentology, 46: 1199-1231.

HOLZ M, 1998. The Eo-Permian coal seams of the Parana Basin in southernmost Brazil: An analysis of the depositional conditions using sequence stratigraphy concepts[J]. International Journal of Coal Geology, 36: 141-163.

HOLZ M, 1999. Early Permian sequence stratigraphy and the palaeophysiographic evolution of the Paraná Basin in southernmost Brazil[J]. Journal of African Earth Sciences, 29: 51-61.

HOLZ M, 2003. Sequence stratigraphy of a lagoonal estuarine system: An example from the lower Permian Rio Bonito Formation, Paraná Basin, Brazil[J]. Sedimentary Geology, 162: 305-331.

HOLZ M, KALKREUTH W, BANERJEE I, 2002. Sequence stratigraphy of paralic coal-bearing strata: an overview[J]. International Journal of Coal Geology, 48: 147-179.

HOLZ M, KALKREUTH, W, 2000. Application of sequence stratigraphy to coal research: An example from the Early Permian Rio Bonito Formation of southernmost Brazilian Gondwanaland[J]. AAPG Annual Convention and Exhibition: 6-12.

JERRETT R M, DAVIES R C, HODGSON D M, et al., 2011a. The significance of hiatal surfaces in coal seams[J]. Journal of the Geological Society, 168(3): 629-632.

JERRETT R M, FLINT S S, DAVIES R C, et al., 2011b. Sequence stratigraphic interpretation of a Pennsylvanian (upper Carboniferous) coal from the central Appalachian Basin, USA [J]. Sedimentology, 58: 1180-1207.

KALKREUTH W D, 2004. Coal facies studies in Canada[J]. International Journal of Coal Geology, 58(1): 23-30.

KETRIS M, YUDOVICH Y, 2009. Estimations of Clarkes for Carbonaceous biolithes: World averages for trace element contents in black shales and coals [J]. International Journal of Coal Geology, 78(2): 135-148.

LI J, ZHUANG X G, XAVIER Q, et al., 2012a. Environmental geochemistry of the feed coals and their combustion by-products from two coal-fired power plants in Xinjiang Province, Northwest China [J]. Fuel, 95: 446-456.

LI J, ZHUANG X G, XAVIER Q, et al., 2012b. High quality of Jurassic Coals in the southern and eastern Junggar Coalfields, Xinjiang, NW China: Geochemical and mineralogical characteristics[J]. International Journal of Coal Geology, 99: 1-15.

MARQUES M,2002. Coal facies and depositional environments of the Aurora and Cabeza de Vaca units,Pennarroya-Belmez-Espiel Coalfield(Cordoba,Spain)[J]. International Journal of Coal Geology, 48:197-216.

OCTAVIAN C,2002. Sequence stratigraphy of clastic systems:Concepts,merits,and pitfalls [J]. Geological Society of Africa Presidential Review,35(2):1-43.

OSAMU T,AMANE W,2003. Sequence stratigraphic architecture of a differentially subsiding bay to fluvial basin: The Eocene Ishikari Group, Ishikari Coal Field, Hokkaido, Japan[J]. Sedimentary Geology,160:131-158.

O'MARA P T,TURNER B R,1999. Sequence stratigraphy of coastal alluvial plain Westphalian B Coal Measures in Northumberland and the southern North Sea[J]. International Journal of Coal Geology,42:33-62.

PETERSEN H I, BOJESEN-KOEFOED J A, NYTOFT H P, et al. , 1998. Relative sea-level changes recorded by paralic liptinite-enriched coal facies cycles, Middle Jurassic Muslingebjerg Formation,Hochstetter Forland,Northeast Greenland[J]. International Journal of Coal Geology,36:1-30.

SHEARER J C,STAUB J R,MOORE T A,1994. The conundrum of coal bed thickness:A theory for stacked mire sequences[J]. Journal of Geology,102:611-617.

SILVA M B, KALKREUTH W, HOLZ M, 2008. Coal petrology of coal seams from the Leão-Butià Coalfield,Lower Permian of the Paranà Basin,Brazil—Implications for coal facies interpretations [J]. International Journal of Coal Geology,73:331-358.

STAUB J R, 2002. Marine flooding events and coal bed sequence architecture in southern West Virginia[J]. International Journal of Coal Geology,49:123-145.

SWAINE D J,1990. Trace elements in coal[M]. London:Butterworth.

WANG S,SHAO L Y,YAN Z M,et al. ,2019. Characteristics of Early Cretaceous wildfires in peat-forming environment,NE China[J]. Journal of Palaeogeography,8(3):238-250.

ZHANG Z, SUN K, YIN J, 1997. Sedimentology and sequence stratigraphy of the Shanxi Formation (Lower Permian) in the northwestern Ordos Basin,China: An alternative sequence model for fluvial strata[J]. Sedimentary Geology,112:123-136.

ZHOU J B,ZHUANG X G,ANDRÉS A ,et al. ,2010. Geochemistry and mineralogy of coal in the recently explored Zhundong large coal field in the Junggar Basin, Xinjiang Province, China[J]. International Journal of Coal Geology,82:51-67.